21世纪工程及计算机图学系列教材

湖北省精品课程

（第三版）

土木工程图学

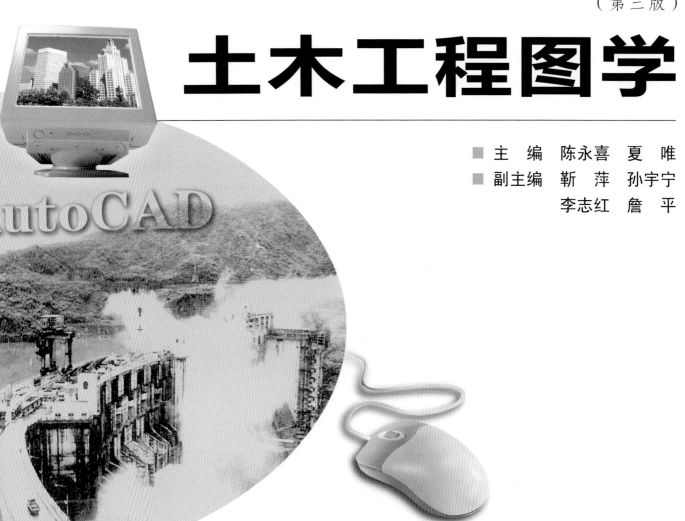

主 编 陈永喜 夏 唯
副主编 靳 萍 孙宇宁
　　　　李志红 詹 平

武汉大学出版社
WUHAN UNIVERSITY PRESS

图书在版编目(CIP)数据

土木工程图学/陈永喜,夏唯主编.—3版.—武汉:武汉大学出版社,2017.9(2023.8重印)
　21世纪工程及计算机图学系列教材　湖北省精品课程
　ISBN 978-7-307-19760-2

　Ⅰ.土…　Ⅱ.①陈…　②夏…　Ⅲ.土木工程—建筑制图—高等学校—教材　Ⅳ.TU204

　中国版本图书馆CIP数据核字(2017)第242609号

责任编辑:谢文涛　　　责任校对:李孟潇　　　版式设计:汪冰滢

出版发行:武汉大学出版社　　(430072　武昌　珞珈山)
　　　　　(电子邮箱:cbs22@whu.edu.cn　网址:www.wdp.com.cn)
印刷:湖北金海印务有限公司
开本:880×1230　1/16　印张:19　字数:629千字　插页:1　插图:2
版次:2004年9月第1版　　2010年10月第2版
　　　2017年9月第3版　　2023年8月第3版第4次印刷
ISBN 978-7-307-19760-2　　　定价:45.00元

版权所有,不得翻印;凡购买我社的图书,如有质量问题,请与当地图书销售部门联系调换。

内 容 提 要

本书是根据国家教委于1995年批准印发的高等学校工科本科适用于土建、水利类专业的《画法几何及土木建筑制图课程教学基本要求》，以及适应当前高等学校正在合理调整系科和专业设置、拓宽专业面、优化课程结构、精选教学内容等发展趋势，总结多年的教学改革经验编写而成。本书采用了最新颁布的有关制图的国家标准，与武汉大学出版社出版的《土木工程图学习题集》（第二版）配套使用。

本书内容有：绪论，工程制图基本知识，点、直线、平面和平面体的投影，直线与平面以及两平面的相对位置，投影变换，曲线、曲面和曲面体的投影，立体的截切与相贯，轴测投影，组合体的投影图，透视图，标高投影，表达工程形体的图样画法，计算机绘图基础，建筑阴影，建筑结构图，建筑施工图，建筑设备图，路、桥工程图，水利工程图，几何造型设计简介共十七章。

本书可作为高等学校工科本科土木工程专业、水利类各专业或其他土建类专业以及相近专业的教材，也可供其他类型的学校，如职工大学、函授大学、电视大学、网络学院、职业技术学院等有关专业选用和作为工程技术人员的参考书。

第三版前言

《土木工程图学》(第三版)是根据1995年高等学校工科本科画法几何及工程制图课程教学指导委员会审订通过、经国家教委批准印发、适用于土建、水利类专业的《画法几何及土木建筑制图课程教学基本要求》,以及适应当前高等学校正在合理调整系科和专业设置、拓宽专业面、优化课程结构、精选教学内容等发展趋势而编写的。为了便于教学,本书与武汉大学出版的《土木工程图学习题集》(第三版)配套使用。

本书的主要内容有:绪论,工程制图基本知识,点、直线、平面和平面体的投影,直线与平面以及两平面的相对位置,投影变换,曲线、曲面和曲面体的投影,立体的截切与相贯,轴测投影,组合体的投影图,透视图,标高投影,表达工程形体的图样画法,计算机绘图基础,建筑阴影,建筑结构图,建筑施工图,建筑设备图,路、桥工程图,水利工程图、几何造型设计简介等。

本书采用了最新颁布的有关制图的国家标准。

本书的特点是切实保证贯彻当前正在执行的国家教委1995年批准印发的本课程教学基本要求所规定的必学内容的深广度,以较大幅度拓宽土木建筑专业图的专业面,使大部分土建与水利类和相近专业都能在书中选用需要的内容。为使学生掌握计算机绘图基本操作,编入了本课程教学基本要求所规定的计算机绘图基础必学内容,为学生继续学习《计算机绘图》或《计算机辅助设计》课程打下基础。本教材内容选择和组织尽量做到主次分明,深浅恰当,详略适度,由浅入深,循序渐进,取舍方便;课文和插图尽量做到文句通顺,图形清晰规范,图文配合紧密,便于学生自学和复习。本书及配套的习题集可用作高等学校本科土木工程专业、水利工程类专业或其他土建类专业以及相近专业的教材,也可供其他类型的学校,如职工大学、函授大学、电视大学等有关专业选用。

本书由武汉大学出版社出版。在编写过程中,武汉大学丁宇明教授对本书提出了许多宝贵的编写意见,对提高本书质量起着非常重要的作用,对此表示衷心的感谢。

本书第一版为武汉大学十五规划教材和面向21世纪系列教材中的一套,是武汉大学《工程制图》课程被评为2006年湖北省精品课程的重要成果之一。

参加本书编写工作的有:武汉大学陈永喜(前言、第8章、第11章、第13章)、夏唯(第11章、第12章、第14章、第15章)、孙宇宁(第7章)、詹平(第2章、第9章)、张竞(第3章)、靳萍(第10章)、三峡大学任德纪(绪论、第6章、第16章)、许南宁(第1章)、武汉科技大学朱丽华(第4章、第9章)、李志红(第2章),贺亚魏(第5章)、肖丽(第4章)。全书由武汉大学陈永喜统稿,陈永喜、夏唯为主编,靳萍、孙宇宁、詹平为副主编。

对于书中的不妥或疏漏之处,热忱欢迎读者批评指正。

编者
2017年8月

目 录

绪 论 1

第1章 工程制图基本知识 1
1.1 工程制图的基本规定 1
1.2 图样中尺寸标注的基本方法 5
1.3 平面图形的画法 8

第2章 点、线、面及平面立体的投影 12
2.1 投影法的基本知识 12
2.2 点的投影 13
2.3 直线的投影 18
2.4 平面的投影 26
2.5 直线与平面的相对位置 31
2.6 投影变换方法 39
2.7 平面体的投影 45
2.8 平面立体的表面展开 49

第3章 曲线、曲面和曲面体的投影 51
3.1 曲线和曲面 51
3.2 直线面 54
3.3 曲线面 62
3.4 曲面体表面展开 67

第4章 立体的截切与相贯 70
4.1 平面体的截切 71
4.2 曲面体的截切 73
4.3 平面体与平面体相贯 79
4.4 平面体与曲面体的相贯线 83
4.5 曲面体和曲面体相贯 85

第5章 轴测投影 90
5.1 轴测投影基本知识 90
5.2 正等轴测图 91
5.3 斜轴测投影 93
5.4 轴测图的画法 94

第6章 组合体 ... 99
6.1 组合体的构成 ... 99
6.2 组合体三视图绘制 ... 102
6.3 组合体视图的尺寸标注 ... 105
6.4 组合体三视图阅读 ... 109

第7章 透视图 ... 115
7.1 概述 ... 115
7.2 透视图的作图 ... 117
7.3 圆的透视 ... 120
7.4 立体的透视 ... 121

第8章 标高投影 ... 124
8.1 概述 ... 124
8.2 点和直线的标高投影 ... 124
8.3 平面的标高投影 ... 126
8.4 曲面的标高投影 ... 130

第9章 表达工程形体的图样画法 ... 135
9.1 视图 ... 135
9.2 剖面图 ... 136
9.3 断面图 ... 145
9.4 图样中的简化画法 ... 146
9.5 第三角投影简介 ... 148

第10章 计算机绘图基础 ... 150
10.1 AutoCAD 2004 基本概念与基本操作 ... 150
10.2 二维绘图命令 ... 160
10.3 图形的编辑 ... 167
10.4 图块与图案填充 ... 171
10.5 尺寸标注 ... 177
10.6 三维绘图基础 ... 181
10.7 绘图实例 ... 185

第11章 建筑阴影 ... 190
11.1 阴影的基本概念 ... 190
11.2 点的落影 ... 191
11.3 直线的落影 ... 194
11.4 平面的阴影 ... 198
11.5 平面立体及其所组成的建筑形体的阴影 ... 202
11.6 曲面立体的阴影 ... 208

第12章 建筑结构图 ... 212
- 12.1 钢筋混凝土结构图 ... 212
- 12.2 钢结构图 ... 216
- 12.3 AutoCAD 绘制结构图 ... 220

第13章 建筑施工图 ... 221
- 13.1 概述 ... 221
- 13.2 建筑总平面图 ... 225
- 13.3 建筑平面图 ... 227
- 13.4 建筑立面图 ... 235
- 13.5 建筑剖面图 ... 238
- 13.6 建筑详图 ... 240

第14章 建筑设备图 ... 244
- 14.1 给水排水施工图 ... 244
- 14.2 室内采暖通风施工图 ... 251
- 14.3 建筑电气施工图 ... 257
- 14.4 AutoCAD 绘制设施图 ... 259

第15章 路、桥工程图 ... 261
- 15.1 道路路线工程图 ... 261
- 15.2 桥梁工程图 ... 265
- 15.3 AutoCAD 绘制路、桥工程图 ... 269

第16章 水利工程图 ... 270
- 16.1 水工图的分类 ... 270
- 16.2 水工图的表达方法 ... 273
- 16.3 水工图的读图方法 ... 280
- 16.4 水工图的计算机绘制 ... 285

第17章 几何造型设计简介 ... 288
- 17.1 几何造型概述 ... 288
- 17.2 几何造型的数据结构 ... 288
- 17.3 形体的几何信息和拓扑信息 ... 290
- 17.4 几何造型的三种模式 ... 291
- 17.5 三维实体的表示方法 ... 292

绪　　论

一、发展概况

工程图样的绘制,从古到今都受到了人们的重视。公元前4世纪的文物,战国初期中山王墓出土的用青铜板镶金银线条,是按正投影法用1∶500比例绘制并注写了439个文字的建筑平面图,为世界上罕见的早期工程图样。公元1100年宋代李诫(明仲)所著《营造法式》这一巨著,三十六卷中就有六卷是当时世界上极为先进的工程图绘制方法。南朝宋炳绘制的透视图采用的是先进的中心投影法。

18世纪,法国数学家迦斯帕拉·蒙日汇集众多的图样绘制方法,并进行了严密的论证,发表了以多面正投影法为基础的画法几何学。两个多世纪以来,画法几何学与工程专业结合,产生了多个学科。跟随工程制图标准的制定,使工程图样成为工程中重要的技术文件,成为国际上科技界通用的"工程技术语言"。

20世纪下半叶,计算机绘图、计算机辅助设计、数字城市、数字水利等现代技术的不断推进,形数结合的研究得以发展,开拓了计算机几何学、计算机图形学以及分数维几何学等图学研究领域,产生计算机工程可视化、计算机工程仿真等现代学科。随着科学技术的发展和国民素质的提高,无纸化生产将成为现实。

二、本课程的任务及要求

任何一门现代科学或专业技术都有其自身的基础,本课程有画法几何学、工程制图学和计算机绘图等三部分内容,是为本专业学生学习后续课程提供工程图学的基本概念、基本理论、基本方法和基本技能的一门专业技术基础课程;也是工程技术人员必不可少的专业基础。

通过课程的学习,学生应牢固掌握投影的基本概念和基本理论,熟练掌握作图的基本方法和基本技能;通过由物到图、由图到物的思维锻炼,努力提高自己的工程图示能力和空间构形、图解空间几何问题的空间思维能力;通过制图标准的学习和贯彻,培养学生能严格按标准来绘制工程图样;通过计算机绘图的学习,使学生初步了解利用绘图软件绘制图样的方法并具有上机操作绘图的能力。

三、本课程的特点及学习方法

本课程内容丰富、逻辑严密、表达严谨、实用性强。在学习过程中应有针对性地进行学习。

1. 勤动手

在课堂上认真听,课后要按时完成作业,画法几何内容的学习要落实在"画"上,工程制图内容的学习要落实在"制"上,计算机绘图内容的学习要落实在"绘"上。通过按时完成作业,才能有条不紊地掌握"画"、"制"、"绘"等方面的基本知识点。

2. 多思维

本课程的逻辑严密,学习过程中要不断地温故知新、多加联想,解题时每一作图过程应有理论或方法作依据,不能盲目解题;逐步进行由物到图、由图到物的思维锻炼;完成一道作业题后应求变,即稍微改变已知条件后应该思考怎样求解。

3. 按标准

图样是工程技术语言,是重要的技术文件。学习时要严格遵守制图标准或有关规定,要有负责任的态度。在自我严格要求中,才能培养自己认真细致的工作作风。

4. 不松懈

本课程内容由易到难,步步深入,具有良好的系统性。只要掌握了学习方法,始终如一地加以使用,就能克服学习中的困难,掌握课程内容,达到课程要求,为今后的学习和工作打下坚实的工程图学基础。

第1章 工程制图基本知识

1.1 工程制图的基本规定

1.1.1 制图标准简介

图样作为工程界的技术语言、设计和生产的技术文件,绘制和交流时必须遵守统一的标准。为此国家组织了专门的机构,制定了一系列的全国范围内通用的"国家标准",简称"国标",用"GB"表示。"技术制图"只是其中的一种。此外,各行业、各地区为满足需要,还制定有范围较小或局部区域使用的行业标准和企业标准,如水利水电工程制图标准、港口工程等制图标准。在世界范围内,有"国际标准化组织"(ISO)制定的许多国际标准。

本教材所涉及的国家和行业标准有:技术制图标准、水利水电工程制图标准及建筑制图标准等。本节将介绍制图标准中一些最基本的规定,并要求在今后的绘图时严格遵守。

1.1.2 图纸幅面及格式

1. 图纸幅面尺寸

绘制图样时,应优先采用基本幅面,其幅面代号及尺寸见表1-1。当基本幅面不能满足视图的布置时,可加长幅面,加长幅面是由基本幅面的短边成整数倍增长。

表1-1　图纸幅面　　　单位:mm

幅面代号	A0	A1	A2	A3	A4
标准尺寸	841×1189	594×841	420×594	297×420	210×297
c	10			5	
a	25				
e	20		10		

2. 图框格式

无论图纸是否装订,都应画出图框。留装订边的图纸其尺寸见图1-1,不留装订边的图纸其尺寸见图1-2。

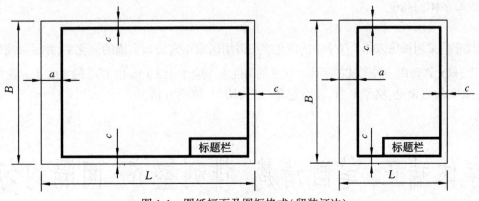

图1-1　图纸幅面及图框格式(留装订边)

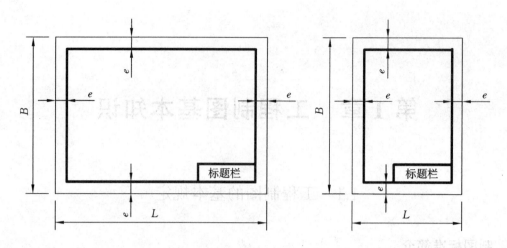

图 1-2　图纸幅面及图框格式(不留装订边)

3. 标题栏

每张图纸上都必须在其右下角画出标题栏,标题栏的内容及格式按 GB 中有关规定执行。本课程的作业中,建议采用图 1-3 所示的格式。

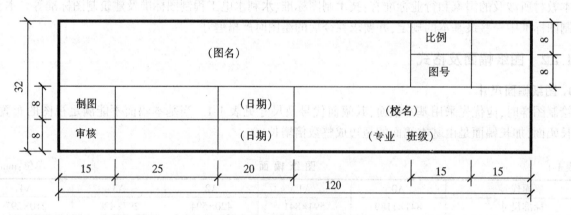

图 1-3　标题栏建议格式

1.1.3　字体

图样中书写的汉字、数字、字母等均应做到字体端正,笔画清楚,排列整齐,间隔均匀。

字体高度 h 的系列为:1.8,2.5,3.5,5,7,10,14,20 mm,高度大于 20 mm 的字体,其尺寸按 $\sqrt{2}$ 的比率递增,字体的号数即字体的高度。

1. 汉字

图样中的汉字应采用长仿宋体。汉字中的简化字应采用国家正式公布实施的简化字,并尽可能采用仿宋体。但在同一图样上,只允许选用一种形式的字体。汉字的高度 h 不应小于 3.5 mm。汉字的宽度 d 一般为 $h/\sqrt{2}$。

书写长仿宋字的要领是:横平竖直,注意起落,结构均匀,填满方格。

字体示例:

10 号字

字体端正　笔画清楚　排列整齐　间隔均匀

7 号字

平立剖总布置图回填挖土最水位柱垫枢纽高度宽和数母字国

5号字

技术要求对称同轴线允许偏差检验横数值形体分析法线面 断移出立面平竖直间

2. 字母和数字

在图样中,字母和数字可写成斜体或直体。斜体字头向右,与水平线成75°。

字体示例见图1-4。

斜体

直体

(a) 大写拉丁字母

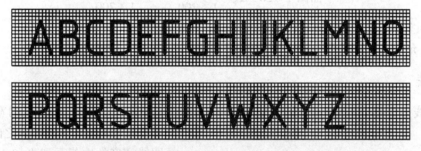

(b) 小写拉丁字母

(c) 罗马数字

(d) 阿拉伯数字

图1-4 字母和数字示例

1.1.4 比例

图样的比例应为图形与实物相对应的线性尺寸之比。土建工程图样的比例应按表1-2的规定选用,并应优先选用表中的常用比例。

表1-2 比 例

常用比例	1:1			
	$1:10^n$	$1:2\times10^n$	$1:5\times10^n$
	2:1	5:1	$(10\times n):1$
可用比例	$1:1.5\times10^n$	$1:2.5\times10^n$	$1:3\times10^n$	$1:4\times10^n$
	2.5:1			4:1

当整张图纸中只用一种比例时,应统一注写在标题栏内,否则应按如下形式注写比例

平面图 1:20 或 $\dfrac{\text{平面图}}{1:200}$ $\dfrac{\text{墙板位置图}}{1:200}$

按以上形式注写时,比例的字高应比图名的字高小一号或二号。

特殊情况下,允许在同一视图中的铅直和水平两个方向上采用不同的比例。

1.1.5 图线

图样中的图线分为粗、中、细三种,其宽度比例为4:2:1,如图1-5所示。粗实线的宽度 b 应根据图的大小和复杂程度在 0.5~2 mm 之间选用。

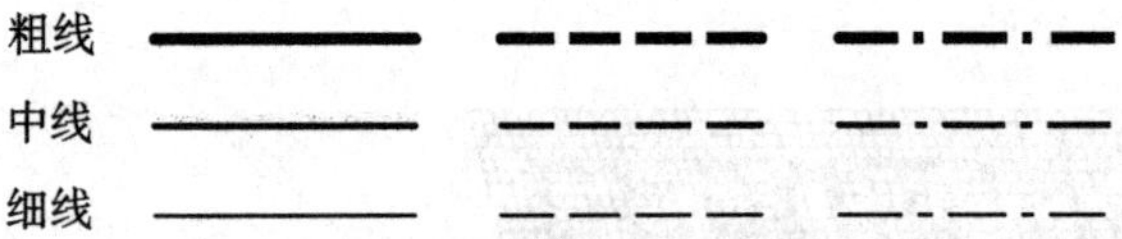

图线宽度的推荐系列为:0.18,0.25,0.35,0.5,0.7,1.0,1.4,2.0 mm。

图线的用途见表1-3。

图 1-5 图线的粗、中、细

表1-3 线型及其用途

图线名称		线 型	主要用途	线宽
实线 01	粗		可见轮廓线	b
	中		见有关专业制图标准	$0.5b$
	细		可见轮廓线,尺寸线,尺寸线,指引线,剖面线等	$0.25b$
虚线 02	粗		见有关专业制图标准	b
	中		不可见轮廓线,不可见分界线	$0.5b$
	细		不可见轮廓线,图例线等	$0.25b$
点画线 03	粗		见有关专业制图标准	b
	中		见有关专业制图标准	$0.5b$
	细		中心线,轴线,对称线	$0.25b$
双点画线 04	粗		见有关专业制图标准	b
	中		见有关专业制图标准	$0.5b$
	细		假想轮廓线	$0.25b$
折断线			断裂处边界线	$0.25b$
波浪线			局部剖视的边界线,构件断裂处的边界线	$0.25b$

图线的画法规定如下：

（1）同一图样中同类图线的宽度应基本一致。虚线、点画线和双点画线的线段长度和间隔应各自大致相等。

（2）绘制圆的对称中心线时，圆心应为线段的交点，如图1-6(a)所示。点画线和双点画线的首末两端应是线段。

（3）在较小的图形上绘制点画线或双点画线有困难时，可用细实线代替，如图1-6(b)所示。

（4）虚线与虚线交接，或虚线与其他图线交接，应是线段交接，如图1-6(c)所示。虚线为实线的延长线时，不得与实线连接，如图1-6(d)所示。

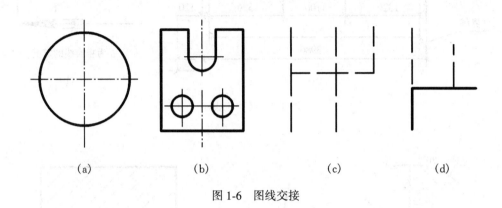

图1-6　图线交接

1.2　图样中尺寸标注的基本方法

图形只能表达物体的形状，其大小和各部分相对位置必须靠标注尺寸确定，尺寸是施工的重要依据，因此，标注尺寸时必须认真细致，一丝不苟。

1.2.1　标注尺寸的基本规则

（1）构件及建筑物的真实大小应以图样上所注的尺寸数值为准，与图样的比例及绘图的准确度无关。

（2）图样中标注的尺寸单位除标高、桩号及规划图、总布置图尺寸以米为单位外，其余均以毫米为单位（图中均不必标注单位）。

（3）图样上的每一尺寸，一般只标注一次。

1.2.2　尺寸的组成

一个完整的尺寸由尺寸界线、尺寸线、尺寸起止符号和尺寸数字组成。

1. 尺寸界线

尺寸界线用细实线绘制，为被注长度的界限线，尺寸界线一般应垂直于尺寸线（必要时才允许不垂直），其一端应离开图样轮廓线不少于2 mm，另一端超出尺寸线2~3 mm，如图1-7(a)所示。

2. 尺寸线和尺寸起止符号

尺寸线用细实线绘制，与被标注的线段平行，不能用图样中的其他图线及延长线代替。标注相互平行的尺寸时，小尺寸在内，大尺寸在外，两平行尺寸之间的距离不应小于5 mm，如图1-7(a)所示。尺寸线终端有两种形式：箭头和斜线，其形式如图1-7(b)所示。标注圆弧、半径、直径、角度、弧长时，一律采用箭头。

3. 尺寸数字

尺寸数字一般按图1-8(a)所示的规定注写，并尽可能避免在如图1-8(a)所示的30°范围内标注尺寸，当无法避免时，可按图1-8(b)的形式标注。

尺寸数字不能被任何图线所通过，否则必须将该图线断开，如图1-8(c)所示。尺寸数字一般采用3.5号

(或 2.5 号)字,其大小全图应一致。

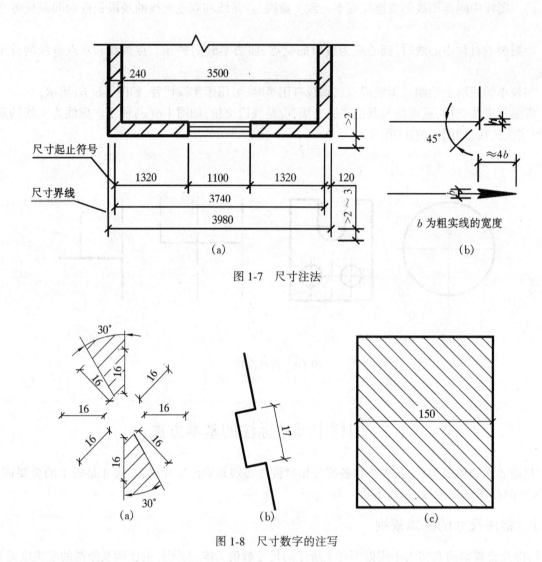

图 1-7 尺寸注法

图 1-8 尺寸数字的注写

尺寸数字一般注写在尺寸线上方中部,不要贴靠在尺寸线上,一般应离开 0.5mm,当尺寸界线之间的距离较小时,尺寸数字可按图 1-9 所示的形式注写。

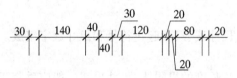

图 1-9 拥挤尺寸的注写

1.2.3 圆、圆弧尺寸及角度尺寸的注法

半圆或小于半圆的圆弧应标注其半径,大于半圆的圆应标注直径。其尺寸线必须通过圆心,标注直径时应在尺寸数字前加注符号"ϕ";标注半径时应在尺寸数字前加注符号"R";标注球面直径或半径时,应在符号"ϕ"或"R"前再加注符号"S",如图 1-10 所示。圆弧半径很大时,可按图 1-11 所示的形式标注,圆弧较小时,可按图 1-12 所示的形式标注。

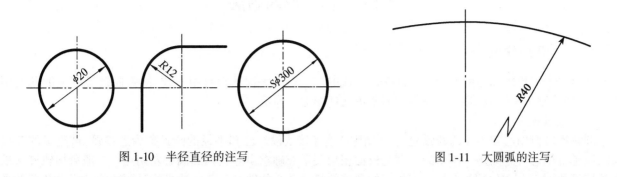

图 1-10　半径直径的注写　　　　　　　　图 1-11　大圆弧的注写

标注角度的尺寸界线应沿径向引出,尺寸线是以角顶点为圆心的圆弧,角度数字一律水平书写在尺寸线的中断处,必要时也可注在尺寸线的上方或引出标注,如图 1-13 所示。

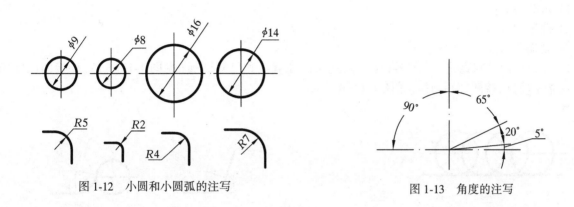

图 1-12　小圆和小圆弧的注写　　　　　　图 1-13　角度的注写

1.2.4　坡度的注法

坡度是指直线上任意两点的高差与其水平距离之比,坡度的标注形式一般采用 $1:m$, m 一般取整数。当坡度较缓时,也可用百分数表示,并用箭头表示下坡方向,如图 1-14 所示。

1.2.5　标高的注法

立面图和铅垂方向的剖面图中,标高符号一般采用如图 1-15(a)所示的符号(即 45°等腰直角三角形)用细实线画出,高度约为数字高的 2/3,标高符号的尖端向下指,也可以向上指,并应与引出的水平线接触。平面图中的标高符号如图 1-15(b)所示。

标高数字应以米为单位,注写到小数点以后第三位,在总布置图中,可注写到小数点后第二位。

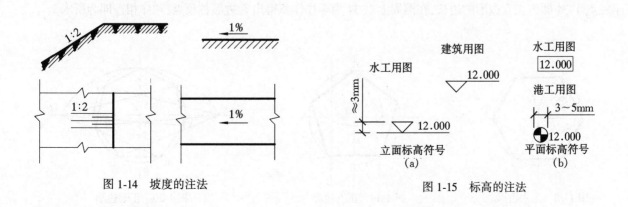

图 1-14　坡度的注法　　　　　　　　　图 1-15　标高的注法

1.3 平面图形的画法

1.3.1 几何作图

任何土木工程图都是由若干个平面图形组成的。一般的平面图形是由直线、圆弧曲线等围成的几何图形,要正确绘制一个平面图形,首先要掌握基本几何图形的作法。

1. 圆弧连接

圆弧连接指用已知半径的圆弧光滑(即相切)地连接线段。已知半径的圆弧称为连接弧,被连接的二线段可以是直线也可是圆弧。作图的关键是根据相切关系准确求出连接弧的圆心及切点。一般可用轨迹法求作连接弧的圆心,步骤如下:①与直线相切的圆或圆弧的圆心的轨迹为与直线平行且距离为定半径的两条平行线;②与已知圆相外切的圆或圆弧的圆心的轨迹为以已知圆圆心为圆心,两半径之和为半径的圆;③与已知圆相内切的圆或圆弧的圆心的轨迹为以已知圆圆心为圆心,两半径之差为半径的圆。如图 1-16 所示。

圆弧连接作图步骤如下:
(1) 求圆心 O;
(2) 确定切点 m,n;
(3) 画连接弧。

用圆弧连接两已知直线(见图 1-17(a)),连接已知直线和已知圆弧(见图 1-17(b)),外接两已知圆弧(见图 1-17(c)),内接两已知圆弧(见图 1-17(d))。

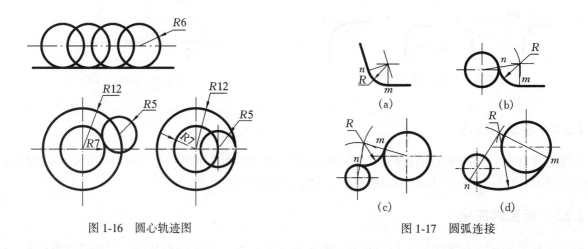

图 1-16 圆心轨迹图　　　　图 1-17 圆弧连接

2. 圆内接多边形

(1) 作圆的内接正六边形。如图 1-18 所示,分别以 1,4 为圆心,外接圆半径 R 为半径作弧,在圆周上交于 2,3,5,6 四点,依次相连即为所求。

(2) 作圆的内接正五边形。如图 1-19 所示,找出外接圆半径 $O1$ 的中点 2,以 2 为圆心,以 23 为半径作弧交于半径点 4,34 即为正五边形的边长,在圆周上以 34 为半径作弧得出五边形各顶点,顺序相连即为所求。

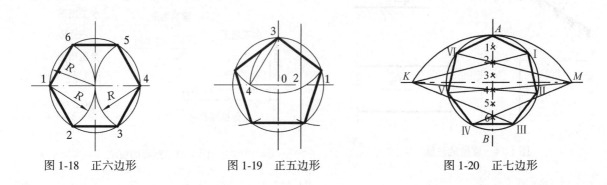

图 1-18 正六边形　　　　图 1-19 正五边形　　　　图 1-20 正七边形

(3) 作圆的内接 n 边形(以 7 边形为例)。如图 1-20 所示,将直径 AB 七等分。以 B 点为圆心,AB 为半径画弧交水平中心线于 K,M 两点。分别过 K,M 两点与各分点隔点相连,交圆周 Ⅰ,Ⅱ,Ⅲ,Ⅳ,Ⅴ,Ⅵ 各点,按顺序连接 A,Ⅰ,Ⅱ,Ⅲ,Ⅳ,Ⅴ,Ⅵ,A 各点,即为所求。

1.3.2 平面图形分析

平面图形分析主要包括尺寸分析和线段分析,通过分析这些图线的尺寸和图线间的连接关系及线框与线框的相对位置,从而可确定绘制平面图形作图步骤。

1. 平面图形的尺寸分析

平面图形的尺寸按其作用分为两类:

(1) 定形尺寸。确定图形中线段的长度,各圆弧的半径,角度的大小等的尺寸,如图 1-21 中的 $\phi24$,$\phi60$,120,200。

(2) 定位尺寸。确定图形各组成部分(线框及图线)之间的相对位置尺寸,如图 1-21 中的 60,100。

作为相对位置尺寸通常应选择一个参考系,即尺寸基准,尺寸基准为标注尺寸的起点。一个二维的平面图形,应有两个方向(水平方向和垂直方向)的尺寸基准,一般选择图形的对称线、主要轮廓线、圆的中心线作为尺寸基准。

2. 平面图形的线段分析

平面图形中的线段(直线或圆弧),根据尺寸的完整程度可分为三类:已知线段、中间线段和连接线段。

(1) 已知线段。具有完整定形尺寸、定位尺寸的线段称为已知线段,此类线段可直接画出,如图 1-22 中长 16 的线段、R8 的圆弧。

(2) 中间线段。只具有定形尺寸,而定位尺寸不完整的线段称为中间线段,此类线段必须靠与之一端相邻的已知线段的连接(相切)关系画出,如图 1-22 中 R50 的圆弧。

(3) 连接线段。只有定形尺寸而没有定位尺寸的线段称为连接线段,此类线段必须靠两端的连接关系才能画出,如图 1-22 中 R30 的圆弧。

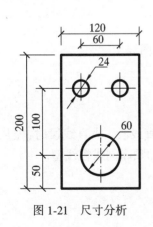

图 1-21 尺寸分析

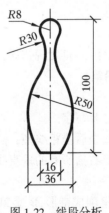

图 1-22 线段分析

3. 平面图形的画图步骤

通过以上分析,可知绘制平面图形时应根据尺寸分析出各类线段,先画出已知线段,再画中间线段,最后画出连接线段。

如绘制图 1-22 所示的平面图形,分析出各类线段,画出长为 16 的已知线段及 R8 的圆弧,如图 1-23(a)所示。根据 R50 的圆弧与直线 16 的直线段相交的关系及尺寸 36 画出中间线段 R50,如图 1-23(b)所示。最后根据 R50 和 R8 圆弧相切的关系画出 R30 的连接圆弧,如图 1-23(c)所示。

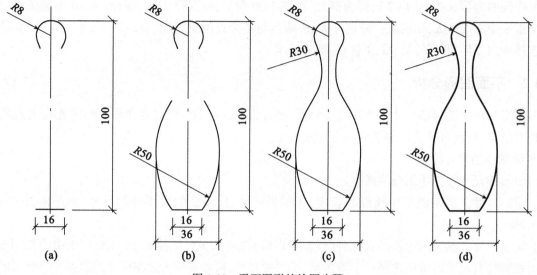

图 1-23 平面图形的绘图步骤

1.3.3 尺规绘图的方法步骤

为了提高绘图的效率和保证绘图质量,除了熟悉和遵守制图标准、正确使用绘图工具及仪器外,还要掌握绘图的方法步骤。

1. 准备

备好图板、丁字尺、圆规、三角板、铅笔等绘图工具和仪器,将上面的浮灰擦掉,将手洗净。

用橡皮擦拭图纸,确定图纸的正反面(易起毛的为反面),然后将图纸用胶带纸固定在图板的左下方。

2. 打底稿(H 或者 2H 铅笔)

选择图纸幅面,画出图框与标题栏。

确定比例,用点画线、细实线作为基准,将所画图形匀称地布置在图纸上,根据基准线,先画主要轮廓线,再画细节,完成所有图线。

3. 检查

认真检查图形及尺寸,一旦发现错误,立即改正,并擦去多余的作图线。

4. 加深(B 或 2B 铅笔)

加深顺序如下:

先描图形,后标尺寸及写字。

描图形时,先描细线型后描粗线型;描粗线型时,先描圆弧后描直线段;描直线段时,先从上到下描所有的水平线,然后从左至右描所有的垂直线,最后描斜线。描细线型的顺序同描粗线型。

加深时注意:

(1) H 或 2H 的铅笔削成锥形,B 或 2B 的铅笔削成铲子形。

(2) 加深圆弧用 2B 铅笔,加深直线用 B 铅笔。

(3) 同类线型粗细分明,色彩浓淡一致,线型的粗细比例应符合制图标准。

1.3.4 徒手绘草图的方法步骤

徒手绘草图是指以目测估计比例,用一支笔徒手绘制的图样,绘徒手图是工程技术人员必须掌握的一种画图技能。

画草图的要求是,遵守制图标准,图形工整、正确,各部分比例匀称,尽量接近实物尺寸。初学者一般将草图用 HB 或 B 铅笔画在方格纸上,经一定训练后要在空白纸上画出正确、清晰的草图。

1. 徒手画直线

画水平线:可将图纸斜放,顺着手势从左向右画直线,然后将图纸还原成水平线,如图 1-24(a)所示。

画垂直线:自上而下画线,如图 1-24(b)所示。
画斜线:自左向右画线,如图 1-24(c)所示。

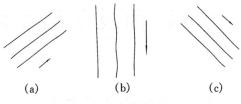

图 1-24　徒手画直线

画特殊角度线:画 45°,30° 及 60° 直线时,可按图 1-25(a),(b),(c)所示方法画出。

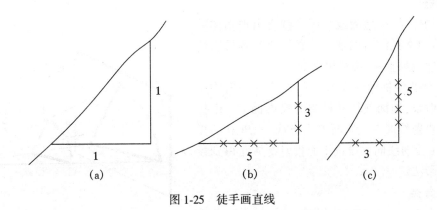

图 1-25　徒手画直线

2. 圆的画法

画小圆可按图 1-26(a)所示方法画;大圆则按图 1-26(b)所示方法作出。

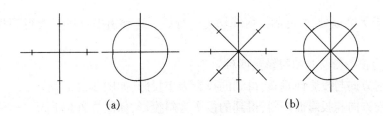

图 1-26　徒手画圆

第 2 章　点、线、面及平面立体的投影

2.1　投影法的基本知识

2.1.1　投影法的基本原理

1. 投影法的概念

当光源照射物体时,在地面或墙面上就会出现物体的影子,这是在生活中常见的自然现象。我们研究的投影法就是根据这一自然现象抽象、提炼出来的。

如图 2-1 中,将光源抽象为投影中心 S,光源照射物体的光线抽象为投射线,地面或墙面抽象为投影面 P。由投影中心 S 发出的投射线即在投影面 P 上形成 $\square ABCD$ 的投影 $\square abcd$。这种由投射线向预设投影面投射物体而得到投影的方法称为投影法。

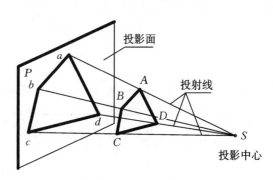

图 2-1　投影的形成

2. 投影法的分类

根据投影中心与投影面相对位置的不同,投影法分为中心投影法和平行投影法。

(1) 中心投影法。

相交于投射中心的投射线把形体投射到投影面上得到其投影的方法称为中心投影法,如图 2-1 所示。

(2) 平行投影法。

将投射中心 S 移至无穷远处,所有的投射线均为平行线。这种由平行投射线得到投影的方法称为平行投影法。

平行投影又可分为正投影法与斜投影法两种:

① 正投影法:投射方向与投影面垂直,得到的投影为正投影,如图 2-2(a)所示;

② 斜投影法:投射方向与投影面倾斜,得到的投影为斜投影,如图 2-2(b)所示。

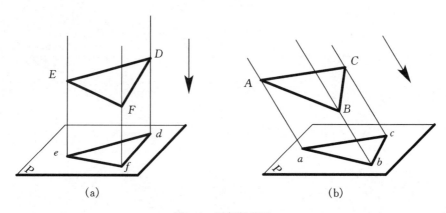

图 2-2　平行投影法

工程图样主要用正投影,本书各章节若不特别指明,则所称的投影均指正投影。

2.1.2 正投影法的基本性质

根据被投射形体与投影面相对位置的不同,其正投影的规律可归纳成如下三种基本投影特性:

1. 真实性

当直线或平面平行于投影面时,其投影反映实长或实形,这种性质称为真实性。如图 2-3(a)所示,直线 AB 与平面 $□DEFG$ 均平行于投影面 H,其在 H 面上的投影 $ab=AB$、$□defg=□DEFG$。

2. 积聚性

当直线或平面垂直于投影面时其投影积聚成点或直线,这种性质称为积聚性。如图 2-3(b)所示,直线 AB 与平面 $△DEF$ 均垂直于投影面 H,其在 H 面上的投影分别积聚成点 $a(b)$ 和直线 edf。

3. 类似性

当直线或平面倾斜于投影面时,直线的投影小于实长,平面图形的投影小于实形,这种原形与投影间不相等也不相似,但基本几何特性不变的性质称类似性。如图 2-3(c)所示,直线 AB 与平面 $△DEF$ 均倾斜于投影面 H,其在 H 面上的投影 ab 小于 AB、$△def$ 小于 $△DEF$。

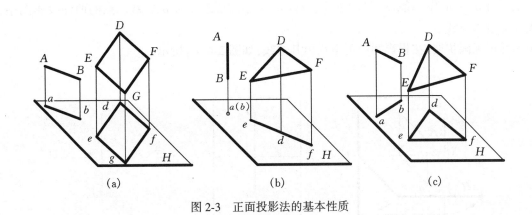

图 2-3 正面投影法的基本性质

2.2 点 的 投 影

如图 2-4 所示,由空间点 A 作垂直于投影面 H 的投射线,与平面 H 交得唯一的投影 a。反之,如从 A 点的投影 a 所作的垂直于 H 平面的直线上,不能唯一确定点 A 的空间位置。因此,研究几何形体的投影时,常将其放置在相互垂直的两个或多个投影面间,向这些投影面作投影,形成多面正投影。

2.2.1 点在两面投影体系第一分角中的投影

1. 两面投影体系的建立

如图 2-5 所示,设立两个相互垂直的投影面构成空间两面投影体系。水平放置的投影面称为水平投影面(简称水平面或 H 面);垂直 H 面的投影面称为正立投影面(简称正面或 V 面);V 面与 H 面的交线 OX 称投影轴。V 面与 H 面将空间分为 4 个分角。本书只着重讲述在第一分角中几何形体的投影。

如图 2-5 所示,在第一分角中的过点 A 分别作垂直 V,H 面的投射线 Aa',Aa,则分别在 V,H 面上得到正面投影 a' 和水平投影 a。

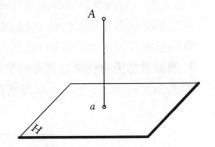

图 2-4 点在平面上的投影

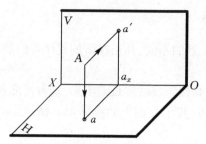

图 2-5 两面体系的建立及点的投影

由 Aa',Aa 确定的投射平面与 V,H 面垂直,则这三个相互垂直的平面必定交于一点 a_x,且 $a'a_x \perp aa_x \perp OX$,$a'a_xAa$ 为矩形,所以 $a'a_x=aA$,$a_xa=a'A$,即:$a'a_x$ 等于空间点 A 到 H 面的距离;a_xa 等于空间点 A 到 V 面的距离。

2. 两面投影图的形成及点的两面投影

如图 2-6(a)所示,规定保持 V 面不动,将 H 面绕 OX 轴向下旋转 90°,使之与 V 面处于同一平面,如图 2-6(b)所示。过 a_x 只能作一条 OX 轴的垂线,所以 a',a_x,a 共线,即 $a'a \perp OX$。点的两面投影图中,两个投影的连线称为投影连线。

由于平面可无限扩展,在投影图中可不画出其边线,如图 2-6(c)所示。

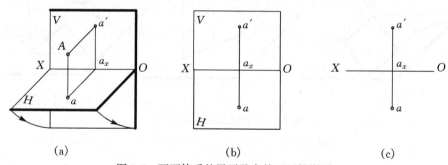

图 2-6 两面体系的展开及点的两面投影图

由此就可概括出点的两面投影特性:

(1)点的两投影连线垂直于投影轴,即 $a'a \perp OX$。
(2)点的投影到投影轴的距离反映空间点到相应投影面的距离,即:
点的水平投影 a 到投影轴 OX 的距离,反映空间点 A 到 V 面的距离,$a_xa=a'A$;
点的正面投影 a' 到投影轴 OX 的距离,反映空间点 A 到 H 面的距离;$a'a_x=aA$。

3. 两面投影图中特殊位置点的投影

如图 2-7(a)所示,点 A,B,C 分别在 H 面、V 面、OX 轴上。从上述投影规律可知:

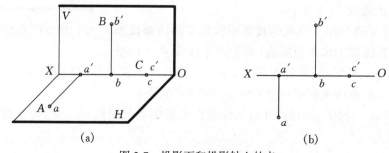

图 2-7 投影面和投影轴上的点

点 A 与其水平投影 a 重合，其正面投影 a' 位于 OX 轴上；

点 B 与其正面投影 b' 重合，其水平投影 b 位于 OX 轴上；

点 C 与其水平投影 c 及正面投影 c' 重合，且均位于 OX 轴上。

2.2.2 点在三面投影体系中的投影

1. 三面投影体系的建立

虽然点的两面投影能唯一确定该点的空间位置，但对于确定三维形体的表达，常常需要设置一个与 V 面和 H 面都垂直的侧立投影面（简称侧平面或 W 面），如图 2-8 所示，三个投影面的交线，即三条投影轴 OX, OY, OZ 必定相互垂直，形成三面投影体系。

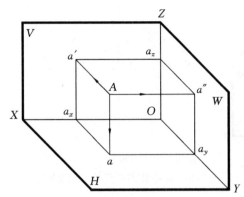

图 2-8 三面体系的建立及点的三面投影

2. 三面投影图的形成及点的三面投影

如图 2-9(a) 所示，过空间点 A 分别作垂直 H, V, W 面的投射线，交得水平投影 a，正面投影 a'，侧面投影 a''。三个投影面 H, V, W 之间，任两个投影面均可构成两面体系。

三面投影图的形成过程中，仍规定保持 V 面不动，将 H 面绕 OX 轴向下旋转 $90°$，将 W 面绕 OZ 轴向右旋转 $90°$，使之与 V 面处于同一平面，如图 2-9(b) 所示。旋转后的 OY 轴有两个位置，随 H 面旋转为 OY_H，随 W 面旋转为 OY_W，点 a_y 分别记为 H 面上的 a_{yH} 和 W 面上的 a_{yW}。

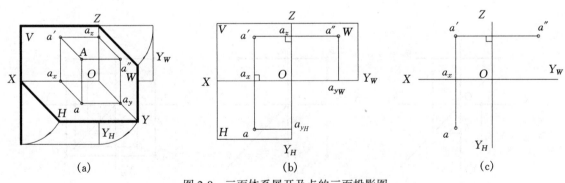

图 2-9 三面体系展开及点的三面投影图

基于两面投影原理，$a'a \perp OX$，同理，$a'a'' \perp OZ$。基于三面投影形成中 H 面、W 面的旋转特性，有 $aa_{yH} \perp OY_H$，$a''a_{yW} \perp OY_W$，$Oa_{yH} = Oa_{yW}$。

由于平面可无限扩展，在三面投影图中也可不画出其边线，如图 2-9(c) 所示。在实际的投影图中，为了作图方便，可用过点 O 的 $45°$ 辅助线，aa_{yH}，$a''a_{yW}$ 的延长线必与这条辅助线交会于一点。

若将三面投影体系看做直角坐标系，则投影轴、投影面、点 O 分别视为坐标轴、坐标面、坐标原点。由图 2-9(a) 所示的长方体中 $Aaa_xa'a_za''a_yO$ 的每组平行边分别相等，便得点 $A(x_A, y_A, z_A)$ 的投影与坐标有如下关系：

(1) x 坐标（Oa_x）。$x_A = Oa_x = a'a_z = aa_{yH} = a''A$，反映点 A 到 W 面的距离。

(2) y 坐标($Oa_{yH}=Oa_{yW}$)。$Y_A=aa_x=a''a_z=a'A$,反映空间点 A 到 V 面的距离。

(3) z 坐标(Oa_z)。$z_A=Oa_z=a'a_x=aA$,反映点 A 到 H 面的距离。

由此可概括出点的三面投影规律:

(1) 点的投影连线垂直投影轴。即 $a'a \perp OX$,$a'a'' \perp OZ$,$aa_{yH} \perp OY_H$,$a''a_{yW} \perp OY_W$。

(2) 点的投影到投影轴的距离,反映了空间点到相应投影面的距离。

由点的三面投影规律可知:只要给出点的任意两面投影,就可确定其三维坐标,也就可以确定它的第三面投影,通常称为"两补三"。

【例 2-1】 作出图 2-10(a)所示 A 点的三面投影图。

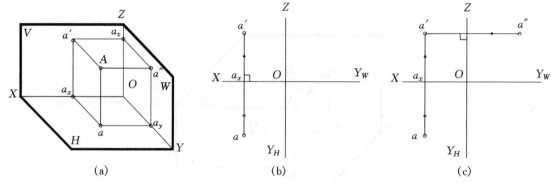

图 2-10 由立体图画点的三面投影图

【分析】

根据点的三面投影规律,应有 $a'a \perp OX$,$a'a'' \perp OZ$,$Oa_x=a''A$,$a'a_x=aA$,$aa_x=a''a_z=a'A$。

【作图】

(1) 绘出坐标轴,并标注出 OX,OY_H,OY_W,OZ 和原点 O,如图 2-10(b)所示。

(2) 利用 Oa_x 确定 a_x,过 a_x 作 OX 轴的垂线,自 a_x 向上量取 aA 确定 a',向下量取 $a'A$ 确定 a,如2-10(b)所示。

(3) 再过 a' 作轴的 OZ 垂线得 a_z,自 a_z 向右量取 $a'A$ 确定 a'',如图 2-10(c)所示,完成作图。

【例 2-2】 如图 2-11(a),已知点 A,B,C 的两面投影,求作第三面投影。

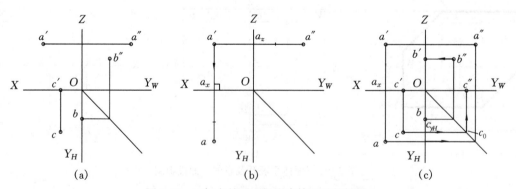

图 2-11 已知点的两面投影求第三面的投影

【分析】

根据点的三面投影规律,即可作出点的第三投影,即所谓"两补三"。这里需明确的是 C 点、B 点分别为 H 面与 W 面内的点,则 c'' 一定在 OY_W 轴上,b' 一定在 OZ 轴上。

【作图】

(1) 求作点 A 的 H 面投影 a。过 a' 作垂线得 a_x,从 a_x 向下量取 $aa_x=a''a_z$ 从而求得 a;或通过 45°辅助线作图,由 a'' 作投影连线求得 a,作图过程如图 2-11(b),(c)所示。

(2) 求作点 B 的 V 面投影 b'。由图可知,$bb_x=0$,则 B 在 W 面内。由此过 b'' 作 OZ 轴的垂线交 OZ 于 b',即为所求,如图 2-11(c)所示。

(3) 求作点 C 的 W 面投影 c''。由图可知,$c'c_x=0$,则 C 在 H 面内。由此过 C 作 OY_H 轴的垂线,交 45°辅助线于 C_0,再由 C_0 作 OY_W 的垂线交于 c'',即为所求,如图 2-11(c)所示。

2.2.3 点的相对位置

点的相对位置是指空间两点的左右、前后、上下的位置关系。在投影图中判别两点的相对位置是读图的重要问题。

如图 2-12(a)所示,观察者面对 V 面,则 OX 轴正向指向是左方,OY 轴正向指向是前方,OZ 轴正向指向是上方。展开形成投影图后,如图 2-12(b)所示,水平投影中,OX 轴正向指向是左方,OY_H 轴正向指向是前方;正面投影图中,OX 轴正向指向是左方,OZ 轴正向指向是上方;侧面投影中,OZ 轴正向指向是上方,OY_W 轴正向指向是前方。

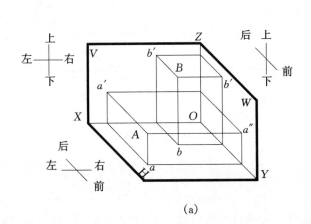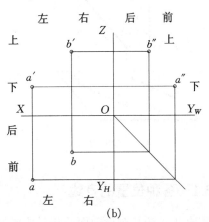

图 2-12 点的相对位置

在图 2-12(b)中,我们可判断 A 在左、B 在右;A 在下、B 在上;A 在前、B 在后。

当空间两点在某个投影面上的投影重合时,表明两点的某处坐标相同而处于同一射线上,我们称这两点是对某投影面的重影点,简称重影点。其重合的投影成为重影。有重影点就需要利用点的相对位置,判别其可见性,即判别哪一点可见,哪一点为不可见。

如图 2-13(a)所示,A、B 两点处于 y 轴方向的同一射线上,其正面投影 a'、b' 重合。且点 A 在前,点 B 在后,点 A 在正视的方向可见,点 B 被点 A 遮住而不可见。为了在投影图中表示可见性,对不可见的投影需要加注括号表示,如图 2-13(b)中的正面投影的表示为 $a'(b')$。

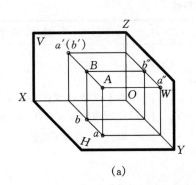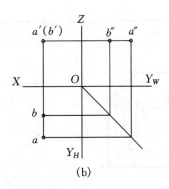

图 2-13 重影点及其可见性的判别

2.3 直线的投影

一般情况下,直线的投影仍然是直线,并小于实长,如图 2-14 所示直线 AB 在 H 面上的投影为直线 ab。特殊情况下,直线的投影积聚成点或反映实长,如图 2-14 所示垂直 H 面的直线 CD,它在 H 面上的投影积聚为一点 c(d);平行 H 面的直线 EF,它在 H 面上的投影反映实长。

直线由直线上的两点确定。因此,确定直线的投影,只需作出其上任意两点的三面投影,并将其同面投影相连,即可确定直线的三面投影,如图 2-15 所示直线 AB 的三面投影。

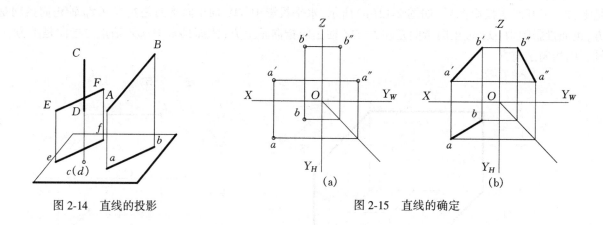

图 2-14 直线的投影

图 2-15 直线的确定

2.3.1 各种位置的直线

空间直线可按其对投影面的相对位置的不同,分为特殊位置直线和一般位置直线。特殊位置直线是指直线相对于某一个投影面处于平行或垂直的位置,因此,又可分为投影面的平行线和投影面的垂直线。而一般位置直线是对各投影面既不平行又不垂直的倾斜直线。

1. 特殊位置直线

(1)投影面平行线。

只平行于一个投影面而同时倾斜于其余两个投影面的直线称为投影面平行线,其中与水平面平行的直线称为水平线,与正面平行的直线称为正平线,与侧面平行的直线称为侧平线。

表 2-1 列出了这三种直线的直观图、投影图及相应的投影特性。

由表 2-1 可以归纳出投影面平行线的投影特性:

① 在所平行的投影面上的投影反映线段的实长及其与另外两个投影的倾角。

② 其余两个投影面上的投影平行于相应的投影轴,且小于线段实长。

表 2-1 投影面平行线

直线	直 观 图	投 影 图	投 影 特 性
水平线	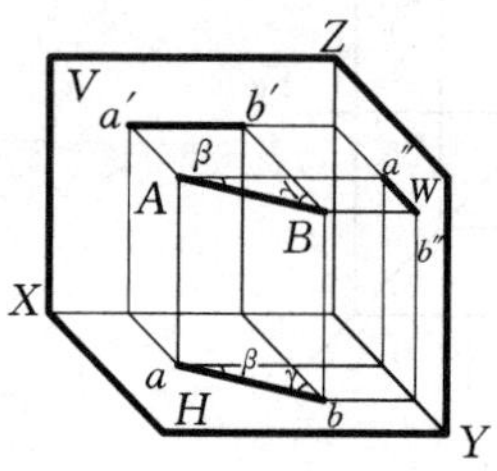	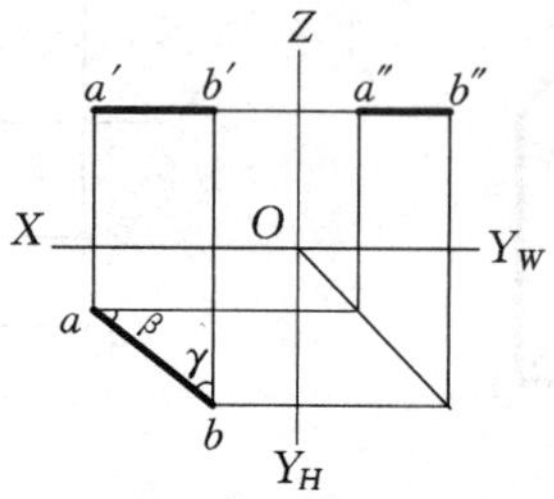	(1)水平投影 ab 反映实长及直线的倾角 β 和 γ; (2)正面投影 a'b' // OX 轴,侧面投影 a″b″ // OY_W 轴,且均为小于实长

续表

直线	直 观 图	投 影 图	投 影 特 性
正平线			(1)正面投影 $c'd'$ 反映实长及直线的倾角 α 和 γ； (2)水平投影 $cd\mathbin{/\mkern-6mu/} OX$ 轴，侧面投影 $c''d''\mathbin{/\mkern-6mu/} OZ$ 轴，且均为小于实长
侧平线			(1)侧面投影 $e''f''$ 反映实长及直线的倾角 α 和 β； (2)水平投影 $ef\mathbin{/\mkern-6mu/} OY_H$ 轴，正面投影 $e'f'\mathbin{/\mkern-6mu/} OZ$ 轴，且均为小于实长

（2）投影面垂直线。

垂直于一个投影面而同时平行其余两投影面的直线称为投影面垂直线，其中，与水平面垂直的直线称为铅垂线，与正面垂直的直线称为正垂线，与侧面垂直的直线称为侧垂线。

表 2-2 列出了这三种直线的直观图、投影图及相应的投影特性。

表 2-2　　　　　　　　　　　　　　投影面垂直线

直线	直 观 图	投 影 图	投 影 特 性
铅垂线			(1)水平投影积聚成一点 $a(b)$； (2)正面投影 $a'b'\perp OX$ 轴，侧面投影 $a''b''\perp OY_W$ 轴，且均反映实长
正垂线			(1)正面投影积聚成一点 $c'(d')$； (2)水平投影 $cd\perp OX$ 轴，侧面投影 $c''d''\perp OZ$ 轴，且均反映实长
侧垂线			(1)侧面投影积聚成一点 $e''(f'')$； (2)水平投影 $ef\perp OY_H$ 轴，正面投影 $e'f'\perp OZ$ 轴，且均反映实长

由表 2-2 可以归纳出投影面垂直线的投影特性：

① 在所垂直的投影面上的投影积聚成一点。

② 其余两个投影面上的投影均反映线段实长且垂直于相应的投影轴，也可以说平行于同一投影轴。

2. 一般位置直线

由于一般位置直线对各个投影面都处于倾斜位置，各面投影都不能反映直线段的实长和直线对投影面的倾角。而在实际应用中,常常需要根据线段的投影求作它的实长和对投影面的倾角,以解决某些度量问题。下面通过分析线段与其投影之间的几何关系,用作一直角三角形的方法求直线段的实长和它对投影面的倾角。

如图 2-16(a)所示,AB 为一般位置直线。在垂直于 H 面的投射平面 $ABba$ 内过点 A 作 $AB_1 /\!/ ab$,即得直角三角形 AB_1B,其余边 AB 是直线段的实长,直角边 $AB_1 = ab$,是该线段水平投影的长度,另一直角边 $BB_1 = Z_B - Z_A$,即线段两个端点 A 和 B 到 H 面的距离差,而 $\angle BAB_1$ 就是线段 AB 对 H 面的倾角 α。由此可见,求线段 AB 的实长及倾角 α,可归结为作出直角 $\triangle AB_1B$ 的实形问题。具体作图如图 2-16(b),(c)所示,图 2-16(b)为利用水平投影 ab 作直角三角形,图 2-16(c)为利用 Z 坐标差作直角三角形。

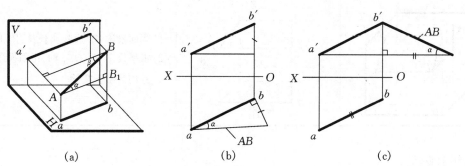

图 2-16 求一般位置直线的实长及倾角 α

同理,可以用直角三角形法求出一般位置直线对 V 面的倾角 β。此时,在所作直角三角形中斜边是线段实长,一直角边反映正面投影长度,另一直角边应是线段两端点到 V 面的距离差,实长与正面投影的夹角就是线段对 V 面的倾角 β。

【例 2-3】 已知线段 AB 的投影 $a'b'$ 及 a,如图 2-17(a),又知 AB 实长为 25 mm,求作 ab 及倾角 α。

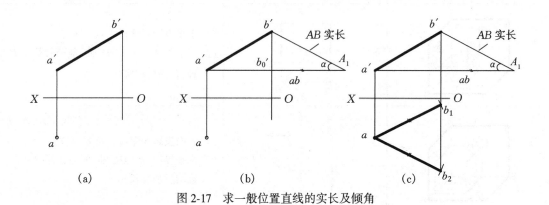

图 2-17 求一般位置直线的实长及倾角

【分析】 已知 AB 的实长和正面投影 $a'b'$,就可作出直角三角形,并利用它来求作 ab 及倾角 α。

【作图】 如图 2-17(b),(c)所示。

(1) 由 $a'b'$ 获得 AB 两端点的 Z 坐标差,即 $b'b'_0$。

(2) 以 $b'b'_0$ 为一直角边,以 $AB = 25$ mm 为斜边作出直角三角形 $A_1b'b'_0$,即得 $b'_0A_1 = ab$,$\angle b'A_1b'_0 = \alpha$。

(3) 以点 a 为圆心,用 ab 长为半径画弧交 $b'b'_0$ 的延长线于点 b_1 及 b_2,连接 ab_1 和 ab_2,即为所求 AB 水平投影的两个解。

2.3.2 直线上的点

直线上点的投影有下列从属关系:

如果一个点在直线上,则此点的各个投影必定在该直线的同面投影上;反之,如果点的各个投影都在直线的同面投影上,则该点一定在该直线上(从属性)。

如图 2-18 所示,若 D 点在直线 AB 上,则 d 在 ab 上,d′在 a′b′上,d″在 a″b″上。

如果线段 AB 上有一点 D,把线段分为 AD 和 DB 两部分,则线段及其投影之间存在下列定比关系(定比性):$AD:DB=ad:db=a'd':d'b'=a''d'':d''b''$。

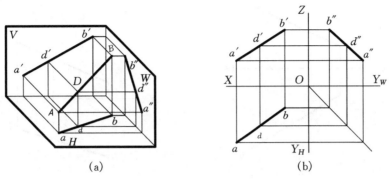

图 2-18 直线上的点

一般情况下,根据两面投影图利用从属性就可以确定点是否在直线上,如图 2-19 中,点 M 在 AB 上,而点 N 不在 AB 上。

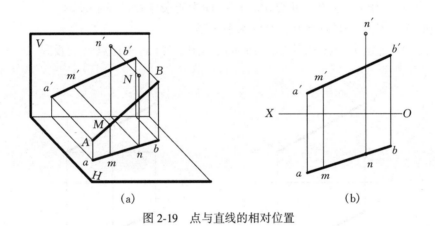

图 2-19 点与直线的相对位置

但是,对于投影面平行线,如图 2-20(a)所示的侧平线 AB,仅凭点 c 在 ab 上,c′在 a′b′上,还不能完全确定点 C 是否在 AB 上,而需要用定比性判别,即 $a'c':c'b'=ac:cb$ 是否成立,如图 2-20(b)所示。当然,也可用反映其实长的侧面投影来判别,如图 2-20(c)所示。显然,点 C 不在侧平线 AB 上。

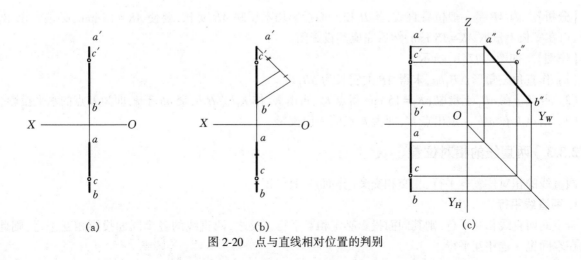

图 2-20 点与直线相对位置的判别

【例2-4】 试在直线 AB 上取一点 C，使 AC∶CB=3∶2，求作 C 点的两面投影。如图 2-21(a)所示。

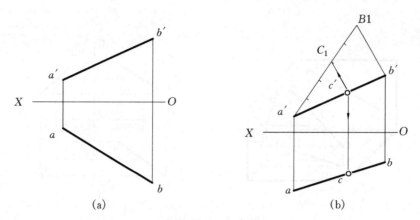

图 2-21 求点 C 的投影

【分析】 根据 AB 上的点 C 分割线段成定比 3∶2，则可利用定比性求出点 C 的投影。

【作图】 （1）求 $a'b'$（或 ab）的端点 a' 作辅助直线 $a'B_1$，使之分成五等份，并使 $a'C_1/C_1B_1=3/2$。

（2）连 B_1b'，由点 C_1 作 $C_1c'//B_1b'$ 并交 $a'b'$ 于 c'，即为所求点 C 的正面投影。

（3）由点 c' 在 ab 上定出 c，即为所求点 C 的水平投影。

【例2-5】 试在 AB 上定出一点 K，使 AC=15 mm，如图 2-22(a)求作点 K 的投影。

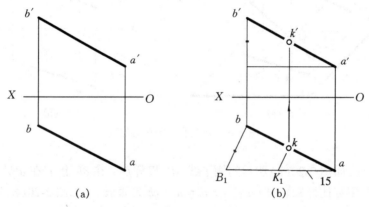

图 2-22 求点 K 的投影

【分析】 因 AB 是一般位置直线，其 H 和 V 面投影均不反映 AB 实长，要使 AK=15 mm，必须先求出 AB 实长，再在实长上量取 AK=15 mm，然后完成其投影图。

【作图】 如图 2-22(b)所示。

（1）作直角三角形 $\triangle B_1ba$，求得 AB 的实长为 aB_1。

（2）自点 a 在 aB_1 上量取 $aK_1=15$ mm 得点 K_1，再由 K_1 作 $K_1k//B_1b$，交 ab 于 k，即为 K 点的水平投影。

（3）由点 k 在 $a'b'$ 上定出点 k'，即为 K 点的正面投影。

2.3.3 两直线的相对位置

两直线的相对位置有平行、相交和交叉（异面）三种情况。

1. 两直线平行

若空间两直线相互平行，则其同面投影必定相互平行。反之，两直线的各个同面投影相互平行，则此两直线在空间也一定相互平行。

图 2-23(a)中,直线 $AB/\!/CD$,通过 AB 和 CD 向同一投影面 H 所作的投射面 $AabB$ 与 $CcdD$ 必定相互平行,它们与投影面 H 的交线 $ab/\!/cd$。所以,空间两直线平行,它们的同面投影一定相互平行。反之,如图 2-23(b)所示,$ab/\!/cd$,$a'b'/\!/c'd'$,则 $AB/\!/CD$。

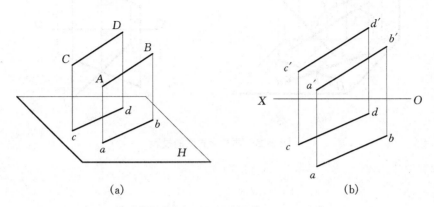

图 2-23 两直线平行

一般情况下,要判别两直线是否平行,只要看它们的两个同面投影是否平行就可以了。特殊情况下,如果两直线都是同一投影面的平行线,则要看其反映实长的同面投影是否平行而定,若平行,则为平行两直线,否则为交叉两直线。

譬如判别图 2-24(a)中两侧平线 AB,CD 是否平行,可以看它们的侧面投影是否平行而定,图 2-24(b)表明两侧平线 AB,CD 不平行。图 2-24(a)中两侧平线 AB,EF 方向趋势一致时,也可以看它们正面投影的比例与水平投影的比例是否相等而定,图 2-24(a)中,两侧平线 AB,EF 是不平行的。

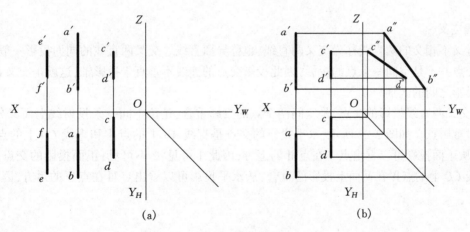

图 2-24 判断两直线是否平行

2. 两直线相交

若空间两直线相交,则其同面投影必定相交,且其交点符合点的投影规律。反之,如果两直线的各个同面投影都相交,且交点的投影符合点的投影规律,则此两直线在空间也一定相交。

一般情况下,要判别两直线是否相交,只需根据任意两个投影即可确定,如图 2-25 所示。

但是两条直线中如有一条是某投影面平行线时,则必须看其他投影面上的投影。图 2-26(a)中,AB 和 CD 两直线中,CD 是侧平线,它们的正面投影和水平投影相交,而且交点的连线也总是垂直于 OX 轴的,因此,要判别此两直线是否相交,还需要作出它们的侧面投影,如果侧面投影也相交,且侧面投影的交点和正面投影的交点连线垂直于 OZ 轴,则两直线相交,否则是交叉两直线。图 2-26(b)中,所作侧面投影说明两直线是不相交的(请读者考虑一下,如果不作侧面投影,还可以用什么方法来判别)。

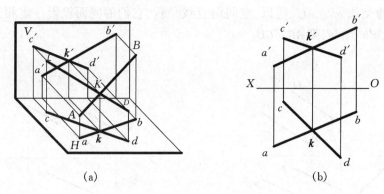

图 2-25 两相交直线的投影

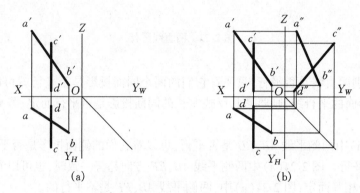

图 2-26 判断两直线是否相交

3. 两直线交叉

既不平行又不相交的两直线称为交叉两直线,也称异面直线。交叉两直线的同面投影一般也都相交,但同面投影的交点并不是空间一个点的投影,因此投影交点的连线不垂直于投影轴,这就是交叉直线的投影与相交直线的投影之间的区别。

事实上,交叉两直线投影的交点,是空间两个点的投影重合,是位于同一条投射线上而又分别属于两条直线上的一对重影点。如图 2-27 所示,水平投影的交点是直线 AB 上的点Ⅰ和直线 CD 上的点Ⅱ在 H 面上投影的重合,从正面投影可以看出点Ⅰ在点Ⅱ的上方,因此 1 可见,2 不可见;正面投影的交点是直线 AB 上的点Ⅲ和直线 CD 上的点Ⅳ在 V 面上投影的重合,从水平投影可以看出点Ⅲ在点Ⅳ的后方,因此 3′不可见,4′可见。

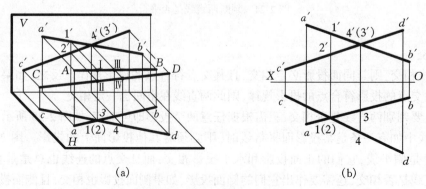

图 2-27 两交叉直线的投影

4. 一边平行于投影面的直角的投影

如图 2-28(a)所示，$\angle ABC=90°$，AB，BC 都平行于 H 面，则 $ab/\!/AB$，$bc/\!/BC$，$\angle abc=\angle ABC=90°$，即当两直角边都平行于投影面时，直角的投影仍是直角。将 A 移 A_1，由于 $BC\perp$ 平面 $ABba$，故两边 A_1B、BC 仍在空间构成直角，且一边 A_1B 倾斜于 H 面，一边 BC 平行于 H 面，A_1B 的投影与 AB 的投影重合，因此，由 A_1B 和 BC 在空间构成的直角在 H 面上的投影也是直角。

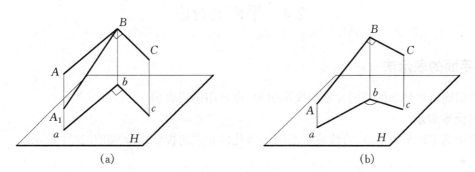

图 2-28 直角投影

图 2-28(b)中，构成直角的两边 AB，BC 都倾斜于 H 面，$ab\ne AB$，$bc\ne BC$，所以 ab 不垂直于 bc，$\angle abc\ne 90°$，即当两直角边都不平行于投影面时，直角的投影不是直角。

由此得到，若直角的一边平行于某投影面，则在该投影面上的投影必定反映直角；反之，如果两直线的同面投影构成直角，且两直线之一是该投影面的平行线，则此两直线在空间也必定相互垂直。

该定理也适用于两交叉直线垂直问题的判定。

【例 2-6】 根据图 2-29，判别两直线是否垂直。

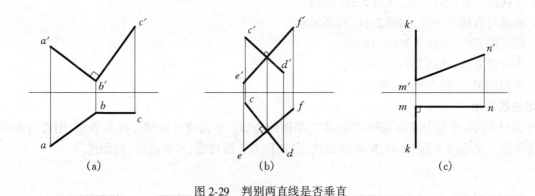

图 2-29 判别两直线是否垂直

【解】 依据直角投影定理，图 2-29(a)中，BC 是正平线，$\angle a'b'c'=90°$，所以 AB 垂直 BC。图 2-29(b)中，虽然两投影均构成直角，但两直线都不是投影面平行线，说明空间两直线不垂直。图 2-29(c)中，虽然 MN 是正平线，但 $\angle k'm'n'\ne 90°$，所以两直线不垂直。

【例 2-7】 已知等腰三角形 $\triangle ABC$ 底边 AB 的投影及顶点 C 的正面投影，如图 2-30(a)，又 $a'b'/\!/OX$，求 $\triangle ABC$ 的投影及顶点 C 的投影。

【分析】 等腰 $\triangle ABC$ 的高 CD 是底边 AB 的中垂线；因 $a'b'/\!/ox$，可知 AB 是水平线，高 CD 的水平投影 $cd\perp ab$，且点 d 平分 ab；又点 c' 已知，于是可作出 $\triangle ABC$ 的

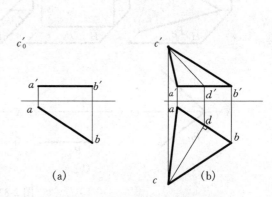

图 2-30 两直线垂直定理的应用

投影。

【作图】 如图 2-30(b)

(1) 取 AB 的中点 $D(d,d')$，并过 d 作 ab 的垂线，再由 c' 在所作垂线上定出点 c，则 $CD(c'd',cd)$ 即为等腰 $\triangle ABC$ 底边上的高。

(2) 用直线连 ac,bc 及 $a'c',b'c'$ 得 $\triangle ABC$ 的两面投影。

2.4　平面的投影

2.4.1　平面的表示法

平面通常用确定该平面的几何元素的投影表示，也可用迹线表示。

1. 用几何元素表示

平面通常用确定该平面的点、直线或平面图形等几何元素的投影表示，如图 2-31 所示。

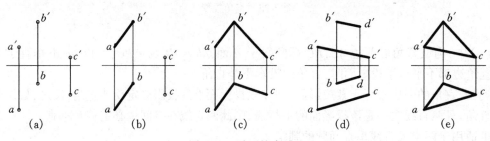

图 2-31　平面的表示法

(1) 不在同一直线的三点，如图 2-31(a) 所示；

(2) 直线与直线外一点，如图 2-31(b) 所示；

(3) 相交两直线，如图 2-31(c) 所示；

(4) 平行两直线，如图 2-31(d) 所示；

(5) 平面图形，如图 2-31(e) 所示。

2. 用迹线表示

如图 2-32 所示，平面与投影面的交线，称为平面的迹线。平面也可以用迹线来表示，用迹线表示的平面称为迹线平面。平面与 V 面、H 面、W 面的交线，分别称为正面迹线、水平迹线、侧面迹线。

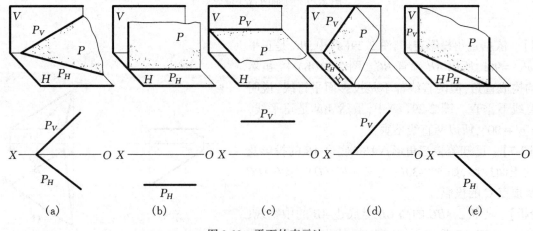

图 2-32　平面的表示法

迹线的符号用平面名称加注投影面名称的注脚表示,如图2-32中的P_V,P_H,P_W。迹线是某投影面上的直线,它在该投影面上的投影位于原处,用粗实线表示,并标注上述符号;它在另外两个投影面上的投影,分别在相应的投影轴上,在投影图中不需作出。

图2-32(a)到(e)中所示分别为用迹线表示的各种位置平面:一般位置平面、正平面、水平面、正垂面、铅垂面。其中图(d)中的P_V与图(e)中的P_H都可省略不画。

2.4.2 平面对投影面的各种相对位置

平面按对投影面的相对位置,可分为一般位置平面与特殊位置平面两类。特殊位置平面包含投影面垂直面与投影面平行面,且每种特殊位置平面又可再分成三种类别。

平面 $\begin{cases} \text{一般位置平面:对 }V,H,W\text{ 都倾斜} \\ \text{投影面垂直面} \\ \text{(只垂直于一个投影面,与其他投影面倾斜)} \begin{cases} \text{正垂面}(V\text{面垂直面}):\perp V,\text{对 }H,W\text{ 倾斜} \\ \text{铅垂面}(H\text{面垂直面}):\perp H,\text{对 }V,W\text{ 倾斜} \\ \text{侧垂面}(W\text{面垂直面}):\perp W,\text{对 }V,H\text{ 倾斜} \end{cases} \\ \text{投影面平行面} \\ \text{(平行于一个投影面)} \begin{cases} \text{正平面}(V\text{面平行面})://V \\ \text{水平面}(H\text{面平行面})://H \\ \text{侧平面}(W\text{面平行面})://W \end{cases} \end{cases}$

平面与H,V,W的两面角,分别就是平面对投影面H,V,W的倾角α,β,γ。当平面平行于投影面时,倾角为$0°$;垂直于投影面时,倾角为$90°$;倾斜于投影面时,倾角大于$0°$,小于$90°$。

1. 一般位置平面

如图2-33所示,$\triangle ABC$对投影面V,H,W都倾斜,是一般位置平面。它对各投影面既不平行,也不垂直,其对投影面的倾角α,β,γ倾角大于$0°$,小于$90°$。因此,它的投影既没有真实性,也无积聚性,且不能直接反映平面对投影面的倾角。

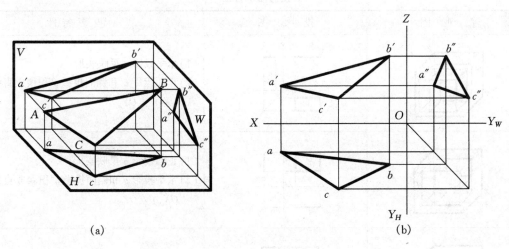

图2-33 一般位置平面

由此可得出一般位置的平面图形的投影特性:它的三个投影都是小于原平面图形的类似形。

2. 投影面垂直面

表2-3列出了处于三种投影面垂直面的立体图、投影图和投影特性。

从表2-3中处于正垂面位置的矩形平面Q的立体图可概括出投影面垂直面的投影特性:

表 2-3　　投影面垂直面

平面	直观图	投影图	投影特性
铅垂面			(1) 水平投影 p 积聚成直线,并反映平面的倾角 β 和 γ; (2) 正面投影 p' 和侧面投影 p'' 均为小于实形 P 的类似形
正垂面			(1) 正面投影 q' 积聚成直线,并反映平面的倾角 α 和 γ; (2) 水平投影 q 和侧面投影 q'' 均为小于实形 Q 的类似形
侧垂面			(1) 侧面投影 r'' 积聚成直线,并反映平面的倾角 α 和 β; (2) 正面投影 r' 和水平投影 r 均为小于实形 R 的类似形

(1) 在垂直的投影面上的投影,积聚成直线;它与投影轴的夹角,分别反映平面对另两投影面的真实倾角。

(2) 在另外两个投影面上的投影仍为小于实形的类似形。

3. 投影面平行面

表 2-4 中列出了处于三种投影面平行面的立体图(直观图)、投影图和投影特性。

表 2-4　　投影面平行面

平面	直观图	投影图	投影特性
水平面			(1) 水平投影 p 反映实形; (2) 正面投影 p' 和侧面投影 p'' 积聚成直线,且 $p'//OX, p''//OY_W$
正平面			(1) 正面投影 q' 反映实形; (2) 水平投影 q 和侧面投影 q'' 积聚成直线,且 $q//OX, q''//OZ$
侧垂平			(1) 正面投影 r'' 反映实形; (2) 水平投影 r 和正面投影 r' 积聚成直线,且 $r//OY_H, r'//OZ$

从表 2-4 可概括出处于投影面平行面的投影特性:

(1) 在平行的投影面上的投影,反映实形。

(2) 在另外两个投影面上的投影,分别积聚成直线,且平行于相应的投影轴。

2.4.3 平面上的点和直线

点和直线在平面上的几何条件是:

(1) 点在平面上,则该点必定在这个平面的一条直线上。

(2) 直线在平面上,则该直线必定通过这个平面上的两个点;或者通过这个平面上的一个点,且平行于这个平面上的另一直线。

图 2-34 是用上述条件在投影图中说明:点 D 和直线 DF,DE 位于平面 ABC 上。

图 2-34(a)中,点 D 在平面 ABC 的直线 AB 上,点 D 即在平面 ABC 上;

图 2-34(b)中,直线 DE 通过平面 ABC 上的两个点 D,E,直线 DE 即在平面 ABC 上;

图 2-34(b)中,直线 DF 通过平面 ABC 上的点 D,且平行于平面 ABC 上的直线 AC,直线 DF 即在平面 ABC 上。

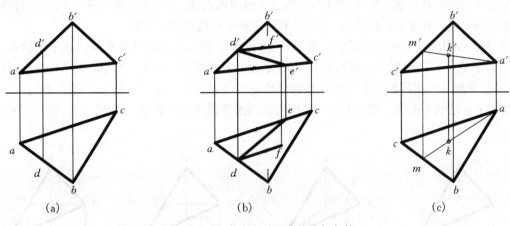

图 2-34 点、直线在平面内的几何条件

【例 2-8】 如图 2-34(c)的所示,判断点 K 是否在△ABC 上?

【解】 若点 K 位于平面△ABC 的一条直线上,则点 K 在平面△ABC 上;否则,就不在平面△ABC 上。

判断作图过程如图 2-34 所示:连点 A,K 的同面投影,并延长到与 BC 的同面投影相交。因为图中的直线 AK 和 BC 的同面投影的交点在一条投影连线上,便可认为是直线 BC 的一点 M 的两面投影 m' 和 m,于是点 K 在平面△ABC 的直线 AM 上,就判断出点 K 是在平面△ABC 上。

【例 2-9】 已知平面四边形 $ABCD$ 的水平投影 $abcd$ 和正面投影 $a'b'd'$,完成该四边形的正面投影,如图 2-35(a)所示。

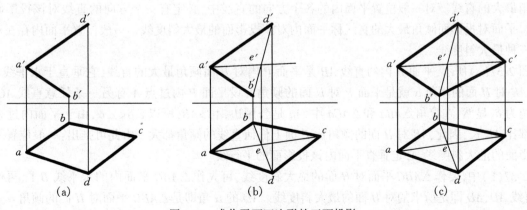

图 2-35 求作平面四边形的正面投影

【分析】 已知四边形 $ABCD$ 为一平面图形,所以点 C 必在 A,B,D 三点所确定的平面内,因此,C 的正面投影 c' 可依据平面内取点的方法求得。

【作图】 如图 2-35(b),(c)

(1) 连接 B,D 两点的同面投影 bd 和 $b'd'$。

(2) 连接 A,C 的水平投影 ac,与 bd 相交于 e,ae 即为平面内过点 C 的辅助线 AE 的水平投影。

(3) 求出 ae 的正面投影 $a'e'$,由 c 在 $a'e'$ 的延长线上确定 c'。

(4) 接 $b'c'd'$,即得到平面四边形 $ABCD$ 的正面投影。

读者还可以利用图 2-35(a)给定的 $ab\mathbin{/\mkern-6mu/} dc$ 的条件解题,并比较两种解法的优劣。

2.4.4 一般位置平面内的特殊位置直线

一般位置平面内有两种特殊位置的直线,它们是投影面平行线和最大斜度线。

1. 一般位置平面内的投影面平行线

一般位置平面内的投影面平行线同时具有既是平面内的直线,又是投影面的平行线两重属性;因此,它们的投影必需满足直线在平面内的条件,又应具有投影面平行线的投影特性。

图 2-36 为在一般位置平面内作正平线和水平线的方法。图(a),(b)是作平面内正平线的步骤,根据正平线的 H 投影平行于 OX 轴的投影特性,先在 ABC 平面的水平投影上作任一与 OX 轴平行线(为作图简单起见,一般通过已知点)$c1$,然后利用 1 点的 H 投影定出它的 V 投影 $1'$,以确保Ⅰ点是直线 AB 上的一点,从而保证正平线 CⅠ在已知平面内。图(c),(d)是作平面内水平线 AⅡ的步骤。

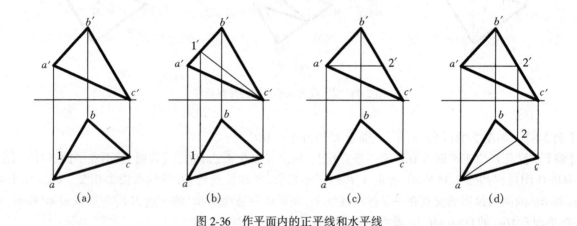

图 2-36 作平面内的正平线和水平线

2. 一般位置平面内的最大斜度线

当静止的球沿一坡面自由滚动时,必定是沿着斜面上对地面最陡的直线方向滚动的,该直线是斜面上对地面倾角最大的直线。对一般位置平面内的各个方向的直线中,必定有一个方向的直线对该投影面的倾角为最大。平面对投影面倾角最大的直线称平面内对该投影面的最大斜度线。一般位置平面内存在对三个投影面的三种最大斜度线。

如图 2-37(a)所示,平面 P 内的直线 AB 是平面 P 内对 H 面倾角最大的直线,它垂直于水平线 DE 和迹线 P_H。AB 对 H 面的倾角 α 就是平面 P 对 H 面的倾角。设平面 P 内过点 A 有另一条任意直线 AC,它对 H 面的倾角为 δ,显然,在直角 $\triangle ABa$ 和 $\triangle ACa$ 中,Aa 是公用边,$AC>AB$,所以 $\angle\delta<\angle\alpha$,由于平面内过 A 点的任何直线都比 AB 长,因此,AB 对 H 面的倾角比 P 面上任何直线的倾角都大。由此可推出:一般位置平面内对某个投影面的最大斜度线,必定垂直平面内该投影面的平行线。

图 2-37(b)中,要作 $\triangle ABC$ 平面对 H 面的最大斜度线,可先作 $\triangle ABC$ 平面内的水平线 BⅠ,再作垂直于 BⅠ的直线 AD,AD 即是所求的对 H 面的最大斜度线。AD 的 α 角即是 $\triangle ABC$ 平面对 H 面的倾角 α。

同理,平面内对 V 面的最大斜度线必然垂直于该面内的任一正平线。图 2-41(c)中,CⅡ是正平线,AE 垂直于 CⅡ,AE 即是平面对正面的最大斜度线。

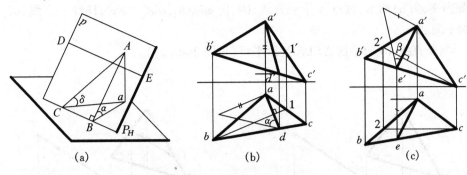

图 2-37 平面的最大斜度线

2.5 直线与平面的相对位置

直线与平面、平面与平面的相对位置可分为平行、相交、垂直三种情况。本节主要研究平行、相交这两种相对位置的投影特性及其作图方法。

2.5.1 平行关系

1. 直线与平面平行

(1) 直线与一般位置平面平行。

"如果平面外的一条直线平行该平面内的一条直线,那么直线和平面平行",如图 2-38(a)中直线 AB 平行于平面 P 内的一条直线 CD,所以 AB 平行于平面 P,其投影图如图 2-38(b)所示。

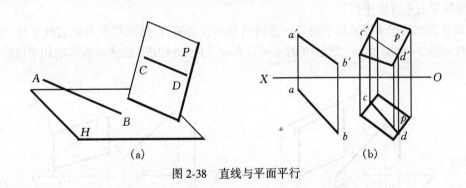

图 2-38 直线与平面平行

【例 2-10】 过点 A 作平面与直线 BC 平行(见图 2-39(a))。

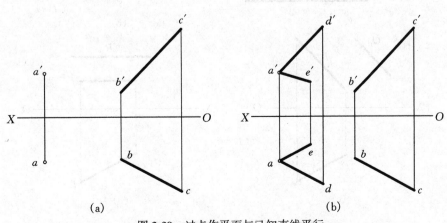

图 2-39 过点作平面与已知直线平行

【解】 根据上述原理,只要过点 A 作直线与 BC 平行,则过此直线所作的任意平面均符合题意,故本题有无穷多解。如图 2-39(b)所示,过点 A 作一直线 AD,使 $ad//bc$,$a'd'//b'c'$,任作一直线 AE,则平面($AE\times AD$)即为所求的平面之一。

【例 2-11】 判断直线 AB 与平面 $\triangle CDE$ 是否平行(见图 2-40(a))。

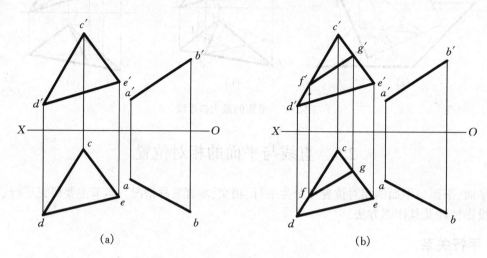

图 2-40 判断直线与平面是否平行

【解】 如果直线 AB 平行于平面 $\triangle CDE$,则在平面 $\triangle CDE$ 内必能作出与 AB 平行的直线,否则 AB 与平面 $\triangle CDE$ 不平行。如图 2-40(b)所示,在 CD 上任取一点 F,作 $f'g'//a'b'$ 并与 $c'e'$ 交于 g',作出 FG 的水平投影 fg,显然 fg 不平行于 ab。说明在平面 $\triangle CDE$ 内找不到直线与 AB 平行,即 AB 与平面 $\triangle CDE$ 不平行。

(2)直线与投影面垂直面平行。

如果投影面垂直面的积聚投影与平面外一直线的同面投影平行,则该平面与该直线平行,如图2-41(a)所示。其投影特性如图 2-41(b)所示,直线 AB 的水平投影 ab 与平面 $CDEF$ 的水平投影的积聚投影 $c(d)f(e)$ 平

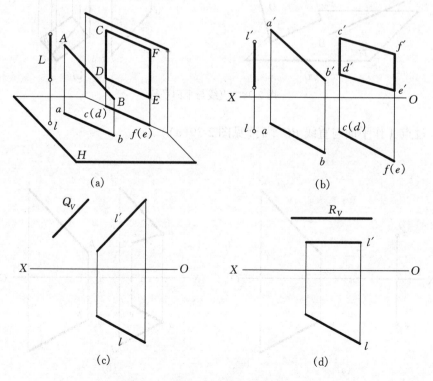

图 2-41 直线与投影面垂直面平行

行,则总可以在 $c'd'e'f'$ 内作一条直线 $g'h'\parallel a'b'$,而 GH 的水平投影 gh 也落在平面 CDEF 的水平投影的积聚投影 $c(d)f(e)$ 上,所以 AB 平行于平面 CDEF。另有铅垂线 L 平行平面 CDEF,两者的 H 投影都有积聚性,平行关系是显然的。图 2-41(c),(d)所示为正垂面 Q,水平面 R 及其平行直线的平行关系。要作投影面垂直面与一已知直线平行或要作一直线与已知投影面垂直面平行,只要作投影面垂直面的积聚投影与该直线的同面投影平行即可。

2. 平面与平面平行

(1)一般位置的两平面平行。

如果一个平面内的两条相交直线分别与另一平面内的两条相交直线相互平行,则这两个平面相互平行,如图 2-42(a)所示。其投影特性如图 2-42(b)所示,$ab\parallel de,bc\parallel df,a'b'\parallel d'e',b'c'\parallel d'f'$,所以平面(AB×BC)平行于平面(DE×DF)。

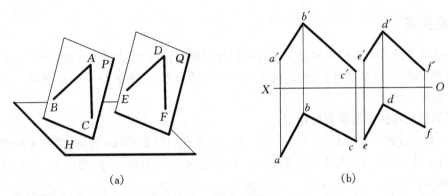

图 2-42 平面与平面平行

【例 2-12】 判断由平行两直线给出的平面 AB,CD 和 EF,GH 是否平行(见图 2-43(a))。

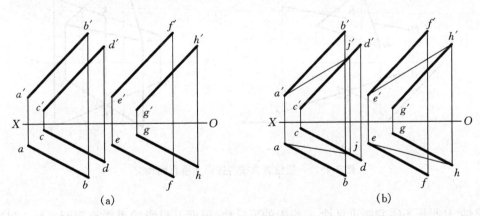

图 2-43 判断平面与平面是否平行

【解】 平行两直线给出的两平面,即使两平面上相对应的直线分别平行,如图 2-43 中 $ab\parallel ef,cd\parallel gh$,但不能判断两平面是否平行,只有在平面 AB,CD 和 EF,GH 上找到两相交直线对应平行,则两平面平行。因此,如图 2-43(b)所示,作 $a'j'\parallel e'h'$,而 aj 不平行于 eh,所以两平面不平行。

(2)两投影面垂直面平行。

两平面如果同时垂直于某投影面且它们的积聚投影平行,则两平面平行。反之,两平行平面均垂直于某投影面,则两平面的积聚投影平行,如图 2-44(a)所示。图 2-44(b)所示为两铅垂面 P,Q 的平行关系,图 2-44(c)所示为两水平面 P,Q 的平行关系。

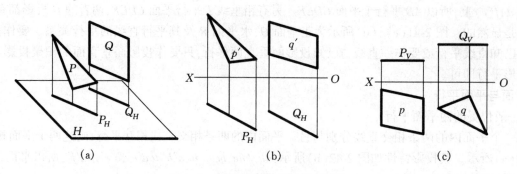

图 2-44 两投影面垂直面相互平行

2.5.2 相交关系

直线与平面或两平面若不平行则相交。在解决相交问题时,要求出直线与平面的交点,平面与平面的交线。直线与平面相交时,交点是共有点,也是可见与不可见的分界点;平面与平面相交时,交线是共有线,也是可见与不可见的分界线。

1. 一般位置的直线与投影面垂直面相交

如图 2-45(a)所示,DE 与铅垂面 $\triangle ABC$ 交于点 K。其投影如图 2-45(b)所示,交点 K 的水平投影 k 既在平面的水平投影 bac 上,又在直线的水平投影 de 上,故在直线 bc 与直线 de 的交点上,点 K 的正面投影 k' 必在 DE 的正面投影 $d'e'$ 上。

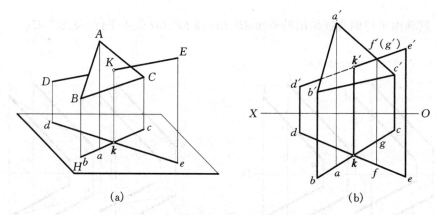

图 2-45 一般位置直线与投影面垂直面相交

判断可见性,H 投影不需判断可见性,V 投影的可见性,根据 V 投影的重影点判断,过 $a'c'$ 与 $d'e'$ 的重影 $f'(g')$ 作 OX 轴的垂线与 bac 交于 g,与 de 交于 f,说明 $\triangle ABC$ 的边 AC 在后,DE 在前,因此,$k'g'$ 这段可见为实线,而点 k' 左边不可见为虚线。

2. 一般位置的平面与投影面垂直线相交

图 2-46 所示为正垂线 DE 与一般面 $\triangle ABC$ 相交,求交点 K 的作图过程。点 K 属于 DE,点 K 的 V 投影与 DE 的积聚投影 $d'(e')$ 重合,点 K 又属于 $\triangle ABC$,点 K 一定在 $\triangle ABC$ 的一条直线上。如图 2-46(b)所示,连接 $b'(k')$ 延长与 $a'c'$ 交于 f',求出 BF 的 H 投影 bf,点 K 的 H 投影 k 在 bf 与 de 的交点上。

判断可见性,V 投影不需判断可见性,H 投影可见性根据 H 投影的重影判断,过 ab 与 de 的重影 $g(h)$ 作 OX 轴的垂线与 $a'b'$ 交于 g',与 $d'(k')(e')$ 交于 (h'),说明 AB 在上,DE 在下,因此 kg 这段不可见为虚线,而 k 另一边可见画成粗实线(见图 2-46(c))。

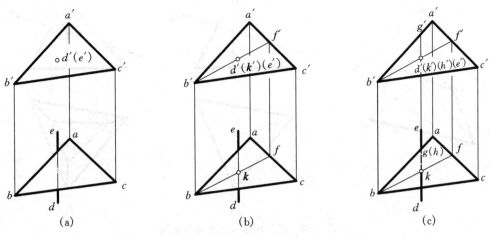

图 2-46　一般面与投影面垂直线相交

3. 一般位置的平面与投影面垂直面相交

如图 2-47(a)所示,四边形 ABCD 与铅垂面 P 相交,交线的两端点 E、F 分别是四边形 ABCD 的两条边 BC、AD 与 P 面的交点,连接 EF 即得交线。其投影如图 2-47(b)所示,交线的水平投影 ef 在 P_H 上,e'、f' 分别在 $b'c'$、$a'd'$ 上,连 $e'f'$,即为交线的正面投影。

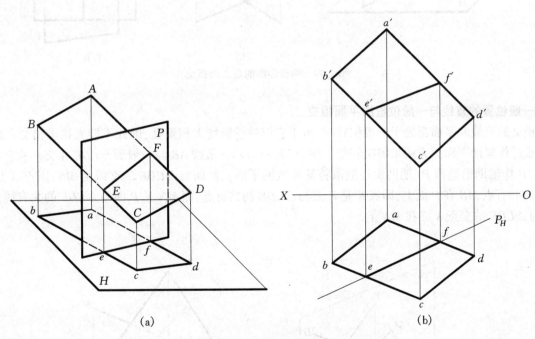

图 2-47　一般面与投影面垂直面相交

【例 2-13】 求三棱锥 S-ABC 各棱面与正垂面 P 的截交线(见图 2-48)。

【解】 从图 2-48(a)中可看出,正垂面 P 与三棱锥的三个棱面 △SAB、△SBC、△SAC 相交,有三条交线分别为 ED、DF、FE。其已知条件如图 2-48(b)所示,交线的正面投影 $e'd'$、$d'f'$、$f'e'$ 均在 P_V 上,再求出各交线 H 投影 ed、df、fe 即可(见图 2-48(c))。

4. 两投影面垂直面相交

当两投影面垂直面相交且垂直同一投影面时,它们的交线为该投影面的垂直线(见图 2-49(a))。因此,两铅垂面的交线是铅垂线(见图 2-49(b)),两正垂面的交线是正垂线(见图 2-49(c))。

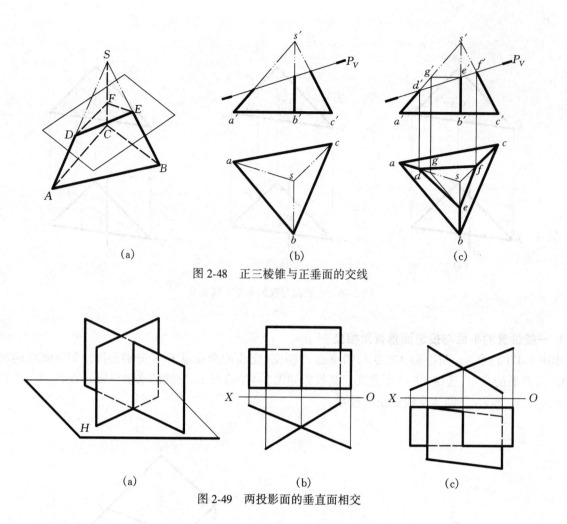

图 2-48 正三棱锥与正垂面的交线

图 2-49 两投影面的垂直面相交

5. 一般位置的直线与一般位置的平面相交

当相交的直线和平面都处于一般位置时,由于它们的投影均无积聚性,因此不能直接求出交点的投影,而需要通过作辅助平面的方法来解决问题。图 2-50(a)表示一般线 AB 与一般面 △CDE 相交。从空间分析,可以过 AB 作辅助铅垂面 P(辅助面一般取特殊位置的平面),P 面与 △CDE 的交线为 MN,因点 K 是 AB 与 △CDE 的共有点,AB 在 P 面上,即点 K 是 P 面与 △CDE 的共有点,而 MN 是 P 面与 △CDE 的共有线,所以直线 AB 与 △CDE 的交点 K 必在 MN 上。

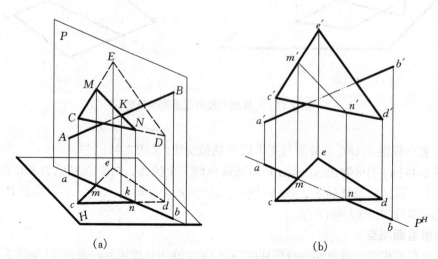

图 2-50(a)(b) 一般位置的直线与一般位置的平面相交

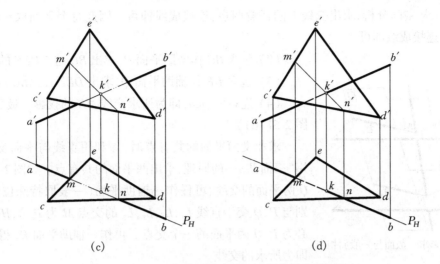

图 2-50(c)(d) 一般位置的直线与一般位置的平面相交

【例 2-14】 已知直线 AB 和平面△CDE 的两面投影(见图 2-50(b)),求 AB 与平面△CDE 的交点。

【解】 (1) 过 AB 作铅垂面 P,即含 ab 作 P_H。

(2) 求 P 面与△CDE 的交线 MN(mn,m'n')。

(3) 求 AB 与 MN 的交点 K(k,k')。k'为 m'n'的交点,再根据 k'求出 k(见图 2-50(c))。

(4) 判断可见性。根据水平投影的重影点判断水平投影的可见性,根据正面投影的重影点判断正面投影的可见性(见图 2-50(d))。

6. 一般位置的平面与一般位置的平面相交

求两平面的交线,只要求出交线上的任意两点,连接成线,即得到两平面的交线。可利用一般位置直线与平面相交求交点的方法在两平面内(或某一平面内)取两条直线,求出与另一平面的交点,连接交点的投影。

【例 2-15】 已知△ABC 与△DEF 的投影,求两平面的交线(见图 2-51(a))。

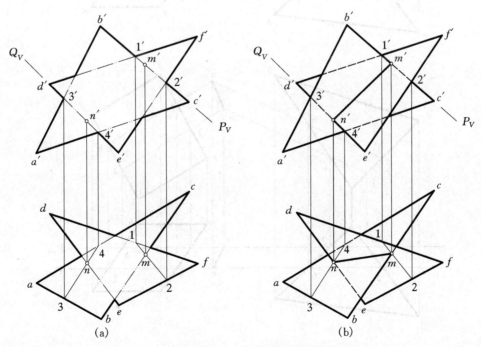

图 2-51 求两一般位置平面的交线

【解】 (1) 从空间分析,求出交线上的任意两点,连接成线即可。因此每个平面取一条直线求出与另一平面的交点,连接成线即可。

(2) 包含 BC 作辅助平面 P,求出 BC 与 △DEF 的交点 $M(m,m')$。

(3) 包含 DE 作辅助平面 Q,求出 DE 与 △ABC 的交点 $N(n,n')$。

(4) 连 $m'n'$,mn,即为所求交线 MN 的投影。最后判别可见性(见图 2-51(b))。

求相交两平面的共有点时,除利用直线与平面交点外,还可以利用"三面共点"的原理,求出两平面的共有点。如图 2-52 所示,欲求 P,Q 两平面的交线,可任作一辅助平面(一般取特殊位置的平面)H_1 分别与 P,Q 交于直线 L_1,L_2,L_1,L_2 的交点 M 为 P,Q,H_1 三面的共有点,必为 P,Q 两平面的一个交点。再作一辅助平面 H_2 得另一交点 N,MN 即为所求的交线。

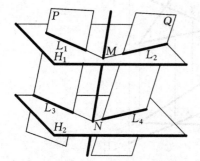

图 2-52 辅助投影求一般面与一般面相交

【例 2-16】 已知 △ABC 与平面 EFGH 的投影,求两平面的交线(见图 2-53)。

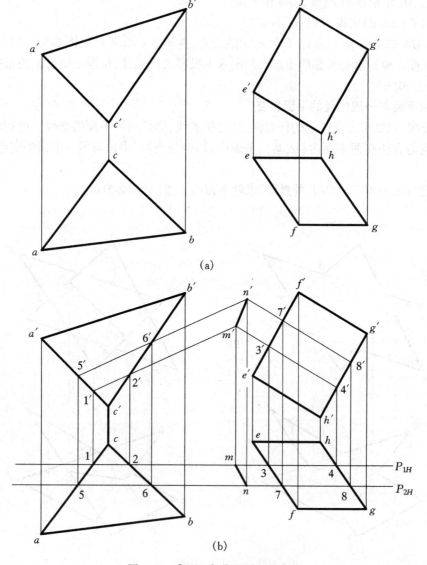

图 2-53 求两一般位置平面的交线

【解】 (1) 作一辅助正平面 P_{1H} 与△ABC 和平面 EFGH 交于直线ⅠⅡ,ⅢⅣ。ⅠⅡ,ⅢⅣ的交点为 M(m,m')。

(2) 作一辅助正平面 P_{2H} 与△ABC 和平面 EFGH 交于直线ⅤⅥ,ⅦⅧ。ⅤⅥ,ⅦⅧ的交点为 N(n,n')。

(3) 连 m'n',mn,即为所求交线 MN 的投影(见图 2-53(b))。

2.6 投影变换方法

如前所述,当几何元素处于一般位置时,投影图上不能直接反映它们的实长、实形或倾角。当几何元素处于特殊位置时,投影图上能直接反映它们的实长、实形或倾角(见图 2-54)。因此,要解决一般位置几何元素的度量问题和定位问题时,如果能将几何元素由一般位置变成特殊位置,那么在投影图上即可直接反映实形、距离或倾角。

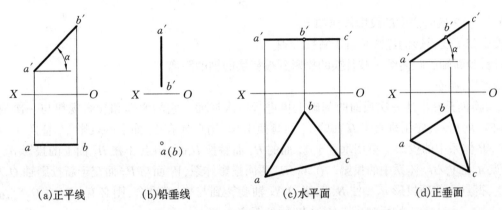

(a)正平线　(b)铅垂线　(c)水平面　(d)正垂面

图 2-54　几何元素与投影面处于特殊位置

要将一般位置的几何元素变成特殊位置或有利于解题的位置,可利用投影变换方法,常用的投影变换方法有换面法和旋转法。

2.6.1 换面法

换面法是保持空间几何元素不动,设立新的投影面代替原有基本投影面中的一个,使空间几何元素相对于新投影面处于特殊位置或有利于解题的位置。如图 2-55 所示,要求一般线 AB 的实长,可设立一个新的投影面 V_1,使 V_1 垂直于 H 面且平行于直线 AB,则 AB 在新的两面投影体系(V_1/H)中成为投影面的平行线,它在 V_1 面上的投影反映实长。

1. 换面法的基本规定

(1) 新设立的投影面必须垂直于留下的旧投影面,以便仍然能用正投影的方法求新投影。

(2) 每次只能更换一个投影面,且 V,H 面要轮流更换。

2. 点的换面法

(1) 点的一次换面。

如图 2-56(a)所示,点 A 在 H/V 两面投影体系中的投影为 a,a',设立新投影面 V_1 垂直 H 面,形成 V_1/H 两面投影体系。V_1 面与 H 面交于新投影轴 O_1X_1,点 A 向 V_1 面作垂线,得点 A 的新投影 a_1'。使 V_1 绕 O_1X_1 轴旋转到与 H 面重合,则必有 $aa_1' \perp O_1X_1$,$a'a_X = a_1'a_{X1}$(见图 2-56(b)),$a'a_X$,$a_1'a_{X1}$ 均反映了点 A 到 H 面的距离。

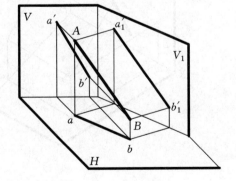

图 2-55　求一般位置直线的实长

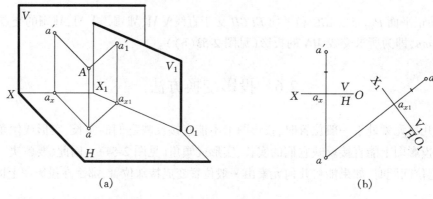

图 2-56 点的一次变换

由上所述,点在换面法中的投影规律如下:
① 新投影与不变投影的连线垂直于新投影轴。
② 新投影到新轴的距离等于被替换的投影到被替换的轴的距离。
(2) 点的二次换面。

点的二次换面是在上述一次换面的基础上再进行一次换面。它的原理和投影规律与一次换面完全相同。如图2-57(a)所示,先用垂直于 H 面的 V_1 面替换 V 面,用点 A 在 V_1 面上的投影 a_1' 替换 a',则 a, a_1' 就是点 A 在 V_1/H 体系中的投影。再用垂直于 V_1 面的 H_2 面替换 H 面,用点 A 在 H_2 面上的投影 a_2 替换 a,则 a_2, a_1' 就是点 A 在 V_1/H_2 体系中的投影。在 V_1/H_2 两面投影体系,V_1 面与 H_2 面交于新投影轴 O_2X_2,点 A 向 H_2 面作垂线,得点 A 的新投影 a_2。使 H_2 面绕 O_2X_2 轴旋转到与 V_1 面重合,则必有 $a_1'a_2 \perp O_2X_2$,$aa_{X1} = a_2a_{X2}$ (见图2-57(b)),aa_{X1}, a_2a_{X2} 均反映了点 A 到 V_1 面的距离。

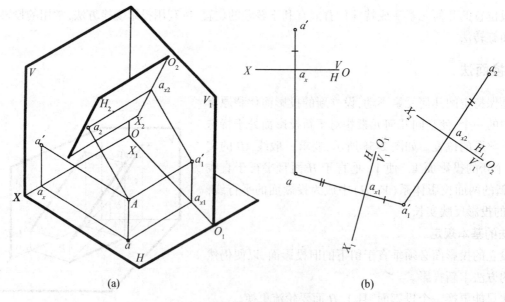

图 2-57 点的二次变换

也可先更换 H 面,用垂直于 V 面的 H_1 面替换 H 面,再进行第二次换面,建议读者自行完成作图。

3. 直线的换面法

(1) 把一般位置直线变换为投影面平行线。

【例 2-17】 已知一般线 AB 的投影,求 AB 实长及对 H 面的倾角 α(见图2-58(a))。

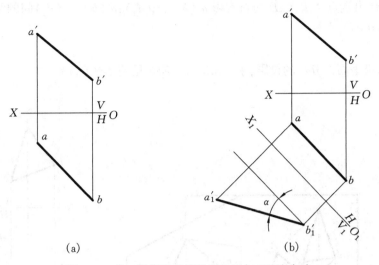

图 2-58 求一般位置直线的实长及与 H 面的倾角

【解】 (1)从空间分析,若设立新投影面 V_1,使 $V_1 \perp H$ 面且 $V_1 // AB$,那么 AB 的新投影可反映线段的实长和倾角 α。(见图 2-58(b))。

(2)要使 $AB // V_1$,则必有新轴 $O_1X_1 // ab$,因此在适当的位置作 O_1X_1,使 $O_1X_1 // ab$,按点的一次换面的规律分别作出端点 A,B 的新投影 a'_1,b'_1,连线 $a'_1 b'_1$ 即为 AB 在 V_1 面上的新投影。因为 AB 平行 V_1 面,所以 $a'_1 b'_1$ 反映 AB 实长,$a'_1 b'_1$ 与 O_1X_1 的夹角反映 AB 与 H 面的倾角 α(见图 2-58(b))。

(2) 把一般位置直线变换为投影面垂直线。

【例 2-18】 求两平行线 AB,CD 间的距离(见图 2-59(a))。

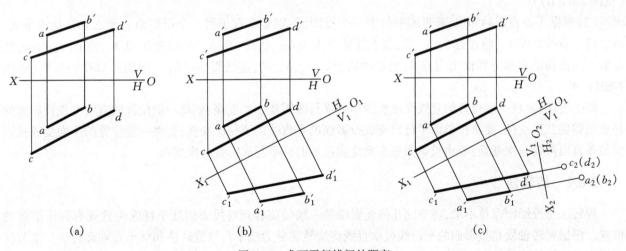

图 2-59 求两平行线间的距离

【解】 (1)从空间分析,如果两条直线均垂直于同一投影面,它们在该投影面的投影积聚为两点,这两点之间的距离就反映了两平行直线间的距离。

(2)从前面学过的知识,我们知道如果一条直线垂直于一个平面,那么它在这个平面上的投影积聚为一点,而在另一投影面上的投影垂直于投影轴且反映实长。AB,CD 为一般线,它们的两面投影都不反映实长,不能直接将它们变成投影面的垂直线。因此,首先要将它们变成投影面的平行线,故设立新轴 $O_1X_1 // ab$,同时必有 $O_1X_1 // cd$,按点的一次换面的规律分别作出端点 A,B,C,D 的新投影 $a'_1 b'_1$,$c'_1 d'_1$(见图 2-59(b))。

(3)将投影面的平行线变成投影面的垂直线。故设立新轴 $O_2X_2 \perp a_1'b_1'$,同时必有 $O_2X_2 \perp c_1'd_1'$,按点的二次换面的规律分别作出端点 A,B,C,D 的新投影 $a_2(b_2),c_2(d_2)$;$a_2(b_2),c_2(d_2)$ 间的距离反映了 AB,CD 间的距离实长(见图 2-59(c))。

4. 平面的换面法

【例 2-19】 已知铅垂面 $\triangle ABC$ 的投影,求 $\triangle ABC$ 的实形(见图 2-60(a))。

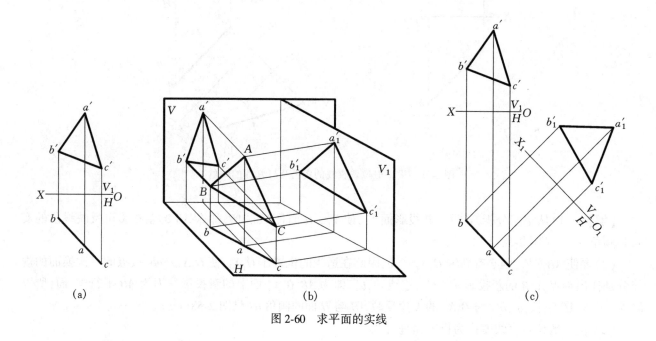

图 2-60 求平面的实线

【解】 (1)从空间分析,若设立新投影面,使 $\triangle ABC$ 平行新投影面,那么它的新投影反映 $\triangle ABC$ 的实形(见图 2-60(b))。

(2)根据平面投影的知识,若平面平行于一个投影面,则必垂直于另一个投影面。而 $\triangle ABC$ 是铅垂面,所以设立新投影面 V_1,使 $\triangle ABC // V_1$ 面,那么新轴 $O_1X_1 // bac$,因此,在适当的位置作 O_1X_1,使 $O_1X_1 // bac$,按点的一次换面的规律分别作出端点 A,B,C 的新投影 a_1',b_1',c_1',连线得 $\triangle a_1'b_1'c_1'$ 即为 $\triangle ABC$ 的实形(见图 2-60(c))。

综上所述,要将一般位置的直线变成投影面的平行线需要一次变换;要将一般位置的直线变成投影面的垂直线需要二次变换;要将投影面平行线变成投影面的垂直线需要一次变换;要将一般位置的平面变成投影面的垂直面需要一次变换;要将投影面垂直面变成投影面的平行面需要一次变换。

2.6.2 旋转法

旋转法是投影面保持不动,将空间几何元素绕某一轴线旋转到对投影面处于特殊位置或有利于解题的位置。根据旋转轴线是投影面的平行线或垂直线将旋转法分为绕平行轴旋转法和绕垂直轴旋转法。本节仅介绍绕垂直轴的旋转法。

1. 点的旋转

点 A 绕轴线旋转时的轨迹是圆(见图 2-61(a))。圆平面与旋转轴垂直,它和旋转轴的交点 O 称为旋转中心,旋转中心与旋转点的连线 OA 称为旋转半径。

当旋转轴垂直 H 面时(见图 2-61(b)),若点 A 旋转 θ 角到 A_1 位置,则它的 H 投影 a 也按相同的方向旋转 θ 角到 a_1,它的 V 投影从 a' 沿轨迹圆迹线移动到 a_1'。

当旋转轴垂直 V 面时(见图 2-62(a)),点 A 轨迹的正面投影为圆且反映实形,点 A 的水平投影积聚为平行 OX 轴的直线。如图 2-62(b)所示,当点 A 旋转 θ 角到 A_1 位置时,它的 V 投影从 a' 也按相同的方向旋转 θ 角到 a_1',它的 H 投影从 a 沿轨迹圆迹线移动到 a_1。

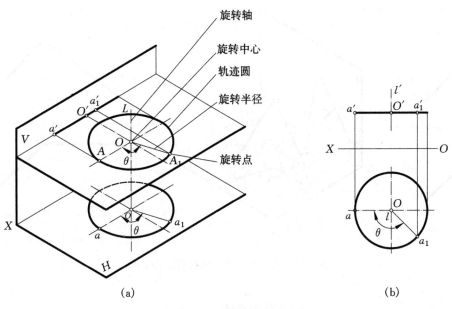

图 2-61 点 A 绕铅垂线 L 旋转

综上所述,当一点绕垂直于某一投影面的轴线旋转时,它的运动轨迹在该投影面上的投影为圆即沿圆弧转动,在另一投影面上的投影沿一条平行于投影轴的直线移动。

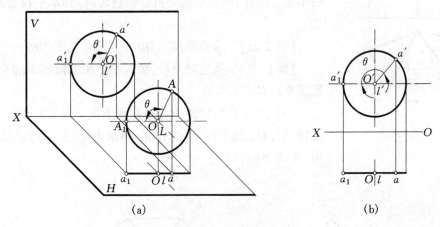

图 2-62 点 A 绕正垂线 L 旋转

2. 直线的旋转

空间两点确定一直线,线段的旋转可由旋转线段的两个端点实现。只需将线段上的两个端点绕同一轴线,沿同一方向,旋转相同角度,连接两端点的同面投影,即可得出该直线在旋转后的新投影。

【例 2-20】 求一般线 AB 的实长及对 H 面的倾角 α(见图 2-63(a))。

【解】 (1) 从空间分析,如图 2-63(b)所示,为作图方便,通常过点 A 作旋转轴线与 H 面垂直。当 AB 绕铅垂的轴线旋转到与 V 面平行时,它的新投影可反映线段的实长和倾角 α。线段 AB 的水平投影在旋转前后不变。

(2) 以 a 为圆心,将 b 旋转到 b_1,使 $ab_1 // OX$。过 b_1 作 OX 轴垂线,过 b' 作 OX 轴平行线,两条线交于 b'_1。连接 $a'b'_1$,即为直线 AB 的实长,$a'b'_1$ 与 OX 轴的夹角反映 AB 与 H 面倾角 α(见图 2-63(c))。

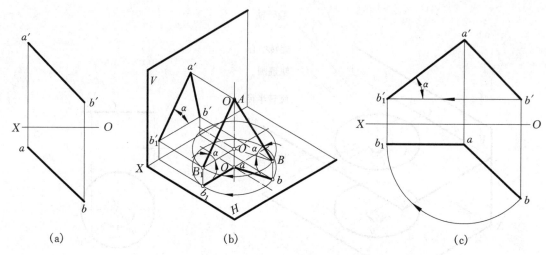

图 2-63 求一般位置直线的实长及倾角

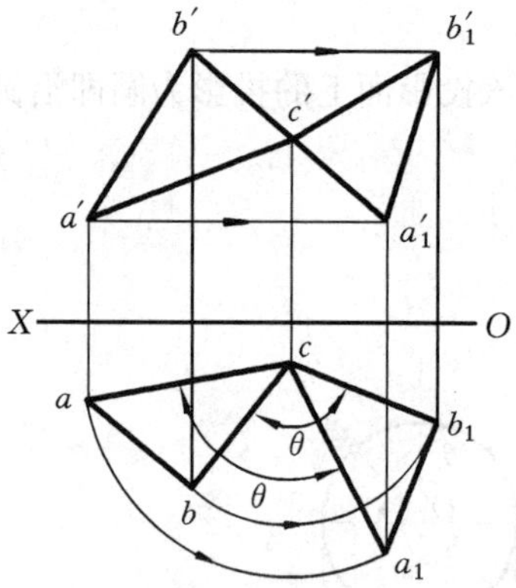

3. 平面的旋转

图 2-64 是一般面 △ABC 绕过点 C 的铅垂轴旋转 θ 角的作图方法。只需将 △ABC 上的另两个顶点 A,B 绕过点 C 的铅垂轴,沿同一方向,旋转相同角度 θ,即可得三角形 ABC 在旋转后的新投影 △a_1b_1c,△$a'_1b'_1c'$。由直线旋转的性质可知,线段 AB 绕铅垂轴旋转,其水平投影在旋转前后不变。因此,当一平面绕铅垂轴旋转时,其水平投影的形状和大小不变。

【例 2-21】 求铅垂面 △ABC 的实形(见图 2-65(a))。

【解】 (1) 从空间分析,将 △ABC 变成投影面的平行面,它的新投影反映 △ABC 的实形。

(2) 过点 C 作旋转轴线与 H 面垂直。以 c 为圆心,将积聚投影 bac 旋转到与 OX 轴平行,得 c,a_1,b_1,再求出 a'_1,b'_1。△$a'_1b'_1c'$ 为 △ABC 的实形(见图 2-65(b))。

图 2-64 平面的旋转

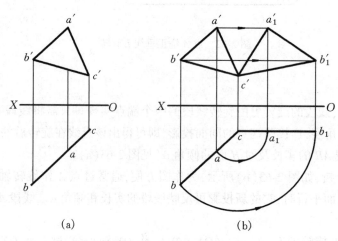

图 2-65 求平面的实形

2.7 平面体的投影

由若干平面多边形所围成的立体称为平面立体,简称平面体。虽然建筑物形状多种多样,但都可以看成由一些基本几何体所组成。常见的平面体有棱柱、棱锥和棱台等。

2.7.1 平面体的投影

画平面体的投影就是画出平面体上所有面与面交线的投影。

1. 棱柱

由两个面相互平行的底面和若干个侧棱面围成的平面立体,称为棱柱。两个相邻棱面的交线,称为棱线。侧棱垂直于底面的棱柱为直棱柱,侧棱与底面斜交的棱柱称为斜棱柱,底面为正多边形的直棱柱称为正棱柱。

图 2-66(a)是一个正六棱柱向三个投影面投影的空间情况。在建筑中柱子工作位置总是直立放置,因此我们使六棱柱的底面平行于 H 面,前后两棱面平行于 V 面,则其他棱面均为铅垂面。

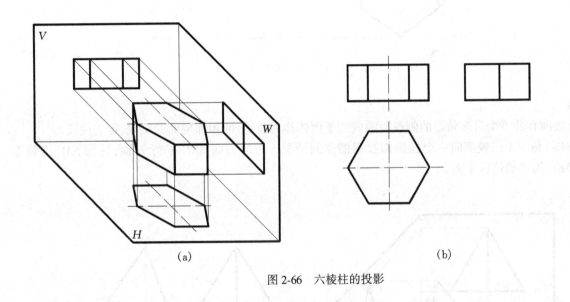

图 2-66 六棱柱的投影

图 2-66(b)是六棱柱的三面投影图。由投影面平行面的投影特性可知,上、下底面的水平投影反映实形(正六边形),正面投影和侧面投影积聚为两段水平线;前、后棱面的正面投影反映实形(中间的矩形),水平投影和侧面投影分别积聚为两段水平线和两段竖直线。由于其他四个棱面都是铅垂面,它们的水平投影积聚为四段斜线;因为这四个棱面前后、左右两两对称,它们的正面投影和侧面投影分别重合为两个矩形(不反映实形)。

在读图的过程中要注意分析投影图中每根线段代表的是哪根棱线、棱面或底面的投影、每个线框代表的是哪个底面或棱面的实形投影或非实形投影;在画图的过程中要注意每一条棱线、每一个棱面或底面在三个投影面中的投影是什么线段或线框。

图 2-67 是斜五棱柱的三面投影图。由投影面平行面的投影特性可知,上、下底面的水平投影反映实形(正五边形),正面投影和侧面投影积聚为两段水平线;后棱面的正面投影反映实形,水平投影和侧面投影分别积聚为一条水平线和一条斜线。由于其他四个棱面都是一般面,所以它们的三面投影都为类似形。然后判断可见性,EE_1、DD_1 在后面,所以其正面投影 $e'e'_1$、$d'd'_1$ 不可见为虚线。BB_1、A_1B_1、B_1C_1、C_1D_1、CC_1 在下面,所以其水平投影 bb_1、a_1b_1、b_1c_1、c_1d_1、cc_1 不可见为虚线。侧面投影因 $e''e''_1$ 和 $d''d''_1$ 重合、$a''a''_1$ 和 $c''c''_1$ 重合,所以没有虚线。

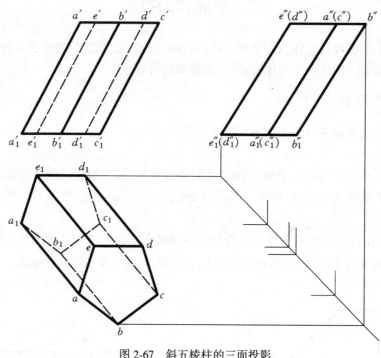

图 2-67 斜五棱柱的三面投影

2. 棱锥

由一个底面和若干个呈三角形的侧棱面围成的平面体称为棱锥,两相邻棱面的交线,称为棱线。

图 2-68(a)是一个三棱锥向三个投影面投射的空间情况。它的底面 ABC 平行 H 面,棱面 SAC 为侧垂面,SAB 和 SBC 为一般位置平面。

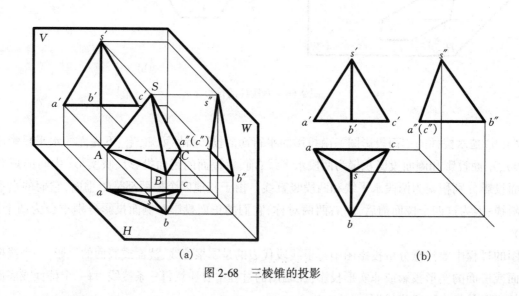

图 2-68 三棱锥的投影

图 2-68(b)乃是该棱锥的三面投影图。由底面和各棱面与投影面的相对位置可知:底面 ABC 的水平投影 abc 反映实形,正面投影和侧面投影积聚成两段水平线。SAC 的侧面投影 $s''a''c''$ 积聚成一段倾斜的直线,sac 和 $s'a'c'$ 均为类似形。SAB 和 SBC 为一般面,其三个投影均为类似形。

3. 棱台

棱锥被平行于底面的平面截割,截面与底面间的部分称为棱台。因此,棱台的两底面为相互平行的相似形,而且各棱线的延长线相交于一点。

图 2-69(a)是一四棱台向三投影面投影的空间情况。它的上、下底面平行于 H 面,左、右棱面垂直于 V

面;前、后棱面垂直于 W 面。

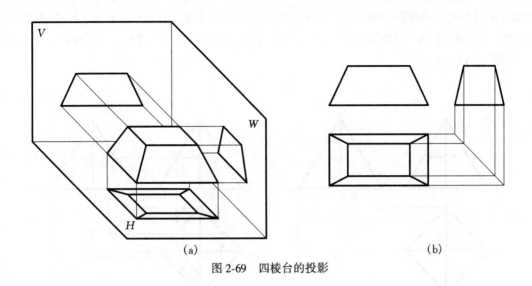

图 2-69　四棱台的投影

图 2-69(b)乃是该四棱台的三面图。由上、下底面和各棱面与投影面的相对位置可知:它的正面投影和侧面投影为等腰梯形,其上、下底分别为棱台上、下底面的投影;正面投影中梯形的两腰分别为棱台左、右棱面的正面投影;侧面投影中梯形的两腰,分别为棱台前、后棱面的投影。水平投影中大、小两矩形,分别为棱台下、上底面的实形投影;两矩形对应点的连线,为棱台各棱线的投影,其延长线相交于一点。

2.7.2　平面体表面上的点和线

在平面立体表面上确定点和线,其方法与平面内确定点和线的方法相同。但是平面立体是由若干个平面围成的,所以在确定平面体上的点和线时,首先要判定点和线在哪个平面内。如果点和线所在平面的某一投影可见,则点和线的该投影亦为可见,反之则不可见。

【例 2-22】　已知三棱柱表面上点 A 和点 B 的正面投影 a' 和 (b'),求它们的水平投影和侧面投影(见图 2-70(a))。

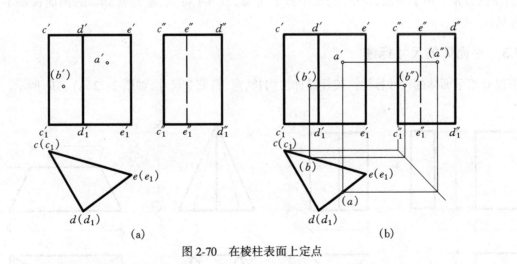

图 2-70　在棱柱表面上定点

【解】　由于点 A 的正面投影 a' 可见,故可判定点 A 在棱柱的右棱面 DD_1E_1E 内。如图 2-70(b)所示,由于右棱面 DD_1E_1E 的水平投影有积聚性,故由 a' 向下作竖直线,在 $d(d_1)e(e_1)$ 上可直接求得点 A 的水平投影 (a),为不可见。点 A 的侧面投影可根据点的投影规律求出。由于右棱面 DD_1E_1E 的侧面投影不可见,所以 (a'') 亦为不可见。

点 B 的正面投影(b')为不可见,故可判点 B 位于棱柱的后棱面 CC_1E_1E 内。由于后棱面 CC_1E_1E 的水平面投影有积聚性,故由(b')向下作竖直线,在 $c(c_1)e(e_1)$ 上可直接求得点 B 的水平投影(b),为不可见。点 B 的侧面投影可根据点的投影规律求出。由于后棱面 CC_1E_1E 的侧面投影不可见,所以(b'')亦为不可见。

【**例 2-23**】 已知四棱锥 S-$ABCD$ 表面上点 K 的水平投影 k 和线段 MN 的正面投影 $m'n'$,求它们的其他两投影。(见图 2-71(a))

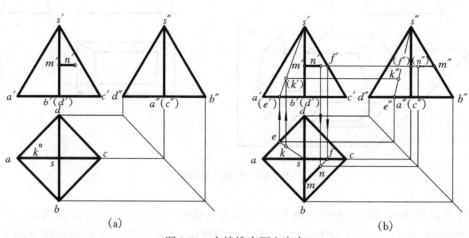

图 2-71 在棱锥表面上定点

【**解**】 因为点 K 的水平投影 k 可见,由此可判定点 K 在棱面 $\triangle SAD$ 内。根据在平面内取点的方法,即可求出点 K 的正面投影 k' 和侧面投影 k''。如图 2-71(b),过 k 作一辅助线的 H 投影 sk 延长交 ad 于 e,并求出 $s'(e')$ 和 $s''e''$,过 k 向上作竖直线,与 $s'(e')$ 相交,即得点 K 的正面投影 k',过 k' 向右作水平线,与 $s''e''$ 相交,即得点 K 的侧面投影 k''。由于棱面 $\triangle SAD$ 的正面投影不可见,故 k' 不可见,棱面 $\triangle SAD$ 的侧面投影可见,所以 k'' 可见。

因为线段 MN 的正面投影 $m'n'$ 可见,由此可判断线段 MN 在棱面 $\triangle SBC$ 内。从正面投影可看出,MN∥BC。如图 2-71(b),过 $m'n'$ 作一辅助线延长交 $s'c'$ 于 f',并求出点 F 的水平投影 f 和侧面投影 f''。过 f 作 fm∥bc、过 f'' 作 $f''m''$∥$b''c''$。过 n' 向下作竖直线,与 mf 相交,即得点 N 的水平投影 n,根据点的投影规律,求出点 N 的侧面投影 n''。由于棱面 $\triangle SBC$ 的水平投影可见,故 mn 可见,棱面 $\triangle SBC$ 的侧面投影不可见,所以 $m''n''$ 不可见。

2.7.3 平面体的尺寸标注

本节仅介绍平面体的尺寸标注。棱柱需标注出长、宽、高三个尺寸,如图 2-72(a),(b)所示。棱锥一般

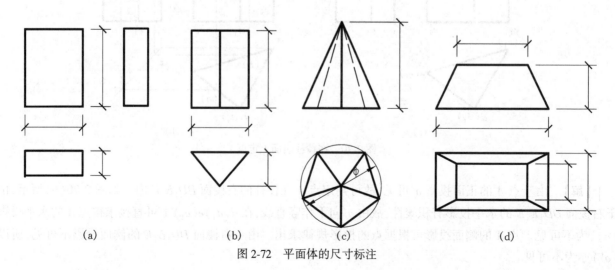

图 2-72 平面体的尺寸标注

要注出底面多边形的尺寸及高度方向的尺寸,若底面为正多边形,可注出其外接圆直径的长度(见图 2-72(c))。棱台一般要注出上、下底面多边形的尺寸及高度方向的尺寸(见图 2-72(d))。尺寸一般注在最能反映形体特征的投影上,尽可能注在实线处,不要注在虚线处。两投影共有的尺寸一般注在两个投影之间。一个尺寸只需注一次,尽量避免重复标注。

2.8 平面立体的表面展开

将立体表面按其实际形状大小,依次摊平在一个平面上,称为立体表面展开,展开所得到的图形称为该立体表面的展开图。

在实际工程中经常会遇到用金属板制成的设备产品。制造这类产品时,需要画出它们各个组成部分的展开图(也称为放样),然后下料、弯曲成型,最后焊接或铆接而成。

平面立体的表面都是由多边形组成的,因此,作平面立体表面展开图可归结为依次求出这些多边形的实形,并将它们依次连续画在一个平面上。

1. 棱柱

图 2-73 所示为一斜截三棱柱表面展开图的画法。

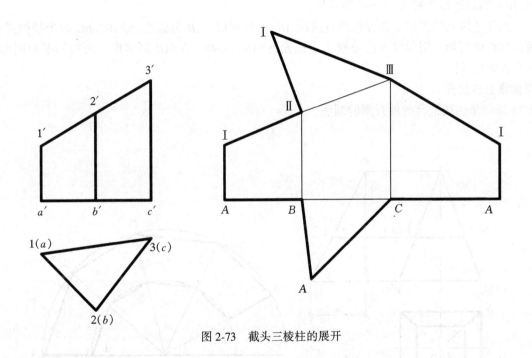

图 2-73 截头三棱柱的展开

由于该棱柱的各条棱线是铅垂线,所以各棱线的正面投影都反映线段实长。同时,棱柱的底面是水平面,所以它的水平投影反映底面实形及各底边的线段实长。其作图步骤如下:

(1) 将棱柱底边展开成一水平线,依次取点 A,B,C,A,使 $AB=ab, BC=bc, CA=ca$。

(2) 过点 A,B,C,A 分别作垂线,并截取相应棱线的实长 $AⅠ=a'1', BⅡ=b'2', CⅢ=c'3'$,得 Ⅰ,Ⅱ,Ⅲ。连接 Ⅰ,Ⅱ,Ⅲ,Ⅰ,即可求解顶边 ⅠⅡ、ⅡⅢ、ⅢⅠ 的实长。

(3) 利用求得的顶面边长和已知的底面边长,绘出其顶面△ⅠⅡⅢ、底面△ABC 的实形。

(4) 依次用直线连接上述各点,即得斜截三棱柱的表面展开图。

注:展开图的外框线使用粗实线、内部连线用细实线绘制。

2. 棱锥

图 2-74 所示为一三棱锥的表面展开图的画法。

由于棱锥底面平行于水平面,其水平投影△abc 反映底面△ABC 的实形。因此,只需求出各棱面的实形,然后依次画在一个平面上,即得到三棱锥的表面展开图。其作图步骤如下:

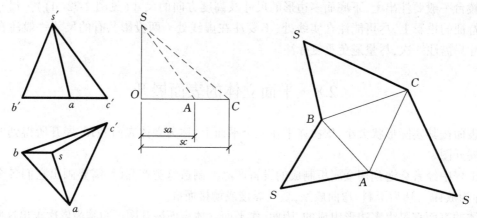

图 2-74　三棱锥的展开

(1) 用直角三角形法求各棱线的实长。棱线 SB 为正平线,其正面投影 sb 反映实长;另两条一般位置的棱线具有相同 $\triangle Z$,为此设置锥高 SO 为公共直角边,以各棱线的水平投影长度即 $OA=sa$,$OC=sc$ 为另一直角作三角形,相应的斜边即为棱线 SA,SC 的实长。

(2) 依次作各棱面的实形。首先作出直线段 AB,再分别以 A,B 为圆心,以 AC,BC 为半径画弧交于 C,得到底面 $\triangle ABC$ 的实形。用同样方法分别作出棱面 $\triangle SAC$,$\triangle SBC$,$\triangle SAB$ 的实形。所得的平面图形即为所求三棱锥的表面展开图。

3. 四棱锥台的展开

图 2-75 所示是四棱锥台的展开图的画法。

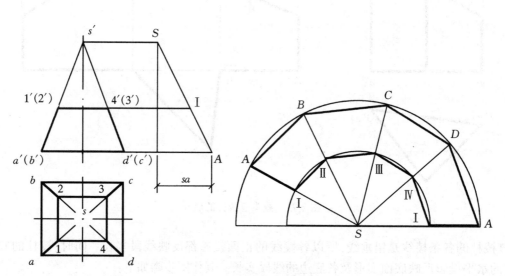

图 2-75　四棱锥台展开图

先延长四棱锥棱线,求出锥顶点 $S(s,s')$,这样就可得出完整的四棱锥。然后用直角三角形法求出棱线 SA 的实长,且四根棱线具有相同长度。作展开图步骤如下:

(1) 以 S 为圆心,SA 为半径作一圆弧。

(2) 因矩形水平底边 $abcd$ 反映实形,其各边反映实长。在圆弧上截取弦长 $AB=ab$,$BC=bc$,$CD=cd$,$DA=da$,得 A,B,C,D,A 交点,再与 S 相连,即为完整的四棱锥展开图。

(3) 求四棱锥台的一棱线 $A\text{I}$ 的实长,可由 $1'$ 作水平线与直角三角形的斜边 SA 相交于 I 便是 $A\text{I}$ 的实长。在展开图的 SA 上以 $A\text{I}$ 的实长取点 I,由 I 点作首尾相连且分别与 AB,BC,CD,DA 各底边平行的线段,确定 II,III,IV 点。截出的部分即四棱锥台的展开图。

第3章 曲线、曲面和曲面体的投影

3.1 曲线和曲面

3.1.1 曲线的形成和分类

曲线可以看做不断改变方向的点连续运动的轨迹;也可看做曲面与曲面或曲面与平面相交的交线。

根据点的运动有无规律,曲线可以分为规则曲线和不规则曲线。规则曲线一般可以列出其代数方程,如圆、渐伸线、螺旋线等。曲线又可分为平面曲线和空间曲线。所有的点都位于同一平面上的曲线,称为平面曲线,如圆、渐伸线等;连续四个点不在同一平面上的曲线,称为空间曲线,如螺旋线等。

3.1.2 曲线的投影

曲线可看做点的运动轨迹,所以画出曲线上一系列点的投影,并连成光滑曲线,就可以得到该曲线的投影。为了较准确地画出曲线的投影,一般应画出曲线上一些特殊点的投影,以便控制曲线的形状。

曲线的投影性质:

(1)曲线的投影一般仍为曲线,如图 3-1 所示。在特殊情形下,当平面曲线所在的平面垂直于某投影面时,它在该投影面上的投影为直线,如图 3-2 所示。

(2)曲线的切线在某投影面上的投影仍与曲线在该投影面上的投影相切,如图 3-1 中点 A 所示。

(3)曲线与直线在某一点处相交,其投影也一定在该点的投影处相交,如图 3-1 中点 B 所示。

(4)二次曲线的投影一般仍为二次曲线,例如圆和椭圆的投影一般为椭圆。

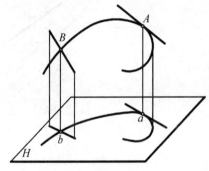

图 3-1 曲线的投影

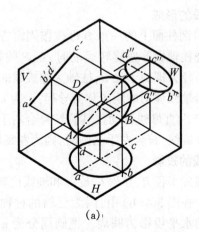

(a)

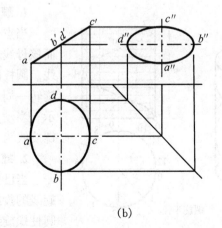

(b)

图 3-2 垂直面上圆的投影

3.1.3 圆的投影

圆是工程中常用的平面曲线之一,这里主要研究投影面垂直面上圆的投影。

当圆所在的平面垂直于某个投影面时,它在该投影面上的投影为直线段,在其余两个投影面上的投影为椭圆。

图 3-2 所示的圆,其所在的平面为正垂面,正面投影积聚为一直线 $a'b'd'c'$,$a'c'$ 为圆中正平线 AC 的正面投影,其长度等于圆的直径,$b'd'$ 为圆中正垂线 BD 的正面投影,积聚为一点;圆的水平投影和侧面投影为椭圆,其长轴 bd、$b''d''$ 为圆中正垂线 BD 的投影,短轴 ac、$a''c''$ 为圆中正平线 AC 的投影。

【例 3-1】 已知直径为 ϕ 的圆位于铅垂面内,并已知圆心的两个投影 O 和 O'(见图 3-3(a)),试求作其正面投影和侧面投影。

【解】 圆的水平投影为已知,在水平投影附近用横面法作直径为 ϕ 的圆的辅助投影,并在其上取八个点 $1,2,\cdots,8$。圆的其余两个投影为椭圆,其长轴为圆中铅垂线 Ⅱ Ⅳ 的投影 $2'4'$ 和 $2''4''$,其短轴为圆中水平线 Ⅰ Ⅲ 的投影 $1'3'$ 和 $1''3''$。作图过程如图 3-3(b)所示。

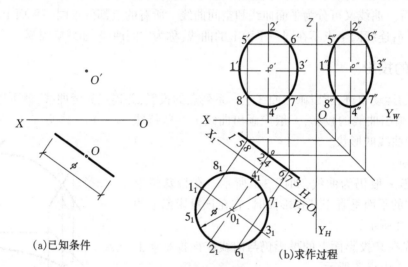

(a) 已知条件 (b) 求作过程

图 3-3 作铅垂面上圆的投影

3.1.4 螺旋线的投影

螺旋线是工程中常用的空间曲线之一。圆柱、圆锥、球等旋转曲面上都可以形成相应的螺旋线,这里仅讨论常用的圆柱螺旋线。

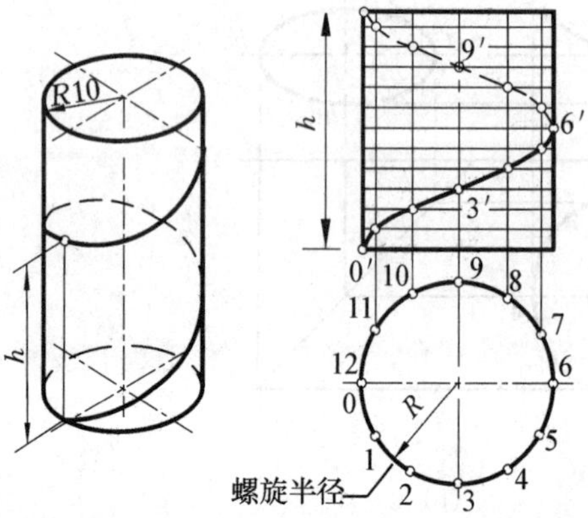

1. 螺旋线的形成

当点 P 沿圆柱面上的一条直母线按固定方向作等速运动,而该母线又绕柱轴做等速旋转运动时,点 P 的轨迹为圆柱螺旋线。圆柱的半径为螺旋半径 R,柱轴为螺旋线的轴线,点 P 绕轴旋转一周后沿轴线移动的距离称为导程,记为 h,如图 3-4(a)所示。当动点 P 沿直母线移动且其旋转符合右手法则时,所得的螺旋线为右螺旋线,符合左手法则时,则为左螺旋线。

2. 螺旋线的投影

当已知螺旋半径 R、导程 h、旋向和轴线位置后,便可作出螺旋线的投影。在图 3-4(b)中,因为已给的柱轴为铅垂线,所以圆柱螺旋线的水平投影为圆周。把圆周分为 $n=12$ 等份,并在正面投影中把导程 h 也分为 12 等份。过正面投影中各等分点作水平线,根据旋向(右旋),对水平投影中各等分点编号,过水

图 3-4 螺旋线的形成和投影

平投影中圆周上的各等分点作竖直线,与正面投影中相应的水平线交于点 $0',1',\cdots,11',12'$,把这些点连为光滑曲线,即为圆柱螺旋线的正面投影。如图 3-4(b)所示。

3.1.5 曲面的形成和分类

曲面可以看做动线的轨迹,动线称为母线。曲面上任一位置的母线,称为该曲面的素线。控制母线运动的线或面,分别称为导线(准线)或导面。

曲面可分为规则曲面和不规则曲面,本章主要讨论规则曲面。

根据母线是直线还是曲线,曲面可分为直纹面和曲线面。由直母线运动所形成的曲面称为直纹面(或直线面),如图 3-5(a),(b)所示;只能由曲母线运动所形成的曲面称为曲线面,如图 3-5(c)所示。

根据母线运动时有无回转轴,曲面还可分为回转面和非回转面。图 3-5(b),(c)为曲母线绕回转轴 OO 做旋转运动所形成的回转面。

需指出,同一种曲面往往可看做由不同的方法形成。例如,图 3-5(b)所示的圆柱面,可以看做直母线绕轴旋转而形成,为回转直纹面;也可以看做一个圆(曲母线)沿着过圆心的直导线平移而形成。当然,这类曲面有其主要属性,图 3-5(b)所示的圆柱面,其主要属性是直纹面,一般把它归在直纹面内。

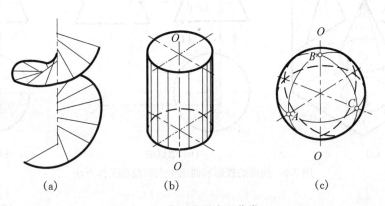

图 3-5 曲面的形成和分类

3.1.6 曲面的投影和曲面上点的投影

1. 曲面的投影

平行于某个投影方向且与曲面相切的投射线形成投射平面(或投射柱面),投射平面与曲面相切的切线称为该投射方向的曲面外形轮廓线,简称外形线,也可称为该投射方向上曲面的转向线。显然,不同的投射方向产生不同的外形线,并且,外形线(或转向线)也是该投射方向的曲面上可见与不可见部分的分界线。曲面在某个投影面上的投影,应画出其边界轮廓线,尖点及外形线的投影。有对称线或轴线的还应画出对称线或轴线的投影。有时,还需同时画出曲面上若干条素线。

例如,在图 3-6(a)中与 OY 轴平行的投射面与圆锥面的切线 SA,为正面投影方向上锥面的外形线,也是该投射方向上圆锥面前半部(可见)与后半部(不可见)的分界线。圆锥面上的素线 SB 是平行于 OX 轴的投射面与圆锥面的切线(外形线),也是该投射方向上锥面可见与不可见部分的分界线。

2. 曲面上点的投影求作方法

曲面上点的投影在曲面的同面投影上,例如曲面上点的正面投影在曲面的正面投影上。这里要讨论的问题是,已知曲面的投影,并已知曲面上点的一个投影,要作出该点的其余投影。这个问题与平面上定点相类似,应借助于辅助线。曲面上的辅助线,对于直纹面可利用其上的直素线来作出点的其余投影,这种方法称为素线法。对于回转面可利用纬圆作为辅助线,作出点的其余投影,这种方法称为纬圆法。

(1)素线法(见图 3-6(b))。根据已知条件(见图 3-6(a)),作点 M 的其余两投影。在图 3-6(b)中过点 M 的已知投影 m' 作锥面上素线 $S\mathrm{I}$ 的正面投影 $s'1'$,并由此可作得素线的水平投影 $s1$。因为点 M 在 $S\mathrm{I}$ 上,

所以点 M 的水平投影也在 $S\mathrm{I}$ 的水平投影 $s1$ 上。根据"长对正"原理,由 m' 可作得 m。需注意,由于已知点的 m' 为可见,所以作水平投影 $s1$ 时应画在圆的前半圆上。同理,在作点 N 的正面投影时,由于已知的水平投影 n 在后半圆上,$S\mathrm{II}$ 的正面投影 $s'2'$ 为不可见,故 (n') 也为不可见,如图 3-6(b) 所示。根据点的正面投影和水平投影可作得侧面投影 m'' 和 (n'')。

(2)纬圆法(见图 3-6(c))。圆锥面上与底圆平行(或与素线正交)的圆,称为锥面上的纬圆,显然,纬圆的直径是随纬圆的圆心与底圆距离而变化。距离大,纬圆的直径变小。接近锥顶的纬圆直径最小。根据已知条件(见图 3-6(a)),过点 M 的正面投影 m' 作水平线,可得到纬圆的正面投影 ϕ_1,并在水平投影中作 ϕ_1 的圆,由于 m' 可见,所以水平投影 m 在 ϕ_1 的前半部。作点 N 时,首先过点 N 的已知投影(水平投影 n)作圆 ϕ_2,与对称线交于点 2,由此可作得点 $2'$。然后,过 $2'$ 作水平线,即为纬圆 ϕ_2 的正面投影,点 (n') 必在其上,如图 3-6(c)所示。

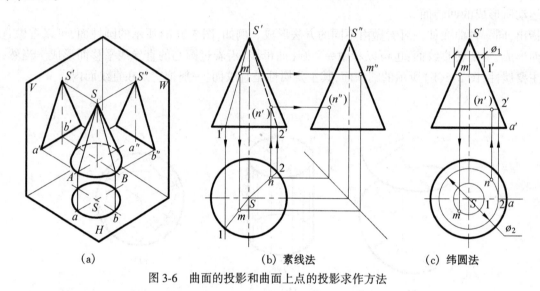

(a)　　　　(b) 素线法　　　(c) 纬圆法

图 3-6　曲面的投影和曲面上点的投影求作方法

3.2　直　线　面

3.2.1　柱面

1. 柱面的形成和分类

直母线 L 沿着一条曲导线 C 运动,且始终平行于某一固定方向 S,这样形成的曲面称为柱面(见图 3-7(a))。由形成可知,柱面上所有素线互相平行(即平行于固定方向 S)。这样,在画柱面的投影时需画出柱面上素线(如外形线)的投影,而不需要画出固定方向 S 的投影(见图 3-7(b))。

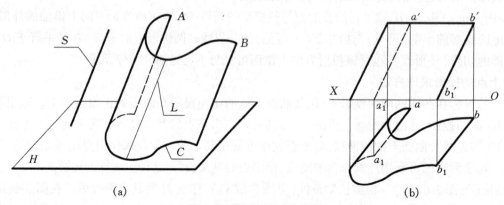

(a)　　　　　　　　　(b)

图 3-7　柱面的形成和投影

如果柱面没有对称面,则称为一般柱面,如图 3-7 所示。如果柱面有两个以上的对称面,则称为有轴柱面,对称面的交线称为柱面的轴线。如以垂直于轴线的平面(正截面)切断柱面,其断面形状为圆时称为圆柱面,为椭圆时称为椭圆柱面。当轴线与柱底面垂直时为正柱面,与底面斜交时为斜柱面。图 3-8 中画出了几种有轴柱面的投影,从图 3-8 可知,若柱面轴线垂直于某投影面,则在该投影面上的投影具有积聚性。

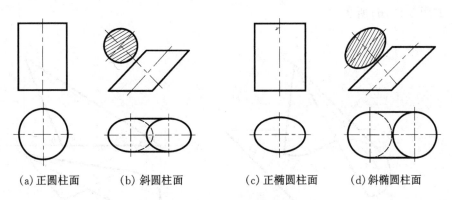

(a) 正圆柱面　　(b) 斜圆柱面　　(c) 正椭圆柱面　　(d) 斜椭圆柱面

图 3-8　几种有轴柱面的投影

2. 柱面上作点的投影

柱面上作点的投影是指,已知柱面的投影,并已知柱面上点的一个投影,求作点的其余两投影,并判别点的可见性。柱面上作点,一般可用素线法。

【例 3-2】　已知正圆柱面上点 A 的侧面投影 a'',点 B 的正面投影 b' 和点 C 的正面投影 c',求作各点的其余两投影,并判别可见性(见图 3-9)。

【解】　由于圆柱轴线为铅垂线,圆柱面水平投影积聚为圆,故通过圆柱的水平投影可作得点的其余两投影,作图过程如图 3-9 中投影连线上的箭头所示。由水平投影可知,点 A 在圆柱面后半部,其正面投影 (a') 为不可见;点 C 在圆柱面右半部,其侧面投影 (c'') 为不可见,如图 3-9 所示。

【例 3-3】　已知斜椭圆柱面上点 A 的正面投影 a',点 B 的水平投影 (b),求作它们的其余两投影,并判别可见性(见图 3-10)。

【解】　斜椭圆柱面的三个投影都没有积聚性,利用素线法解题。首先,过已知的 a' 作素线 Ⅰ Ⅰ$_1$ 的正面投影 $1'1_1'$,并作得其水平投影 11_1,于是可求得点 A 的水平投影 a 和侧面投影 a''。由于水平投影中 11_1 在底圆的前半部,故 a' 为可见;又由于 11_1 在底圆的左半部,故 a'' 为可见;然后过已知的 (b) 作素线 Ⅱ Ⅱ$_1$ 的水平投影 22_1,并作得其正面投影 $2'2_1'$,于是可求得点 B 的正面投影 b' 和侧面投影 (b'')。由于水平投影中 22_1 在底圆的前半部,故 b' 为可见;又由于 22_1 在底圆的右半部,故 b'' 为不可见,如图 3-10 所示。

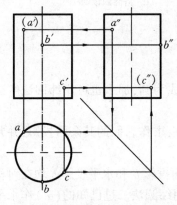

图 3-9　正圆柱面上作点的投影

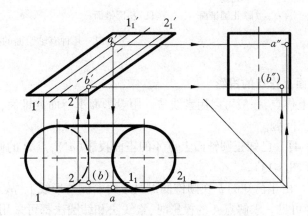

图 3-10　斜椭圆柱面上作点的投影

3.2.2 锥面

1. 锥面的形成和分类

直母线 L 沿着一条曲导线 C 运动,且始终通过定点 S,这样形成的曲面称为锥面,如图 3-11 所示。由形成可知,锥面上所有素线都相交于定点 S,定点称为锥顶。在锥面的投影图中应表示锥顶、曲导线和锥面上外形线的投影,如图 3-11(b)所示。

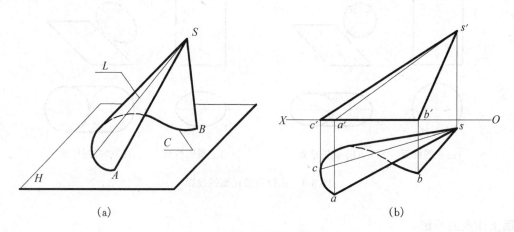

图 3-11 锥面的形成和投影

与柱面相同,根据有无对称面,锥面分为一般锥面(见图 3-11)和有轴锥面(见图 3-12),锥轴为锥顶角的平分线。根据正截面所得的断面形状,断面为圆时称为圆锥面,为椭圆时称为椭圆锥面。当锥轴垂直于底面时为正锥面,与底面斜交时为斜锥面。图 3-12 中画出了几种有轴锥面的投影。从图 3-12 可知,锥面没有积聚性投影。

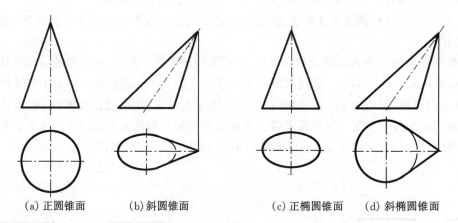

(a) 正圆锥面　(b) 斜圆锥面　(c) 正椭圆锥面　(d) 斜椭圆锥面

图 3-12 几种有轴锥面的投影

2. 锥面上作点的投影

锥面上作点,一般可以用素线法。用投影面平行面截锥面,假如截交线为圆,那么也可用纬圆法解决锥面上的作点问题。

【例 3-4】 已知正圆锥面上点 A 的正面投影(a'),点 B 的侧面投影 b'',求作它们的其余两投影,并判别可见性(见图 3-13)。

【解】 由于已知的 b'' 在圆锥侧面投影的右侧外形线上,故点 B 的正面投影 b' 和水平投影 b 均在对称线上,且均为可见。求解点 A 的投影时,素线法和纬圆法都可采用,本例采用纬圆法。过已知的(a')作水平纬圆,半径为 R_2,在水平投影中以 R_2 为半径画圆,根据(a')可在圆后半部上求得点 A 的水平投影 a,为可见,由

于 a 在圆锥的右半部,故侧面投影(a'')为不可见,如图 3-13 所示。

【例 3-5】 已知斜椭圆锥面上点 A 的正面投影(a'),点 B 的水平投影 b,求作它们的其余两投影,并判别可见性(见图 3-14)。

【解】 首先,过(a')作素线 $S\mathrm{I}$ 的正面投影 $s'1'$,并作得其水平投影 $s1$,于是可求得点 A 的水平投影 a 和侧面投影 a'',由于(a')为不可见,故 a 在水平投影对称线的后半部;又由于 a 在锥底圆的左部,故侧面投影 a''为可见。其次,作点 B 的投影。在水平投影中由于已知 b 在外形线 $s2$ 上,故正面投影 b'在 $s'2'$上,且为可见。由于点 b 处在锥底圆对称线的右部,故侧面投影(b'')为不可见,如图 3-14 所示。

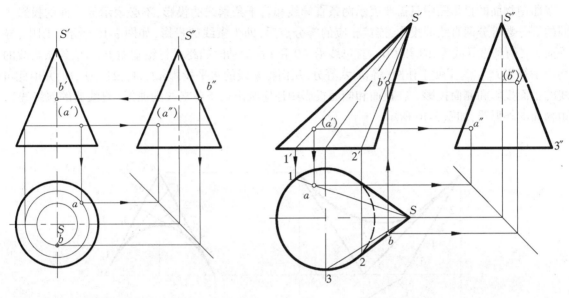

图 3-13 正圆锥面上作点的投影　　　　　图 3-14 斜椭圆锥面上作点的投影

3.2.3 双曲抛物面

1. 双曲抛物面的形成

直母线 L 沿着两条交叉直导线运动,且始终平行于某一个导平面,这样形成的曲面称为双曲抛物面。在图 3-15(a)中,两条交叉直导线为直线段 AB 和 CD,导平面 Q 平行于两直导线端点的连线 AD 和 BC。由形成可知,双曲抛物面上的素线都平行于导平面,且彼此成交叉位置。

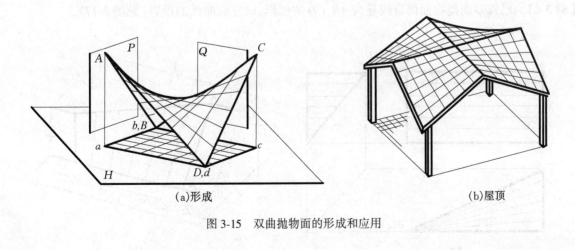

(a)形成　　　　　　　　　(b)屋顶

图 3-15 双曲抛物面的形成和应用

从图 3-15 可看出,对于同一个双曲抛物面,也可把它看做是以 AD 和 BC 为交叉直导线,以平行于端点连线 AB 和 CD 的平面 P 为导平面所形成的。由此可知，双曲抛物面上有两族素线，其中每条素线与同族素线不相交，而与另一族的所有素线相交。

从上述可知，同一个双曲抛物面存在两个导平面，这两个导平面的交线为双抛物面的法线。由空间解析几何可知，过法线的平面与双曲抛物面相交，截交线为抛物线；垂直于法线的平面与双曲抛物面相交，截交线为双曲线。所以，这种曲面称为双曲抛物面，在工程中也把它称为翘平面或扭面。

在土木、水利工程中双曲抛物面有着较广泛的应用，如屋面、挡土墙、护坡、渠道边坡等，图 3-15 为应用于屋面的实例。

2. 双曲抛物面的投影

双曲抛物面的投影图中只需要表示两条直导线和若干条素线的投影，不必表示导平面的投影。一般以相同的等分数等分两直线的投影，连接相应的等分点后，即为素线的投影，如图 3-16 所示。图中，导平面为铅垂面 P_H，两条直导线为 AB 和 CD。直母线沿 AB 和 CD 运动时始终平行铅垂面 P，所以各条素线的水平投影均应平行于 P_H。为了便于作图，将 ab 六等分，从而得素线的水平投影 $ad, 11_1, 22_1, \cdots, bc$，并由此可作得各素线的正面投影和侧面投影。在正面和侧面投影中还应画出切于各素线的曲线（直线族的包络线），即为双曲抛物面的外形线，如图 3-16 所示。

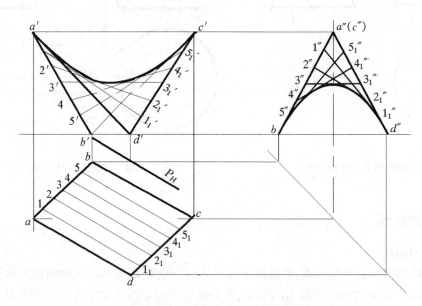

图 3-16 双曲抛物面的投影图作法

【例 3-6】 已知双曲抛物面两直线导线 AB, CD 的投影，试完成曲面的投影（见图 3-17）。

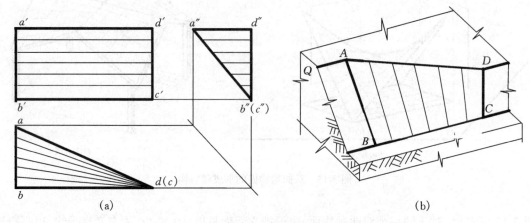

图 3-17 双曲抛物面（扭面）岸坡的投影作用

【解】 首先,由已知条件知,AB 为侧平线,CD 为铅垂线。将导线的端点相连,得 AD 和 BC,从已知投影图中可看出,AD,BC 均为水平线,故确定导平面为水平面。其次,作各素线平行于导平面(水平面),各素线均为水平线。具体作图时可等分 $a'b'$(或 $d'c'$),过各等分点作水平线,即为各素线的正面投影,并由此作得素线的水平投影和侧面投影,如图 3-17(a)所示。在本例中的双曲抛物面,不存在直线族的包络曲线。在图 3-17(b)中用细实线表示另一族素线,该族素线的导平面为侧平面。

3.2.4 锥状面

在图 3-18 中,直母线 L 沿着一条直导线 AB 和一条曲导线 CDE 运动,且始终平行于导平面 P(平面 P 平行于两条直线端点的连线 AC 和 BE),这样形成的曲面称为锥状面。从形成可知,锥状面上的素线都平行于导平面,且互成交叉位置。

锥状面的投影图中只需表示两条导线和若干条素线的投影,不必表示导平面。如果导平面垂直于某投影面,那么在作出两导线的投影后,先作出素线在该投影面上的投影,然后作素线的其余投影。图 3-18(a)中直导线 AB 为侧垂线,侧面投影积聚为一点 $a''(b'')$;曲导线 CDE 为侧垂面,侧面投影积聚为直线 $d''c''(e'')$。由于两导线端点的连线 AC 和 BE 均为侧平线,故导平面为侧平面,锥状面上各素线均为侧平线,且相邻两素线互成交叉位置,如图 3-18(a)所示。

图 3-18(b)为锥状面应用于建筑物大门前的雨篷实例。

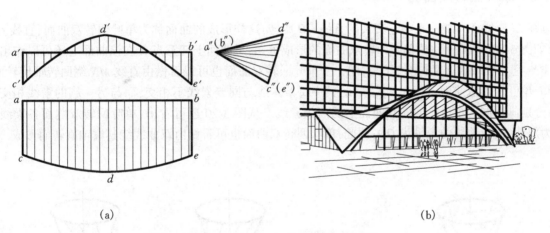

图 3-18 锥状面的投影和应用实例

3.2.5 柱状面

直母线 L 沿着两条曲导线运动,且始终平行于某一导平面,这样形成的曲面称为柱状面,如图 3-19 所示。从形成可知,柱状面上的素线都平行于导平面,且互成交叉位置。柱状面的投影图中只需表示两条曲导线和若干条素线的投影,不必表示导平面。与锥状面相同,如果导平面垂直于某投影面,那么在作出两曲导线的投影后,先作出素线在该投影面上的投影,然后作素线的其余投影。在图 3-19(a)中两条曲导线为直径相等的圆,一个圆为水平面,另一个圆为侧平面,两圆心连线为正平线,导平面为 V 面,柱状面上各素线均为正平线。作素线时,可先等分水平投影中的圆,过各等分点 1,2,…作各素线(正平线)的水平投影 11_1,22_1,…,并由此作得素线的正面投影 $1'1'_1$,$2'2'_1$,…和侧面投影 $1''1''_1$,$2''2''_1$,…。从图 3-19(a)可看出,在各素线的水平投影、侧面投影互相平行,但在正面投影中互相不平行,在空间互成交叉位置。

图 3-19(b)为柱状面应用于管道的实例。

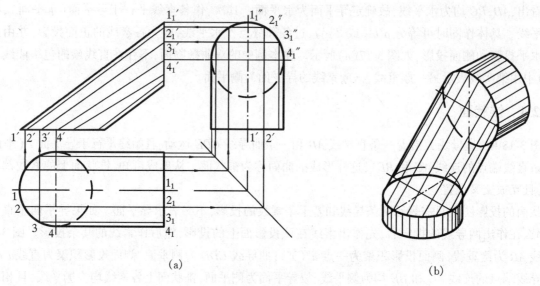

(a)　　　　　　　　　　　　　　(b)

图 3-19　柱状面的投影和应用实例

3.2.6　单叶回转双曲面

直母线 L（直线 AB）绕一条与它交叉的直线 OO 旋转，这样形成的曲面称为单叶回转双曲面，直线 OO 为回转轴，如图 3-20(a)所示。从单叶回转双曲面的形成可知，过曲面上任意点 K 在该曲面上还可以作出另一条直线 MN，它与轴线成交叉位置，于是，同一个单叶回转双曲面也可以看做由直线 MN 绕回转轴旋转而成。由此可知，单叶回转双曲面上存在两族素线，其中每条素线与同族素线不相交，而与另一族的素线相交。图 3-20(b)分别画出同一个单叶回转双曲面上的两族素线。从图 3-20 还可看出，单叶回转双曲面各素线的包络曲线为双曲线，双曲线的虚轴为 OO；因此，单叶回转双曲面也可看做由双曲线绕其虚轴旋转而形成。

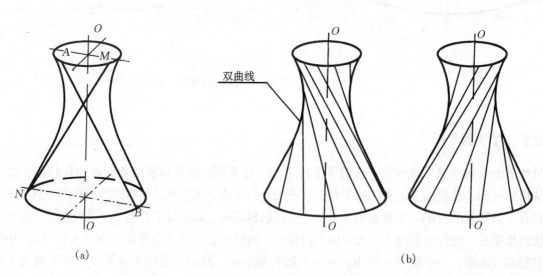

(a)　　　　　　　　　　　　　　(b)

图 3-20　单叶回转双曲面的形成

单叶回转双曲面的投影图中应表示回转轴和若干条素线的投影，直母线两端点轨迹（圆）的投影，还应画出素线的包络线。

【例 3-7】　已知单叶回转双曲面的旋转轴 OO 和直母线 MN 的投影（见图 3-21(a)），试完成该曲面的投影图。

【解】 根据已知条件，作图步骤如下：

(1) 作直母线 MN 两端点轨迹圆的投影。由于回转轴为铅垂线，故轨迹圆为两个水平圆，水平投影反映圆的实形，圆的半径分别为 om 和 on；正面投影分别为过点 m′和 n′的水平线，长度等于相应圆的直径。这两个过母线端点的纬圆也常称为顶圆和底圆，如图 3-21(b) 所示。

(2) 作若干条素线的投影。把顶圆和底圆分别从点 M 和 N 开始，各分为相同的等分，如 $n=12$ 等份。MN 旋转 30°(即圆周的 1/12)后，就得于素线 PQ。根据 PQ 的水平投影 pq 可作得其正面投影 p′q′，如图 3-21(c) 所示。同理，可作得单叶旋转双曲面上其余十条素线的投影。

(3) 作各素线的包络曲线。在正面投影中作包络曲线与各素线的投影相切，可作得对称于回转轴线的两条双曲线，即为曲面在正面投影中的外形线；在水平投影中与各素线相切的包络曲线是一个圆，它是单叶回转双曲面上直径最小的纬圆，称为喉圆，如图 3-21(d) 所示。

(4) 在图 3-21(d) 中正面投影中不可见的素线画成虚线，水平投影中在顶圆和喉圆之间的素线部分为不可见，也画成虚线。

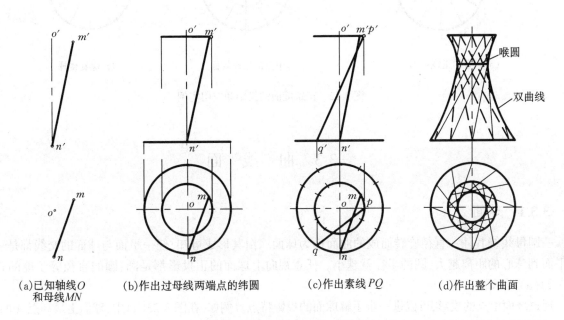

(a) 已知轴线 O 和母线 MN   (b) 作出过母线两端点的纬圆   (c) 作出素线 PQ   (d) 作出整个曲面

图 3-21 单叶回转双曲面投影的作图

3.2.7 螺旋面

分别以圆柱螺旋线及其轴线为导线，直母线 L 沿此两导线移动而同时又使它与轴线相交成一定角度，这样形成的曲面称为螺旋面。其中，若直母线与轴线始终正交，则形成正螺旋面(或称直螺旋面)，如图 3-22(a) 所示。从形成可知，正螺旋面属于锥状面，相邻两素线为交叉直线。

图 3-22(a) 为正螺旋面的投影图，其作图方法与螺旋线类似，不再重复讲解。

图 3-22(b) 是一个中空的正螺旋面的两面投影图。(假如将图 3-22(a) 所示的完整的正螺旋面水平的直母线的长度缩短，外侧的一端与已设定的圆柱螺旋线相交，而内侧的一端在尚未与圆柱螺旋线的铅垂轴线相交前，到与轴线的距离 r 处就终止，则直母线内侧一端的端点在直母线运动形成正螺旋面的同时，就形成一条与外侧端点形成的圆柱螺旋线的轴线相同，导程相同，旋向相同，但半径缩短成 r 的较小圆柱螺旋线，当缩短的直母线绕轴线旋转一周，即升高一个导程后，就形成如图 3-22(b) 所示的中空的一圈正螺旋面)。其可看成一直素线沿着导程相同、旋向相同、半径不同的两条同轴螺旋线运动而形成的螺旋面。

图 3-22(c) 为中空正螺旋面的应用实例——螺旋楼梯的投影图。

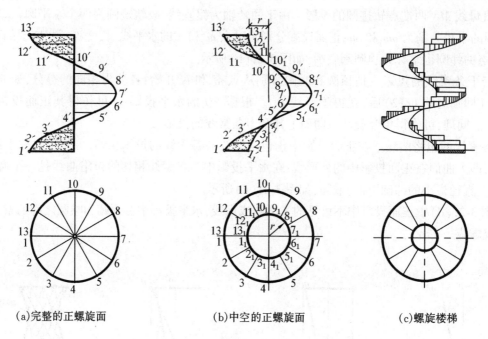

(a)完整的正螺旋面　　(b)中空的正螺旋面　　(c)螺旋楼梯

图 3-22　正螺旋面的投影和应用实例

3.3　曲　线　面

3.3.1　球面

一圆母线绕其任一直径旋转而成的曲面称为球面。由其形成可知,任一平面与球面的交线都是一圆周,截平面到球心的距离越大,圆的半径就越小。任意视向上球面的正投影都是圆,圆的直径等于球的直径,如图 3-23(a)所示。

通过球面上点的投影,可以进一步了解球面的投影特点。例如,在图 3-23(a)中,球面上最高点 A 的正面投影 a'、侧面投影 a'',为对称线与大圆圆周的交点,水平投影 a 与圆心重合。球面上最右点 B 的正面投影 b'、水平投影 b,为对称线与大圆圆周的交点,侧面投影 (b'') 与圆心重合,且为不可见。球面上最后点 C 的水平投影 c、侧面投影 c'',为对称线与大圆圆周的交点,正面投影 (c') 与圆心重合,且为不可见。读者可以进一步讨论球面上最低点、最前点、最左点的投影。图 3-23(b)为 1/4 球面的投影。

【例 3-8】　已知半球面上曲线 ABC 的正面投影 $a'b'c'$,试作曲线 ABC 的其余两投影(见图 3-24)。

【解】　作曲线上若干点的投影便可完成曲线的投影。球面上作点的投影,一般用纬圆法。首先,作曲线上特殊点 A、B、C 的其余两投影。点 A 为球面上最左点,水平投影 a 为大圆圆周与对称线的交点,侧面投影 a'' 与圆心重合。点 c' 在正面投影圆周上,其水平投影 c 和侧面投影 (c'') 分别在相应的对称线上,且由于 c 在水平投影圆的右半部,故 (c'') 为不可见。同理可由 b' 作得侧面投影 b''(在大圆周上)和水平投影 b(在对称线上)。

然后,作一般点 M、N 等,用纬圆法。例如,过 n' 作水平线可得到纬圆的半径 R_n,在水平投影以 R_n 为半径画同心圆,即为纬圆的水平投影,从而可作出点 N 的水平投影 n,并由此可得到侧面投影 (n''),为不可见。

最后,将水平投影中点 a、m、n、b、c 和侧面投影中点 a''、m''、n''、b''、c'' 连成光滑曲线,其中水平投影为可见,侧面投影中以外形线上点 b'' 为分界点,$b''(n'')(c'')$ 为不可见,如图 3-24(b)所示。

3.3.2　环面

一圆母线绕其共面但不通过圆心的轴线旋转,这样形成的曲面称为环面。在图 3-25(a)中母线圆上 ABC 为外半圆,形成外环面;ADC 为内半圆,形成内环面。

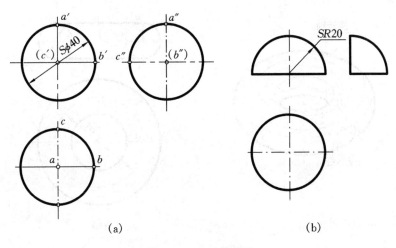

图 3-23 球面的投影

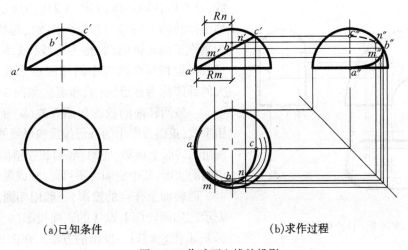

(a)已知条件   (b)求作过程

图 3-24 作球面上线的投影

环面的投影,其中正面投影应画出回转轴、母线圆上最高点 A 和最低点 C 的轨迹的投影(为两条水平线),还应画出两个反映实形的母线圆的投影,其中内半圆的投影为不可见。环面的水平投影应画出母线圆上距回转轴最远点 B 和最近点 D 以及母线圆的圆心轨迹的投影,它们为半径不等的三个圆,其中母线圆的圆心轨迹的投影用点画线表示。

在环面上作点的投影,一般用纬圆法。

【例3-9】 已知1/2圆环面的投影,并已知环面上点 A 的正面投影 a' 和点 B 的水平投影 b,试求作点 A、B 的其余两投影(见图3-26)。

【解】 作点 A 的投影。过已知的正面投影 a' 作纬圆(正平圆)的正面投影,由此可作得纬圆的水平投影,为垂直于回转轴的直线,点 A 的水平投影 (a) 在此直线上。由 a' 和 a 可作得 (a'')。由 a' 知,点 A 在内环面上,故 (a) 和 (a'') 为不可见,如图 3-26 所示。

作点 B 的投影。过已知的水平投影 b 作纬圆(正平圆)的水平投影,由此可得该纬圆的半径 R_b;正面投影 (b') 在半径 R_b 的圆上。由 b 和 (b') 可作得 (b'')。由 b 知,点 B 在外环面上,且在外环面的后半部,故 (b') 为不可见;又在外环面的右半部,故 (b'') 也为不可见,如图3-26所示。

3.3.3 一般回转面

任一曲线绕回转轴做旋转运动所形成的曲面称为一般回转面。在工程中回转面的母线一般为平面曲

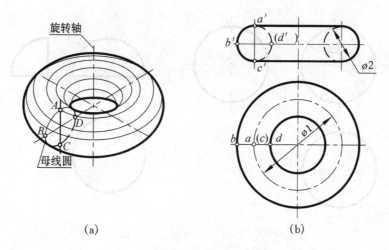

图 3-25 环面的形成和投影

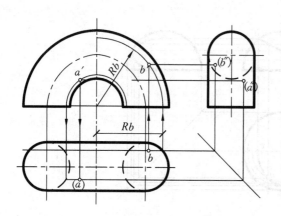

图 3-26 圆环面上作点的投影

线,且与回转轴共面,如图 3-27(a)所示。母线(或素线)称为回转面上的经线(或子午线),母线上任一点的轨迹为垂直于回转轴的圆,称为纬线(或纬圆)。回转面上直径较两侧相邻纬圆都小的纬圆称为喉圆,较两侧纬圆都大的纬圆称为赤道圆(或赤道),如图 3-27(a)所示。

一般回转面的投影如图 3-27(b)所示,图中回转轴为铅垂线,正面投影中的外形线反映母线的实形;水平投影中画出回转面上顶圆、底圆、喉圆和赤道圆的投影,均反映相应圆的实形,其中底圆为不可见,画成虚线。

回转面上作点的投影,一般用纬圆法。图 3-27(c)中表示已知回转面上点 A 的正面投影(a′)和点 B 的水平投影 b,求作它们另一投影的方法。作图过程,如图 3-27(c)中投影连线上的箭头所示。

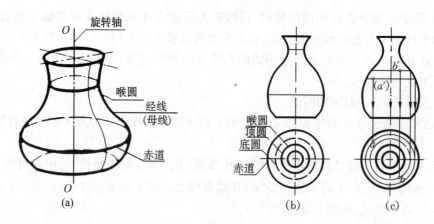

图 3-27 一般回转面的形成和投影

3.3.4 圆移面

一圆母线的圆心沿曲导线运动,该圆所形成的曲面称为圆移面。曲导线可以是圆、椭圆等规则曲线,也可以是不规则曲线。运动时,母线圆所在的平面可以与曲导线始终正交,也可以始终平行于某一导平面。母线圆的直径为常量时,称为定线圆移面;母线圆直径为变量时,称为变线圆移面。

图 3-28(a)为一个变线圆移面的投影图。从图中可看出,母线圆直径为有规律变化,曲导线是半径为 R 的 1/4 圆弧,母线圆的圆心沿曲导线运动,且与曲导线始终正交。在圆移面的投影图中,除了应表示曲导线和曲面外形线的投影外,还可以画出若干个母线圆(即素线)的投影。也可以画出母线圆上等分点轨迹的投影,如图 3-28(b)所示。图 3-28(c)为变线圆移面在水利水电工程中的应用实例——混凝土坝内有压管道进水口的渐变段。

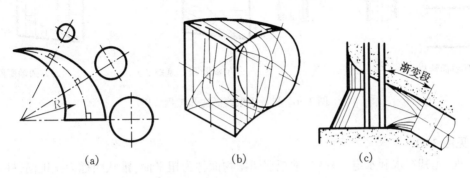

图 3-28 圆移面的形成、投影和应用实例

3.3.5 土建工程中常用曲面的画法

本小节主要讨论土木、水利水电工程中常用曲面上的素线,在投影图中的表达方法(画法)。

1. 柱面(见图 3-29)

图 3-29(a)、(b)为柱面桥墩,柱面上素线间距,离外形线愈近则愈密。

图 3-29(c)为溢流坝面,水平投影中素线的间距疏密可根据正面投影求得。

图 3-29(d)为坝内进水口(也称为喇叭口),由四个圆柱面相交而成,三个投影图素线间距的疏密都是离外形(边)线愈近,则愈密。

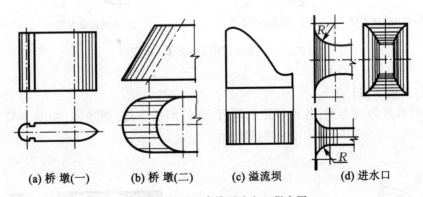

(a) 桥 墩(一)　　(b) 桥 墩(二)　　(c) 溢流坝　　(d) 进水口

图 3-29 柱面上素线画法和工程应用

2. 锥面(见图 3-30)

图 3-30(a)为边坡的圆锥面转角,边坡平面和锥面都用长、短相间、间距相等示坡线表示,且从高处画向低处,锥面上的示坡线应交于锥顶。

图 3-30(b)为叉管,圆柱面主管 ϕ_1 与两个圆柱面支管 ϕ_2 之间用两个锥面管组成的叉管相接,锥面上各素线应交于锥顶,离外形愈近,素线愈密。

图 3-30(c)、(d)为由方到圆的渐变段,它由四个锥面和四个三角形平面相切所组成。图中分别用素线法和截面法表示锥面的投影。

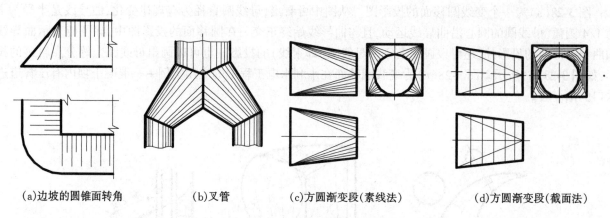

(a)边坡的圆锥面转角　　(b)叉管　　(c)方圆渐变段(素线法)　　(d)方圆渐变段(截面法)

图 3-30　锥面上素线画法和工程应用

3. 扭面(见图 3-31)

在土建工程,尤其在水利水电工程中,常把双曲抛物面称为扭平面,锥状面称为扭锥面,柱状面称为扭柱面,且统称为扭面,图 3-31 所示为三种扭面在渠道渐变段中的应用。

图 3-31(a)为扭平面渐变段,正面投影、水平投影的素线,表示扭平面的导平面为水平面;侧面投影的素线,表示扭平面上另一族素线,即导平面为侧平面。

图 3-31(b),(c)为扭锥面、扭柱面渐变段,各素线的导平面为侧平面。

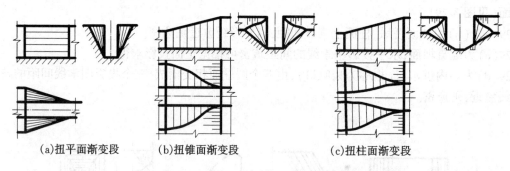

(a)扭平面渐变段　　(b)扭锥面渐变段　　(c)扭柱面渐变段

图 3-31　扭面上素线画法和工程应用

4. 环面、球面(见图 3-32)

环面、球面上的素线为同心圆,各圆间距的疏密,离外形线愈近,则愈密,如图 3-32(a)直角弯管、图 3-32(b)直管闷头、图 3-32(c)球形闸门的投影图所示。

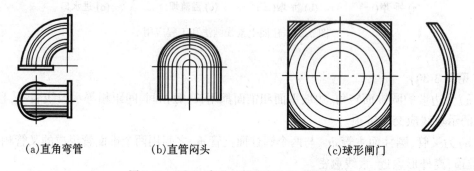

(a)直角弯管　　(b)直管闷头　　(c)球形闸门

图 3-32　环面、球面上素线画法和工程应用

3.4 曲面体表面展开

曲面体的表面分为可展和不可展两种。曲面体中只有像柱面、锥面这类曲面为可展曲面,因为这些曲面上相邻素线平行或相交,构成小块平面,可按平面体表面来展开。而直线面中双曲抛物面、锥状面、柱状面、单叶回转双曲面等,因这些曲面上相邻素线为交叉直线,不能构成平面,所以为不可展曲面。所有的曲线面也为不可展曲面。对于不可展曲面,工程实践中一般把它们近似为相应的可展曲面,进行近似展开。

3.4.1 圆柱面展开

在图 3-33(a)中已知直径为 D 的圆柱投影图,柱轴为铅垂线,正面投影中反映柱面上素线的实长,水平投影反映圆的实形。柱面展开图为一矩形,其水平边长等于圆周长,即为 πD;其竖直边长等于素线实长。为了便于作图,与正面投影中圆柱的底圆齐平,画一条水平线,长度为 πD;竖直边高度可直接与正面投影中圆柱的高度齐平,如图 3-33(b)所示。

在图 3-33(a)的圆柱面上有一条线为椭圆曲线,该椭圆处在垂直于 V 面的位置,故椭圆的 V 面投影为一直线 $o'6'$。为了把圆柱面上这个椭圆画在展开图上,可在水平投影中将圆 $n=12$ 等分,过各等分点可作得正面投影中点 $0',1',2',\cdots,6'$ 等。在展开图中将长度 πD 作相同的 $n=12$ 等分,得点 $0,1,2,\cdots,6$,过各等分点作竖直线,与过正面投影中点 $0',1',2',\cdots,6'$ 所作的水平线相交,得交点 $0,Ⅰ,Ⅱ,\cdots,Ⅵ$,连线光滑曲线,以 6 Ⅵ 为对称线,可作得另一半光滑曲线,即为柱面上椭圆的展开曲线 0—Ⅲ—Ⅵ—Ⅻ,如图 3-33(b)所示。

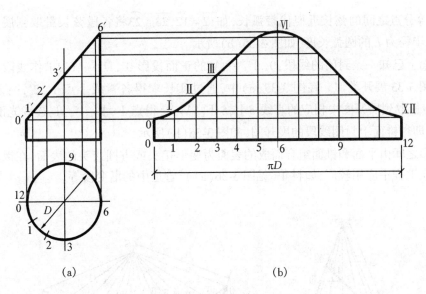

图 3-33 圆柱面展开

【例 3-10】 已知两节弯管的投影图(见图 3-34(a)),试作其展开图。

【解】 从图 3-34(a)可看出,弯管的垂直段与图 3-33(a)的形状相同,展开方法和展开图形状与图 3-33 相同,不再重复,展开图如图 3-34(b)的下半部分所示。对于弯管斜段,假如将它的轴线"掰"直,与弯管垂直段的轴线重合,成为铅垂线;并且再将它绕轴旋转 180°,则成为图 3-34(c)所示的位置。于是上部的圆柱面管子的展开与下部弯管垂直段展开方法和展开图形完全相同,且最节省板料,如图 3-34(b)所示。

3.4.2 圆锥面展开

圆锥面可以看作棱线无限增多的棱锥面,因而其展开方法与棱锥面类似,采用直角三角形法求锥面上素线实长,相邻两条素线与锥底面上小段圆弧(取其弦长),根据这三条边实长,便可作得圆锥面上小块平面

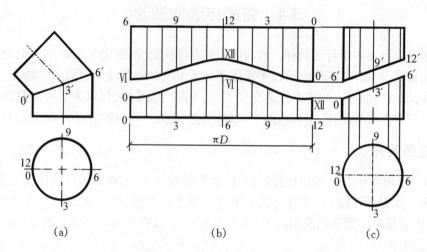

图 3-34 圆柱面弯管展开

(棱面)的实形(三角形)。

在图 3-35(a)中,因为已知的圆锥,其锥轴垂直于锥底,锥顶的水平投影 S 与锥底圆心重合;所以圆锥面上各素线长度相等,在正面投影中外形线 $S'o'$ 反映素线的实长。图 3-35(b)所示的圆锥的展开图为一扇形,扇形的半径 L 等于素线的实长,即 $L = S'o' = SO$。扇形的弧长等于锥底圆的周长 πD,作图时,可以用锥底水平投影(圆)中各等分点之间的弦长近似代替弧长,如 $\overline{12} = \overset{\frown}{12}, \overline{23} = \overset{\frown}{23}$ 将各段弦长量取到展开图中扇形的弧上,即得展开图中半径为 L 的圆弧长度,如图 3-35(b)所示。

假如在圆锥面上已知一条封闭的线段,$0, I, \cdots, VI$ 的正面投影 $0', 1', \cdots, 6'$,求作线段在展开图中的位置。作图方法与图 3-33 展开类似。在图 3-35(a)中,通过实长求得各素线上点 $1', 2', \cdots, 6'$ 在实长上的位置,将 $SI, SII, \cdots$ 量取到展开图中相应的直线 SI, SII, SVI 上,得点 $I, II, \cdots, VI$,连成光滑曲线,并作出对称的另一半曲线,即得锥面上封闭线段的展开图,如图 3-35(b)所示。

在圆形和矩形之间由平面和锥面组合而成的表面为变形接头或方圆接头的表面,在钣金工中俗称天圆地方。变形接头在工程中应用较广,如料斗(见图 3-36(a))、管道中的渐变段等。

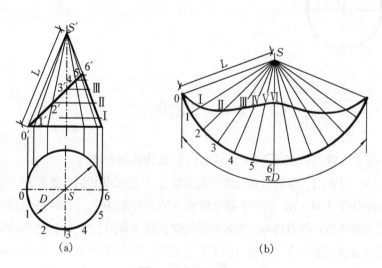

图 3-35 圆锥面展开

变形接头表面展开时,只要依次将平面和锥面展开,即可作出整个变形接头的展开图。

【例 3-11】 已知变形接头的投影图,试作其展开图(见图 3-36)。

【解】 首先,划分变形接头的表面。从图 3-36(a)可知,变形接头的上口为矩形,下口为圆形。以矩形四个角点为锥顶,圆为锥底,可将变形接头的表面划分成四个三角形平面和四个斜椭圆锥面,平面与锥面相切,由于前后、左右对称,四个锥面相同,左右两个三角形相同,前后两个三角形相同。

然后,将圆形分成 $n=12$ 等份,等分点分别与四个锥顶 A,B,C,D 相连,得到四个锥面上的素线。用直角三角形法求出其中一个锥面上的四条素线的实长,如图 3-36(c)所示。

最后,作展开图。沿 $MO(mo, m'o')$ 线裁开变形接头的表面,在适当位置画出直线 $DC = dc$(见图 3-36(d))。从实长图中量取素线 $D\mathrm{III} = C\mathrm{III}$ 的实长,在展开图中作出 $\triangle DC\mathrm{III}$。从实长图中量取素线 $D\mathrm{II}$ 的实长,从水平投影中量取等分弧长$\overset{\frown}{32}$,便可在展开图中作出 $\triangle D\mathrm{II}\mathrm{III}$。以此类推,可完成整个实形接头的展开图,如图3-36(d)所示,图中仅画出对称的一半。

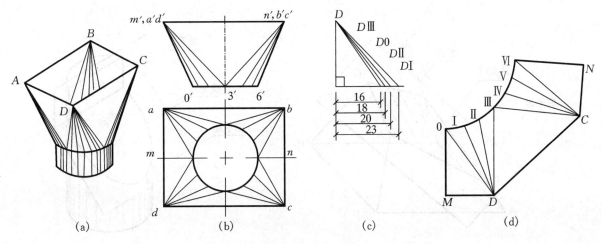

图 3-36　变形接头(方圆组合面)展开

第4章 立体的截切与相贯

用平面来截切基本体,必然会在立体的表面上产生交线。用来截切立体的平面称为截平面,截平面与立体表面的交线称为截交线,截交线围成的平面图形称为截面或断面。图 4-1(a)所示为四棱柱被一个截平面截切,图 4-1(b)所示为圆柱被两个截平面截切。

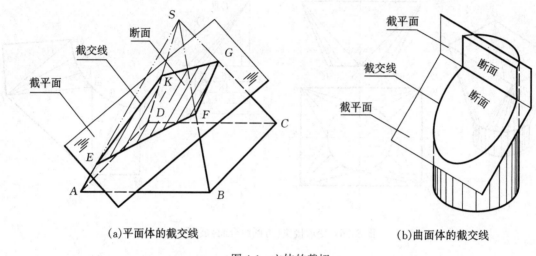

(a)平面体的截交线　　　　　　　　　　(b)曲面体的截交线

图 4-1　立体的截切

两个基本体相交称为相贯,新的组合形体称为相贯体,在相贯体的表面上形成的表面交线称为相贯线。相贯线是两立体表面上的公有线,同时又是两立体表面的分界线。按基本体表面性质的不同,相贯可分为两平面体相贯(见图 4-2(a))、平面体与曲面体相贯(见图 4-2(b))以及两曲面体相贯(见图 4-2(c))。

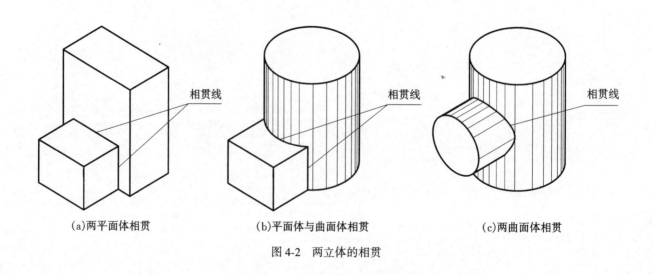

(a)两平面体相贯　　　　　　(b)平面体与曲面体相贯　　　　　　(c)两曲面体相贯

图 4-2　两立体的相贯

4.1 平面体的截切

如图 4-1(a)所示,用平面截切平面体,所得的截交线是一个平面多边形,多边形的各顶点是平面体的棱线(或底边)与截平面的交点,多边形的各边是平面体的棱面(或底面)与截平面的交线。求平面体的截交线,应先求出平面体相关棱线(或底边)与截平面的交点,然后依次连线围成封闭的平面多边形。

求平面体截交线的一般步骤如下:
(1) 形体分析。分析平面体的表面性质及投影特性。
(2) 截平面分析。分析截平面的数目和空间位置,分别与平面体哪些棱线(棱面)相交。
(3) 求截交线。用求直线与平面交点(或两平面交线)的作图方法,求出截交线各顶点(或各边),围成截交线。若有多个截平面,还应求出相邻两截平面的交线。
(4) 判断可见性,完成两立体各棱线的投影。

4.1.1 平面截切棱柱

图 4-3(a)是截平面 P 截切三棱柱的直观图。P 与三棱柱三条棱线均相交,截交线是三角形ⅠⅡⅢ。图 4-3(b)是截交线的投影作图。由于三棱柱各棱面均垂直于 W 面,三棱柱的 W 投影积聚成三角形,因此,截交线的 W 投影必然与该三角形重合,即 $1''2''3''$。因截平面 P 垂直于 V 面,故截交线的 V 投影与截平面的积聚投影 P_V 重合,即 $1'2'3'$。根据投影规律,求出 1,2,3,并依次连成三角形,即得截交线的 H 投影。最后,应擦去三棱柱被截部分的投影。

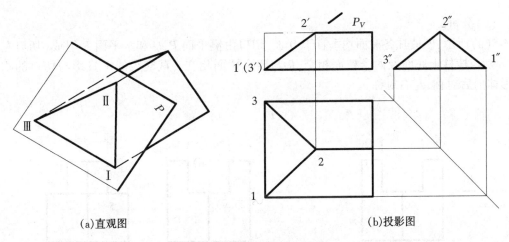

(a)直观图   (b)投影图

图 4-3 正垂面截切三棱柱

【例 4-1】 已知五棱柱和正垂面 P(见图 4-4(a)),求五棱柱被 P 面截切后的三面投影和断面实形。
【解】 (1) 分析。
如图 4-4(a)所示,五棱柱各棱面均垂直于 H 面,H 投影积聚成五边形;截平面 P 是正垂面,与五棱柱的四个棱面及上底面相交,故截交线是个五边形,其 V 投影与 P 平面的积聚投影 P_V 重合。此时,五棱柱具有平行于 V 面的对称面,因 P 面是正垂面,故被截后的五棱柱仍具有前后对称的特征。

(2) 作图(见图 4-4(b))
① 确定截交线的 V 投影:截交线的 V 投影是直线段 $1'2'3'4'5'$,其中 $1'2'$ 是 P_V 与上底积聚投影的交点(ⅠⅡ是 P 与棱柱上底面的交线)。
② 求截交线的 H 投影:过 $1'2'$ 作竖直投影连线,与棱柱的积聚投影五边形相交,前点为 1、后点为 2;3,4,5 分别在五边形相应顶点上。
③ 求截交线的 W 投影:按投影规律作出截交线各顶点的 W 投影,并依次连成五边形即可。
④ 判断可见性,完成棱线投影:截交线的 H、W 投影均可见。在 W 投影面上,被截的三条棱线均可见,而形体上最右的两条棱线未与截平面相交,其投影是完整的,且不可见。

⑤ 求断面实形。用换面法建立新投影面 H_1 平行于 P，在适当位置画出点画线平行于 P_V（相当于 O_1X_1 轴），过 $1', 2', 3', 4', 5'$ 分别作 P_V 的垂线，量取 y 坐标值（H 投影五边形的对称线相当于 OX 轴），作出截交线各顶点的新投影，再依次连线，即得断面实形。

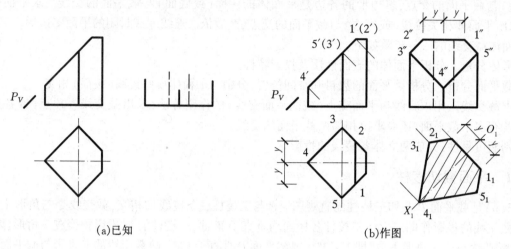

图 4-4 正垂面截切五棱柱

【例 4-2】 已知带切口的正四棱柱的 V 投影和不完整的 H 投影（见图 4-5(a)），求截交线并完成棱柱的三面投影。

【解】 （1）分析。

如图 4-5(a) 所示，四棱柱各棱面均垂直于 H 面，切口由侧平面 P, Q 和水平面 R 组成（切口左右对称），其中 P, Q 分别与棱柱上底面及两个棱面相交，R 与四个棱面相交。截交线的 V 投影与切口的积聚投影重合。整个形体前后对称、左右对称。

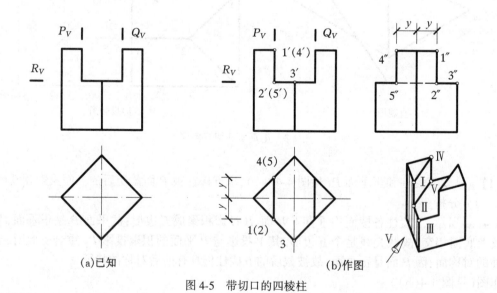

图 4-5 带切口的四棱柱

（2）作图（见图 4-5(b)）。

① 补全 H 投影。P 与上底面交于正垂线 ⅠⅣ，与左前棱面交于铅垂线 ⅠⅡ 和水平线 ⅡⅢ（如图 4-5(b) 直观图所示）。在 V 投影上标出 $1', 2', 3', 4'$ 各点，在 H 投影上作出 $1(2), 3, 4$。按照对称性作出 Q 面的截交线的 H 投影。

完善后的 H 投影由三个线框组成：左、右两个三角形是棱柱上底面被截后剩余部分的实形，中间的六边形是水平断面的实形。

②求W投影。补画四棱柱的W投影,量取相对坐标值y,作出1″,2″,3″,4″并依次连线,按照对称性作出其余截交线的投影。应注意:此时有三个截平面,应求出截平面之间的交线。例如P,R交于正垂线ⅡⅤ,ⅡⅤ的正面投影积聚成点,H投影25与14重合,仅作其W投影2″5″(不可见)。

(3) 判断可见性,完成全图(略)。

4.1.2 平面截切棱锥

【例4-3】 已知正三棱锥SABC及水平面P、正垂面Q(见图4-6(a)),求作三棱锥被P,Q两平面截切后的三面投影。

【解】 (1) 分析。

如图4-6(a)所示,正三棱锥的底面△ABC是水平面,锥面△SAC是侧垂面(AC是侧垂线);P,Q分别与三棱锥三个棱面、两条棱线相交。因P,Q均垂直于V面,故截交线的V投影与切口的积聚投影重合。

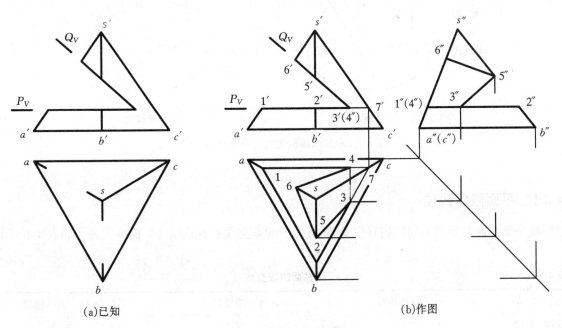

(a)已知　　　　　　　　　　　　(b)作图

图4-6 带切口的四棱锥

(2) 作图(见图4-6(b))。

① 作出三棱锥的W投影。

② 定出截交线各顶点的V投影1′,2′,3′,4′,5′,6′。Ⅰ,Ⅵ分别是棱线SA与P,Q的交点,Ⅱ,Ⅴ分别是棱线SB与P,Q的交点,ⅢⅣ是P,Q交线,ⅢⅣ垂直于V面。

③ 求P的截交线。P平行于锥底,故P与整个三棱锥的截交线是一个与底面相似的△ⅠⅡⅦ。求出△127,再求3,4。四边形ⅠⅡⅢⅣ才是P面产生的实际截交线。按投影规律求出1″,2″,3″,4″。

④ 求Q的截交线。根据5′,6′作出5″,6″,连四边形3″4″5″6″;再求5,6,连四边形3456。四边形ⅢⅣⅤⅥ是Q产生的实际截交线。

⑤ 判断可见性,完成全图。H投影上只有P,Q交线ⅢⅣ的投影34不可见,画成虚线。各投影中,应擦去棱线SA,SB被截部分的投影。

4.2 曲面体的截切

平面截切曲面体,截交线一般是平面曲线,或平面曲线和直线所组成的封闭图形。截交线上的每一点都是截平面与曲面体表面的共有点,求出适量共有点并依次连线,即得截交线。为了较准确地求得截交线,应优先求出截交线上的特殊点,如极限位置点、曲面体外形线与截平面的交点、投影可见性的分界点等,如有必要再求适量的一般点。

求共有点的基本方法有纬圆法和素线法(纬圆法用于回转曲面表面定点,素线法用于直纹曲面表面定点)。如图 4-7(a)所示,回转曲面体上纬圆 I 与截平面 P 交于点 M,N;M,N 既在曲面上,又在截平面上,因此 M,N 是共有点。如图 4-7(b)所示,直纹曲面体上素线 SA 与截平面 P 交于点 M,M 既在曲面上又在截平面上,因此,M 是共有点。

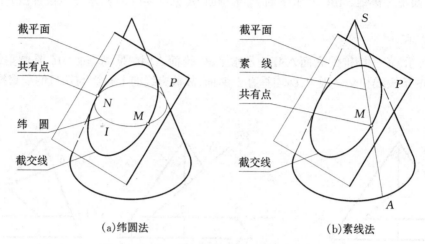

(a)纬圆法　　　　　　(b)素线法

图 4-7　求曲面体截交线上共有点的方法

4.2.1 平面截切圆柱

根据截平面与圆柱轴线不同的相对位置,圆柱面上的截交线有直素线、圆、椭圆三种。如表 4-1 所示。

表 4-1　　　　　　　　　　　　　圆柱面的截交线

截平面的位置	平行于圆柱轴线	垂直于圆柱轴线	倾斜于圆柱轴线
截交线的形状	平行两直线	圆	椭圆
立体图			
投影图			

【例 4-4】　已知圆柱及截平面 P 的投影(见图 4-8(a)),求截交线的投影及断面的实形。

【解】　(1)分析。

如图 4-8(a)所示,圆柱的轴线垂直于 H 面,截平面 P 是正垂面,与圆柱轴线斜交,截交线的空间形状是椭圆,其 V 投影与 P_V 重合,其 H 投影与柱面积聚投影圆周重合,只需求作截交线椭圆的 W 投影。此时,截交线椭圆的短轴垂直于 V 面,长度等于圆柱直径,长轴的长度随截平面与柱轴夹角 θ 变化而变化。

(2) 作图(图4-8(b))。

① 求特殊点。在 H 投影圆周上定出等分点 1,2,3,4；Ⅰ,Ⅲ 分别是截交线上最左、最右点(也是最低、最高点)；Ⅱ,Ⅳ 分别是截交线上最前、最后点(ⅡⅣ是椭圆短轴)，各点的 V 投影均在 P_V 上。作出各点的 W 投影 1″,2″,3″,4″。

② 求一般点。在 H 投影圆周上任取一点 5,5′在 P_V 上，求出 5′，空间点 V 即是截交线上一个一般点。利用椭圆曲线的对称性，作出点 V 的其余对称点 Ⅵ,Ⅶ,Ⅷ 的 W 投影。

③ 连线。按 H 投影中各点的顺序，在 W 投影上依次连接各点，即得截交线的投影。

④ 判断可见性，完成投影图。截交线的 W 投影可见。圆柱的最前、最后素线被截短，圆柱的侧面轮廓画至 2″,4″。

⑤ 求断面实形。设立新投影面平行于 P，求出各点新投影，连成椭圆，即为所求断面的实形。

从例4-4可以看出：随着截平面与柱轴夹角 θ 变大(小)，1″3″将会变短(长)，而 2″4″长度始终不变。当 θ=45°时，1″3″与 2″4″等长，截交线的 W 投影是与圆柱直径相等的圆。读者可自行分析作图。

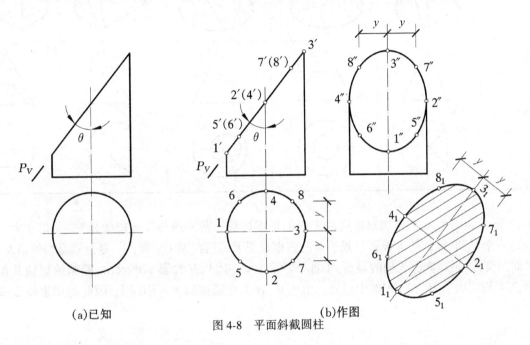

(a)已知　　　　(b)作图

图 4-8　平面斜截圆柱

图 4-9 画出了两种常见的圆柱切口的投影图，因为截平面都平行或垂直于圆柱轴线，所以截交线是矩形和圆弧的组合。请读者自行分析。

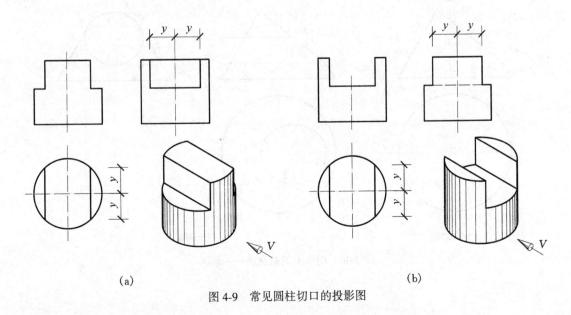

(a)　　　　(b)

图 4-9　常见圆柱切口的投影图

4.2.2 平面截切圆锥

根据截平面与圆锥不同的相对位置,平面截切圆锥可产生五种不同形状的截交线,如表 4-2 所示。

表 4-2　　　　　　　　　　　　　　　　　圆锥面的截交线

截平面的位置	通过锥顶	垂直于圆锥轴线	与所有素线相交 ($\theta>\alpha$)	平行于一条素线 ($\theta=\alpha$)	平行于两条素线 ($\theta<\alpha$)
截交线的形状	相交两直线	圆	椭圆	抛物线	双曲线
立体图					
投影图					

图 4-10 所示为正垂面 P 截切圆锥后截交线的作图过程。截平面与圆锥轴线相交,夹角 θ 大于锥半角 α,截交线是一个椭圆,椭圆的 V 投影与截平面的积聚投影 P_V 重合,即 $1'3'$ 段,Ⅰ、Ⅲ 分别是圆锥最左、最右素线与截平面的交点,也即椭圆长轴的端点,ⅠⅢ 平行于 V 面,其 V、H 投影不难求出;椭圆的短轴 ⅡⅣ 垂直且平分长轴,$2'4'$ 积聚成一点,在 $1'3'$ 的中点处。由于 Ⅱ、Ⅳ 不在圆锥的各外形线上,因此需用素线法或纬圆法求其各投影。

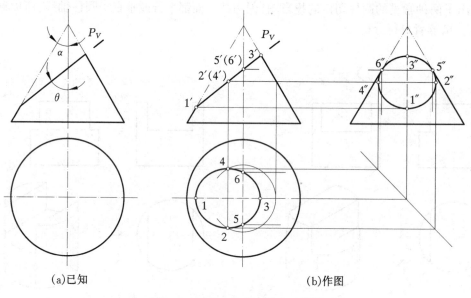

(a) 已知　　　　　　　　(b) 作图

图 4-10　圆锥上的截交线——椭圆

圆锥最前、最后素线分别与截平面相交于Ⅴ,Ⅵ,5′6′重合,5″,6″分别在圆锥的两条侧面轮廓线上;根据5″,6″求出5,6。为使椭圆曲线较为准确,视具体情况,再求适量的一般点,作法与Ⅱ,Ⅳ类似。最后在H,W投影上依次连成椭圆曲线(见图4-10)。

【例4-5】 已知圆锥及截平面P的投影(见图4-11(a)),求截交线的投影。

【解】 (1)分析。

如图4-11(a)所示,圆锥的轴线垂直于W面,截平面P是水平面,P平行于锥轴,截交线是双曲线,其V投影与P_V重合,其W投影与P_W重合,仅需求截交线的H投影。

(2)作图(见图4-11(b))。

① 求特殊点。P面分别与圆锥最上素线、底圆交于A、B、C三点,在已知的V、W投影上定出a',b',c'及a'',b'',c'',求出a,b,c。

② 求一般点。在截交线的V投影上任取d'(亦可在截交线的W投影上任意取点),用素线法或纬圆法求d'',d。视具体情况,用相同方法再求适量一般点,并依次连成前后对称的双曲线。

③ 判断可见性,完成全图。双曲线位于上半锥面,水平投影可见;圆锥最前、最后素线未与P面相交,它们是完整的;在W投影中,描粗底圆的实际部分。

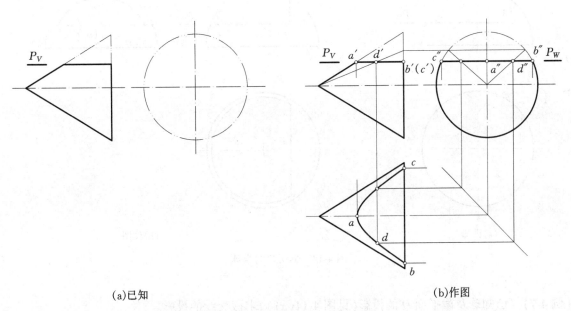

(a)已知　　　　　　　　　　　　　(b)作图

图4-11　圆锥上的截交线——双曲线

4.2.3 平面截切球

无论截平面的位置如何,平面截切球的截交线总是圆。截交线圆的投影可分为三种:

(1)当截平面平行于投影面时,截交线圆的该面投影是实形;

(2)当截平面垂直于投影面时,截交线圆的该面投影是直线段(长度=圆的直径);

(3)当截平面倾斜于投影面时,截交线圆的该面投影是椭圆(长轴长度=圆的直径,短轴长度取决于截平面的倾角)。

如图4-12所示,截平面P是水平面,截交线的V,W投影是水平线段,分别与P_V,P_W重合,截交线的H投影反映圆的实际形状,圆的直径可从V,W投影中量取,圆心与球心的同面投影重合。

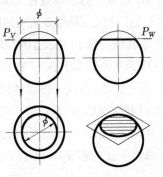

图4-12　水平面截切球

【例4-6】 已知带切口半球的V投影(见图4-13(a)),求截交线并完成半球的三面投影。

【解】 (1) 分析。

如图 4-13(a) 所示，半球上的切口由两个截平面组成：P 面 $//H$，截交线 Ⅰ 是水平圆弧；Q 面 $//W$，截交线 Ⅱ 是侧平圆弧。两条截交线的各投影均为直线段或圆弧，简单易画，不必求一般点。

(2) 作图(见图 4-13(b))

① 求 P 的截交线 Ⅰ。Ⅰ 的 V 投影与 P_V 重合，W 投影与 P_W 重合，H 投影是圆弧，其圆心与球心的同面投影重合，半径可从 $V(W)$ 投影中量取。

② 求 Q 的截交线 Ⅱ。Ⅱ 的 V 投影与 Q_V 重合，H 投影与 Q_H 重合(bd 段)，W 投影是圆弧，其圆心与球心的同面投影重合，半径可从 $V(H)$ 投影中量取。

③ 判断可见性，完成全图。因切口在上半球，截交线的 H 投影均可见，赤道圆完整；截交线 Ⅱ 在左半球，其 W 投影可见。两截平面相交于正垂线 BD，$b''d''$ 不可见，球的侧面轮廓画至 P_W (见图 4-13(b))。

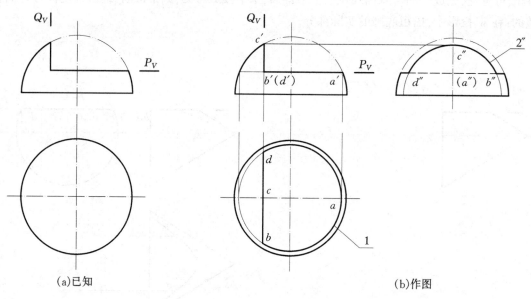

图 4-13 带切口的半球

【例 4-7】 已知球及截平面 Q 的投影(见图 4-14(a))，求截交线的投影。

【解】 (1)分析。

如图 4-14(a)所示，截平面 Q 是正垂面，截交线圆的 V 投影是直线段，与 Q_V 重合，其 H，W 投影是椭圆。

(2) 作图(见图 4-14(b),(c),(d))

① 求投影椭圆的长短轴端点。在 V 投影上，球轮廓线与 Q_V 交于 a' 和 b'，AB 是截交线圆的直径($AB//V$ 面)，与 AB 垂直的另一条直径 CD 是正垂线，$c'd'$ 位于 $a'b'$ 的中点。求出 a,b,c,d 及 a'',b'',c'',d''。由于 C,D 在球面上是一般点，因此必须用纬圆法求其投影(见图 4-14(b))。

② 求其他特殊点。赤道圆及球面上 $//$侧面大圆分别与 Q 面交于 G,K 及 E,F，求出这四个点的各投影 (g,k 在球的水平轮廓上，e'',f''在球的侧面轮廓上)(见图 4-14(c))。

③ 求一般点、连线。视具体情况，并考虑到椭圆曲线的性质，求作适量的一般点(本例略)，并依次连成椭圆，即得截交线的 H，W 投影(见图 4-14(d))。

④ 判断可见性，完成球的各面投影轮廓。该例中，截交线的 H，W 投影均可见，赤道圆画至 g,k，球的侧面轮廓画至 e'',f''(见图 4-14(d))。

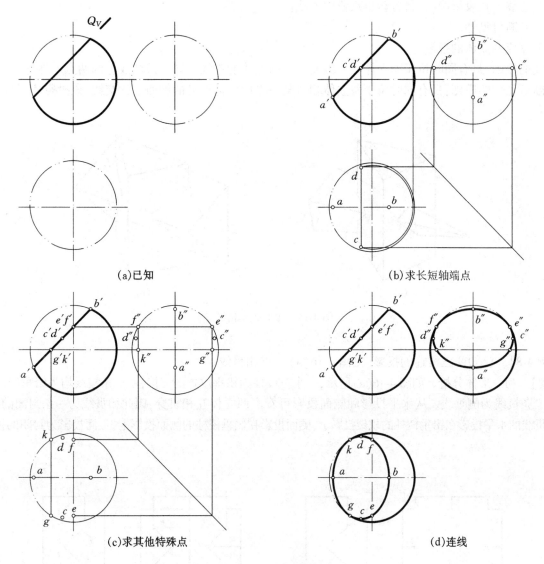

图 4-14 正垂面截切球

4.3 平面体与平面体相贯

4.3.1 平面体与平面体相贯

平面立体是由各个平面首尾相接围成的立体,平面体与平面体的相贯线一般是空间折线。当一形体全部贯入另一形体时为全贯,相贯线有两条(见图 4-15(a))。当两形体互相贯穿时为互贯,相贯线为一条封闭的空间折线(见图 4-15(b))。

在图 4-15(b)中,两三棱柱互相贯穿,其表面交线为折线 *ABCDEFA*。其中,折线的每一段都是一个形体的侧面与另一个形体侧面的交线。折线的转折点是一个形体的侧棱与另一个形体侧面的交点。因此,求两平面体的相贯线,实质上就是求两平面的交线或求直线与平面的交点。通常,我们先求出转折点的各投影,然后依次连线即可得相贯线的投影。

求两平面体相贯线的一般步骤为:

(1) 形体分析。根据已知投影,分析两平面体的形状及相对位置,判断相贯线数目,及参与相贯的棱线数量。

(2) 求各转折点。根据参与相贯的棱线数量,利用线、面交点的求法,作出各转折点的投影。

(3) 连线。在投影图中,将各转折点依次连线。

(4) 判断可见性。

(5) 完成两立体的投影。

连线的原则:只有同时位于两立体同一侧面上的两点才能连线。同一条棱线上的两点不能连线。

判断可见性的原则:只有同时位于两立体相对某一投影面都可见的侧面上的交线,该投影才可见。

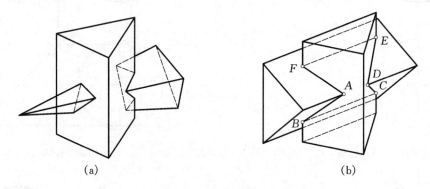

图 4-15 两平面体相贯

【例 4-8】 已知两三棱柱的投影(见图 4-16(a)),求相贯线。

【解】 (1) 形体分析。如图 4-16(a)所示,一个三棱柱为铅垂放置的三棱柱,三条棱线均为铅垂线,另一个三棱柱三条棱线为侧垂线。从水平投影和侧面投影可看出两立体互相贯穿,因此相贯线为一条封闭的空间折线。相贯线的水平投影在铅垂棱柱的积聚投影上,侧面投影在侧垂棱柱的侧面投影上,正面投影为封闭的折线,待求。

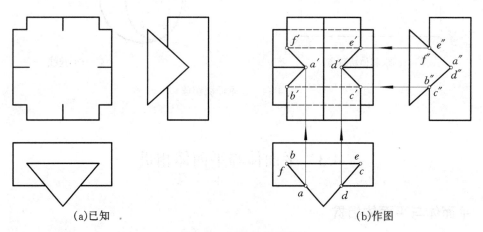

(a)已知   (b)作图

图 4-16 两三棱柱相贯

(2) 求各转折点。从水平投影可知铅垂棱柱有两条棱线与侧垂棱柱相交,从侧面投影可知,侧垂棱柱有一条棱线与铅垂棱柱相交。各转折点的水平投影和侧面投影可直接在投影图中标出,再根据"长对正、高平齐"的关系,作出其正面投影 a'、b'、c'、d'、e'、f'。

(3) 连线。根据"只有同时位于两立体同一侧面上的两点才能连线"的原则,连线顺序为 a'、b'、c'、d'、e'、f'、a',正面投影形成封闭的折线。注意,同一棱线上的点如 f'、b';e'、c';a'、d' 之间不能连线。

(4) 判断可见性。根据"只有同时位于两立体相对某一投影面都可见的侧面上的交线,该投影才可见"的原则,只要是位于某一立体不可见表面的线,投影就不可见。正面投影中,$b'c'$、$f'e'$ 都是铅垂棱线上后侧面上的线,为不可见线,其余线段均可见。

(5) 完成两立体的投影。两立体以相贯线为界限,在相贯线以内形成一个整体,在相贯线以外为各自的形状。一立体的棱线与另一立体相交时,在交点之间没有线,但交点以外,仍然有棱线。因此在正面投影中将转折点以外两立体的棱线补画完整,可见的为实线,不可见的为虚线。

【例 4-9】 已知四棱柱与六棱锥的投影(如图 4-17(a)所示),求相贯线。

【解】 (1) 形体分析。由已知投影图可知,四棱柱为铅垂放置的正四棱柱,它的各侧面为铅垂面,各棱线为铅垂线。六棱柱为正六棱锥,轴线是铅垂线。根据它们的相互位置,可以判断两立体的相贯线为一条封闭的空间折线,如图 4-17(b)所示。相贯线的水平投影重合在四棱柱的水平面积聚投影上,正面投影和侧面投影均为折线,因为相贯线前后、左右对称,因此,相贯线的 V、W 投影有部分重合。

(2) 求各转折点。水平投影可直接标出 1,2,3,4,5,6,7,8,根据"长对正"的关系可直接求出正面投影中的 1′,2′,4′,5′,6′,8′,其中 2′、8′、4′、6′为重影。侧面投影可直接标出 3″,7″,根据"高平齐"的关系可直接作出其正面投影 3′、7′,它们的正面投影重合。由正面投影中的 1′,2′,4′,5′,6′,8′根据"高平齐"的关系作出其侧面投影,其中 2″、4″、8″、6″为重影。

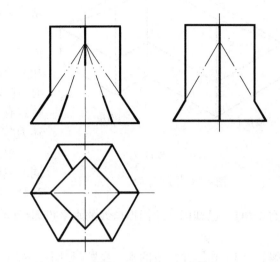

图 4-17(a) 已知条件

(3) 连线。根据连线的原则,正面投影中按 1′,2′,3′,4′,5′,6′,7′,8′,1′的顺序连线,侧面投影的连线顺序相同。

(4) 判断可见性。根据可见性判别的原则,由于相贯线前后、左右均对称,因此正面投影和侧面投影中,相贯线不可见部分与可见部分重合,投影为实线。

(5) 完成两立体的投影。两立体的棱线以各转折点为界,在转折点以内棱线不存在,转折点以外棱线的投影应画完整。

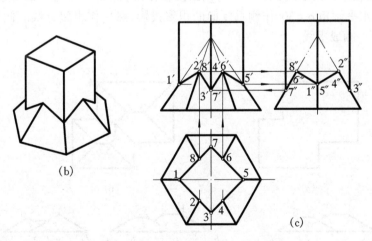

图 4-17(b)(c) 四棱柱与六棱锥相贯

4.3.2 同坡屋面的画法

若同一屋面上各坡面对水平面的倾角相同,且房屋四周的屋檐等高,则称为同坡屋面。同坡屋面的交线有屋脊(平行檐口线对应的屋面的交线)、斜脊线(两相交的檐口线在凸墙角处对应的屋面交线)和天沟线(两相交的檐口线在凹墙角处对应的屋面交线),如图 4-18 所示。

同坡屋面的交线是平面立体与平面立体相贯的特例。它具有以下特点:

(1) 檐口线平行且等高的两相邻坡屋面,交线为水平的屋脊线,屋脊线的水平投影平行于两檐口线的水

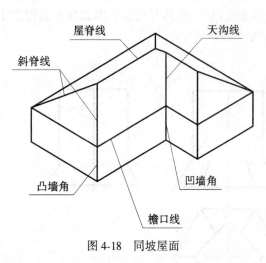

图 4-18 同坡屋面

（2）檐口线相交的两相邻坡面，交线必为斜脊线或天沟线。斜脊线或天沟线的水平投影通过两檐口线水平投影的交点且平分檐口线的夹角。当两檐口线相交成直角时，斜脊线或天沟线的水平投影与檐口线的水平投影成45°角。

（3）相邻的三个坡屋面必交于一公共点，它是两个坡屋面的交线与第三个坡屋面的交点，也可看成三个坡屋面两两相交所得三条交线的交点。当相邻两檐口线相交或成直角时，连续三条屋檐中必有两条互相平行。因此，三条交线上一定有一条是水平的屋脊，另两条为倾斜的斜脊或天沟。简述为"两斜一直交于一点"。

根据以上特点，如果已知檐口线的水平投影，可以作出同坡屋面的水平投影，然后根据水平倾角，作出其正面投影和侧面投影。

【例 4-10】 已知同坡屋面檐口线的水平投影（图4-19（a）），及各屋面的水平倾角 α=30°，作出该屋面的各投影。

【解】 （1）作屋面交线的水平投影（见图4-19（b））。过各相邻檐口线的交点作45°斜线。由 a、b 两点所作斜线为两斜脊线的水平投影，它们交于1点，由该点作水平屋脊线12，与过 h 点的45°斜线交于2点，经过这一点的第三条线必为一斜脊。因此过2点作45°斜线与过 c 点的45°斜线交于3点，3点为两斜线（一斜脊、一天沟）的交点。因此过3点作第三条线为与 cd、gh 平行的水平的屋脊线34，4点在过 g 点的45°斜线上。过4点作45°斜线交过 d 点的斜线于5点。再过5点作水平线56与过 e、f 点的45°斜线交于6点，完成同坡屋面的水平投影。

（2）作屋面的正面投影（见图4-19（c））。先根据"长对正"的投影关系作出檐口线 abcdefgha 的正面投影，其中，ba、dc、ef、gh 的正面投影分别积聚为点，它们所对应的屋面均为正垂面，正面投影积聚成线段。因此，由已知的屋面水平倾角 α=30°作这几个屋面的正面投影。再根据"长对正"的关系作出各水平屋脊线的正面投影，即可完成同坡屋面的正面投影，其中 4'g' 为不可见线段，画成虚线。

（3）作屋面的侧面投影（见图4-19（d））。与正面投影作法类似。先根据"宽相等"的投影关系作出檐口线的侧面投影，再由水平倾角 α=30°作侧垂屋面的积聚投影，然后作出屋脊线的侧面投影即可。侧面投影中，4″g″ 为不可见线段，画成虚线。

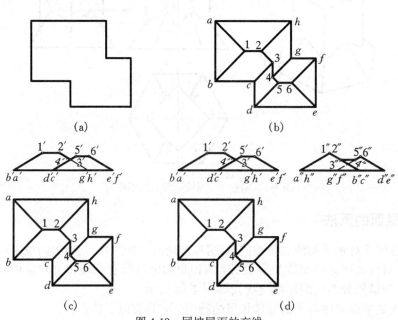

图 4-19 同坡屋面的交线

4.4 平面体与曲面体的相贯线

平面立体与曲面立体的相贯线,可以看成由平面立体的侧面或底面与曲面立体相交所得的各段截交线构成。每段截交线之间的转折点是平面立体的棱线与曲面立体表面的交点。相邻两个转折点之间的截交线都是平面曲线段或直线段。

因此,求平面体与曲面体的相贯线,实质上是求曲面立体的截交线的问题。

求平面体与曲面体相贯线的一般步骤:

(1) 形体分析。分析平面立体和曲面立体的形状、空间位置,以及相互位置关系。分析平面体的哪些表面与曲面体相交。判断各平表面与曲面体相交产生的截交线的形状。

(2) 求各转折点。求平面体的棱线与曲面体表面的交点。

(3) 求各段截交线上的特殊点和适量一般点。

(4) 连线及判断可见性。

(5) 完成两立体的投影。

【例 4-11】 已知三棱柱与圆锥的投影(见图 4-20(a)),求作相贯线。

【解】 (1) 形体分析。如图 4-20(a)所示,三棱柱的棱线 A,B,C 为正垂线,各侧面为正垂面或水平面。圆锥的轴线为铅垂线。两立体互相贯穿,产生一条封闭的相贯线。

从正面投影可知,三棱柱的三个侧面均与圆锥相交,根据它们对锥轴线的相对位置,可判断 AB 侧面与圆锥的截交线为椭圆弧,水平投影和侧面投影均为椭圆;BC 侧面与圆锥的截交线为水平圆弧,水平投影反映实形,侧面投影积聚成水平线;AC 侧面与圆锥的截交线为直线段,水平投影和侧面投影均为直线段;三段截交线首尾相接构成了两立体的相贯线。

(2) 求各转折点。三段截交线之间的转折点,就是三棱柱的 A,C 棱与圆锥的交点。可利用锥面上定点的素线法求解。A 棱与圆锥交点水平投影为 1,2,侧面投影为 $1'',2''$;C 棱与圆锥交点的水平投影为 m,n,侧面投影为 m'',n''。

(3) 求特殊点和一般点。在正面投影中标出 e',f',g',它们是相贯线的水平圆弧上的最前、最左、最右点的正面投影,可利用纬圆法作出其水平投影和侧面投影。$3'$ 是椭圆弧段长轴的一个端点的正面投影,可直接根据"长对正、高平齐"求出水平投影 3 和侧面投影 $3''$;$4',5'$ 是椭圆短轴端点的下面投影,它在 $3'\ 8'$ 的中点处($8'$ 为延长 $b'\ a'$ 与圆锥最右轮廓线的交点)。用纬圆法求出其水平投影 4,5 和侧面投影 $4'',5''$;将正面投影中的 $6',7'$ 直接按"高平齐、宽相等"的关系作出侧面投影和水平投影,$6'',7''$ 是相贯线侧面投影可见与不可见的分界点。

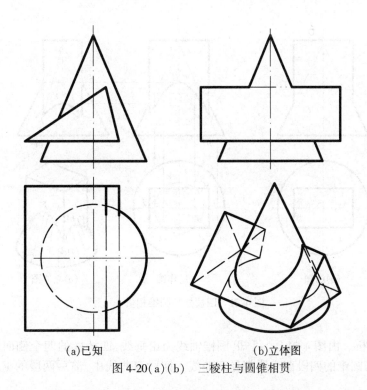

(a)已知 (b)立体图

图 4-20(a)(b) 三棱柱与圆锥相贯

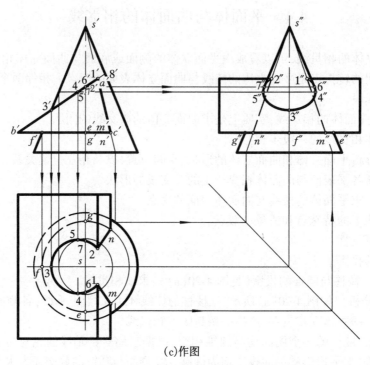

(c)作图

图 4-20(c) 三棱柱与圆锥相贯

(4) 连线及判断可见性。根据前面的分析,在水平投影中,m,e,f,g,n 为反映实形的圆弧。1,3 和 2,4 分别连成直线段。1,6,4,3,5,7,2 依次光滑连接成椭圆弧。侧面投影中各点连线顺序相同。

水平投影中,相贯线的圆弧段位于棱柱底面,为不可见的虚线,其他部分可见。侧面投影中,直线段部分不可见,画成虚线,椭圆弧以 $6'',7''$ 为分界点,有一小段不可见部分画成虚线。

(5) 完成两立体的投影。两立体位于相贯线以外的部分,投影轮廓线要补画完整。水平投影中,圆锥的底圆有部分不可见,为虚线。

【例 4-12】 已知四棱柱与圆锥的投影(见图 4-21(a)),求相贯线。

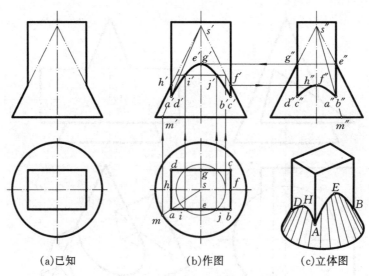

(a)已知　　　　　(b)作图　　　　　(c)立体图

图 4-21　四棱柱与圆锥相贯

【解】 (1) 形体分析。由图 4-21(a)可知,圆锥轴线为铅垂线,四棱柱的四个侧面均垂直于 H 面,因此与圆锥轴线平行,它们与圆锥的四段截交线都是双曲线。四段双曲线中,前后两段的 V 投影重合,且投影反映实形,侧面投影积聚成直线段;左右两段的 W 投影重合,投影反映实形,正面投影积聚成直线段。

(2) 求各转折点。四棱柱的四条铅垂棱线与圆锥的交点即为 4 个转折点,各点的水平投影在四棱柱四条棱线的积聚投影上,记为 a,b,c,d,利用素线法求出各点的正面投影 a',b',c',d' 和侧面投影 a'',b'',c'',d''。图 4-21(b)示出了 a',a'' 的作法。

(3) 求特殊点和一般点。需要求的特殊点是各段双曲线上的最高点。从投影图看出,前后两段双曲线上的最高点的侧面投影为 e'' 和 g'',根据"高平齐"的关系可直接求出它们的正面投影 e' 和 g';左右两段双曲线上的最高点的正面投影分别是 h' 和 f',根据"高平齐"作出侧面投影 h'' 和 f''。

前面一段双曲线上的一般点可在水平投影中 ae,eb 上各取两对称点 i,j,利用纬圆法作出其正面投影 i',j'。同理可作出左边一段双曲线上的一般点的侧面投影(图中略)。

(4) 连线。正面投影中,点的连线顺序为 a',i',e',j',b',侧面投影中连线顺序为 a'',h'',d''。

(5) 判断可见性。正面投影和侧面投影中,不可见部分与可见部分重合,因此各线段均为实线。

(6) 完成两立体的投影。四棱柱各棱线的 V,W 投影应画到相应的转折点的投影为止。

4.5 曲面体和曲面体相贯

曲面体和曲面体的相贯线,在一般情况下是空间曲线,特殊情况下可能是平面曲线或直线段。因为相贯线分别从属于两个立体表面,又是两个立体表面的公有线,所以它的形状和参与相贯的两个立体的形状、大小及相互位置等因素有关(见图 4-22)。由于相贯线通常是空间曲线,因此,求作相贯线时,一般可求出相贯线上一系列共有点,分清可见性,然后依次光滑连接各点,即可得两曲面立体的相贯线。

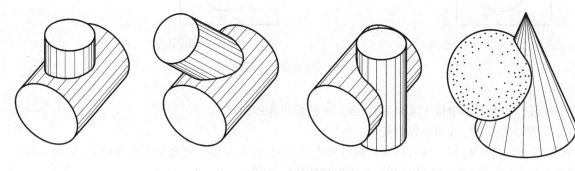

图 4-22 相贯线的形状

求两曲面立体相贯线的一般步骤:

(1) 形体分析。根据两曲面体的表面形状、空间位置及两立体之间的相对位置,判断相贯线的数量、大致形状及对称性。

(2) 求相贯线上的点。先求出相贯线上的特殊点,即最高、最低、最左、最右、最前、最后点以及投影轮廓线上的点,然后求出适量一般点。

(3) 连线。将各点顺序连成光滑曲线。

(4) 判断可见性,完成两曲面立体的投影。

求解两曲面立体的相贯线时,求相贯线上的点是关键步骤,求相贯线上点的常用作法有:表面取点法、辅助平面法等。

1. 表面取点法

当相贯两立体中有一个立体的曲表面投影具有积聚性时,相贯线在该投影面上的投影与曲表面的积聚投影重合。根据相贯线的公有性和从属性,可按照在另一立体表面定点的方法作出相贯线上各点的其他投影。

【例 4-13】 已知轴线正交的两圆柱的投影(见图 4-23(a)),求作其相贯线。

【解】 (1) 形体分析。如图 4-23(a)所示,一圆柱直径较小,轴线为铅垂线,另一圆柱直径较大,轴线为侧垂线,两圆柱轴线正交且平行于 V 面。相贯线为一段封闭的空间曲线,其水平投影在小圆柱的积聚投影上,为一圆周,相贯线的侧面投影在大圆柱的侧面投影上,为两立体侧面投影中共有范围内的一段圆弧。相贯线的正面投影为曲线,由于相贯线前后两部分对称,因此其正面投影重合。

(2) 求相贯线上的点。先求特殊点。如图 4-23(b)所示,从水平投影中可知,1,2,3,4 分别为相贯线上的最左、最右、最前、最后点的水平投影;从侧面投影中可知,1″和 2″、3″和 4″分别为相贯线上的最高、最低点的侧面投影。它们的正面投影可直接根据"长对正、高平齐"的关系作出,其中 3′,4′为重影。再求一般点,在相贯线的水平投影中任取 5 点及它的左右对称点 6 点。按照大圆柱表面取点的素线法作出这两点所在的素线的水平投影 n,侧面投影 n'',正面投影 n',在 n' 上求得 5′(6′)。相贯线的正面投影中,7′,8′点分别为 5′,6′点的重影。

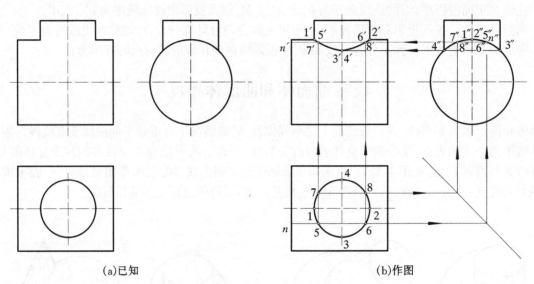

图 4-23 两正交圆柱相贯

(3) 连线。正面投影中按 1′—5′—3′—6′—2′的顺序连线即可。

(4) 判断可见性并完成两立体的投影。

轴线正交的大小圆柱相贯线可以是两圆柱外表面相交,也可以是外表面与内表面相交(见图 4-24(a)),或两内表面相交(见图 4-24(b))形成的,它们的交线作法相同。

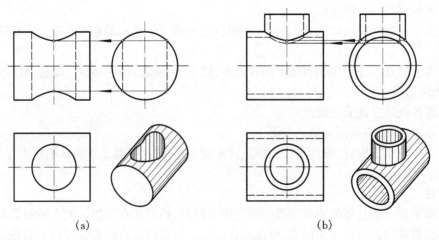

图 4-24 内外表面圆柱的相贯线

2. 辅助平面法

辅助平面法是利用"三面共点"的原理求两立体表面共有点的基本方法。假设一平面与相贯两曲面立体都相交,它在两曲面立体表面均会产生截交线,这两段截交线共面,若两截交线有交点,则交点必是两立体表面的共有点,即相贯线上的点。如图 4-25 所示,求圆柱与圆锥相贯线时,假设一辅助水平面 P 与两立体都相交,P 与圆柱表面的交线为两段直素线,P 与圆锥表面的交线为圆,直素线与圆的两个交点 M、N,均为相贯线上的点。再设不同高度的辅助水平面,同样可求出相贯线上一系列的点。

辅助平面的选取应使它与两曲面立体的截交线的投影形状最简单,如圆或直线。

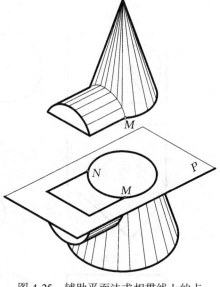

图 4-25 辅助平面法求相贯线上的点

【例 4-14】 已知圆台和半球的投影(见图 4-26(a)),求相贯线。

【解】 (1) 形体分析。如图 4-26(a) 所示,圆锥轴线是铅垂线,半球也可视为具有铅垂轴线,它与圆台轴线平行,两轴线所在平面平行于 V 面。根据两立体的相对位置,可以判断相贯线是一条封闭的空间曲线。其水平投影、侧面投影均为封闭曲线。正面投影中,由于相贯线前后对称而重合,因此,相贯线是一段曲线。

(2) 相贯线上的点。先求相贯线上的特殊点,从投影图中可知,圆锥台的所有素线均与半球相交,其中最左、最右素线与半球的交点,是相贯线上的最左、最右点,也是最低、最高点,正面投影即 $1'$、$2'$,其水平投影和侧面投影可直接根据"长对正、高平齐"的投影关系求得。圆锥台的最前、最后素线与半球的交点,这两点可选取辅助侧平面 P 来求解,P 面与半球的截交线为半圆,侧面投影反映实形,P 面与圆锥台的截交线为其侧面投影的最外轮廓线,该两截交线侧面投影交点为 $3''$、$4''$,它们也是相贯线侧面投影可见与不可见的分界点。由 $3''$、$4''$ 作出水平投影 3、4,正面投影 $3'$、$4'$。再求一般点,选取辅助水平面 Q,它与两立体的截交线均为水平圆,在水平投影中求得 5、6 点,并由此作出正面投影 $5'$、$6'$,侧面投影 $5''$、$6''$。

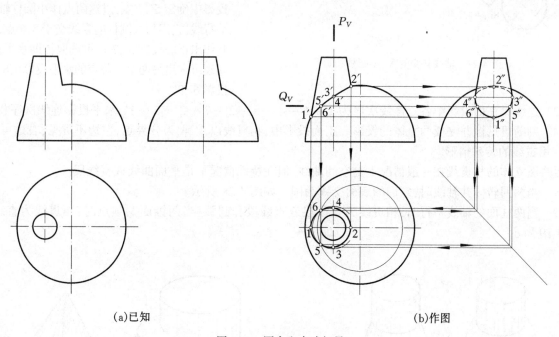

(a)已知   (b)作图

图 4-26 圆台和半球相贯

(3) 连线。水平投影中各点连线次序为 1—5—3—2—4—6—1,其他投影连线次序相同。

(4) 判断可见性并完成两立体的投影。相贯线的侧面投影中,$3''2''4''$ 一段不可见,为虚线;半球的侧面投影轮廓线被锥台遮挡的部分为虚线。

【例 4-15】 已知轴线斜交的大、小圆柱的投影(见图 4-27(a)),求相贯线。

【解】 (1) 形体分析。从已知投影可知,大圆柱轴线是侧垂线,小圆柱轴线为水平线。

根据两立体的相对位置,可以判断相贯线是一条封闭的空间曲线。其正面投影为封闭的曲线,侧面投影在大圆柱的积聚投影上,为一段圆弧。相贯线由于上下对称,水平投影重合,为一段曲线。

(2) 相贯线上的点。先求特殊点,水平投影中,小圆柱的最左、最右两轮廓线与大圆柱的交点 1,2 是相贯线的最左、最右点的水平投影,相贯线上这两点也是最前点,其正面投影可直接按"长对正"的关系求得,侧面投影为 1″(2″)。侧面投影中,小圆柱的最外轮廓线与大圆柱侧面投影的交点 3″,4″是相贯线上的最高、最低点的侧面投影,相贯线上这两点也是最后点,利用"宽相等"的关系,可作出水平投影 3(4),继而作出正面投影 3′,4′;3′,4′也是相贯线上正面投影可见与不可见的分界点。再求一般点,选取辅助水平面 P 与两立体相交,在相贯线的侧面投影上可得 5″(7″),这两点所在的大圆柱的素线可根据"宽相等"在水平投影中作出。P 面与小圆柱的交线是两条直素线。为确定其水平投影的位置,在水平投影中用换面法作出小圆柱端面的实形投影。根据 P 面的高度,在该实形投影中确定 5′,7′点,过这两点作小圆柱轴线的平行线,它们与大圆柱的素线交于 5,6 点,再由此作出正面投影 5′,7′。再选取辅助水平面 Q,同理可求出另两个一般点的水平投影 6,8,正面投影 6′,8′。

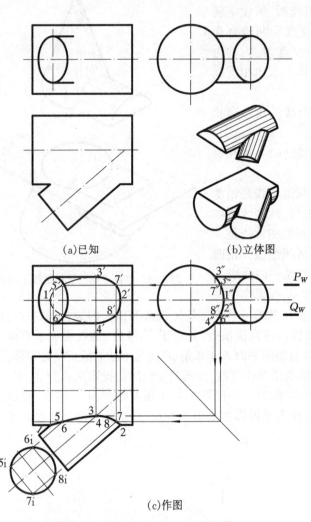

(a)已知 (b)立体图

(c)作图

图 4-27 轴线斜交的大、小圆柱相贯

(3) 连线。正面投影中各点连线次序为 1′—6′—4′—8′—2′—7′—3′—5′—1′,水平投影连线次序相同。

(4) 判断可见性并完成两立体的投影。正面投影中,相贯线以 3′,4′为分界点,左边不可见,右边可见。

3. 相贯线的特殊情形

两曲面立体的相贯线在一般情况下是空间曲线,但在特殊情况下是平面曲线或直线段。

(1) 当两回转体共轴线时,它们的表面交线为圆。如图 4-28 所示。

(2) 当两柱面的轴线平行时,相贯线为直线段或直线段和圆弧;当两锥面共顶点时,相贯线为直线段。如图 4-29 所示。

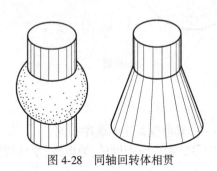

图 4-28 同轴回转体相贯

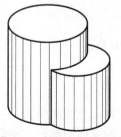 

图 4-29 轴线平行的两圆柱和共锥顶的两圆锥相贯

（3）当两个二次回转曲面相交,且同时外切于球面时,相贯线为平面曲线。如图 4-30(a)所示,两等径圆柱正交或斜交,相贯线为椭圆;图 4-30(b)中,圆锥和圆柱有公共内切球,相贯线为椭圆;图 4-30(c)中,两圆锥同时外切于球面,相贯线为椭圆,图 4-29 中由于椭圆所在的平面垂直于 V 面,所以正面投影重合为直线。相贯线的特殊情形在工程中有广泛应用,如图 4-31 所示。

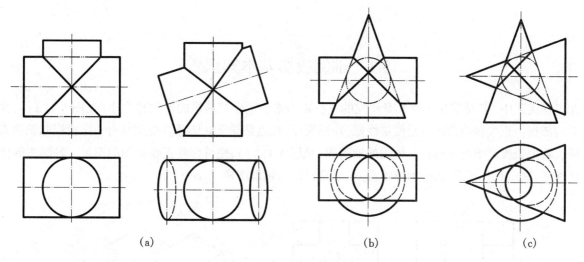

图 4-30 相贯线的特殊情形

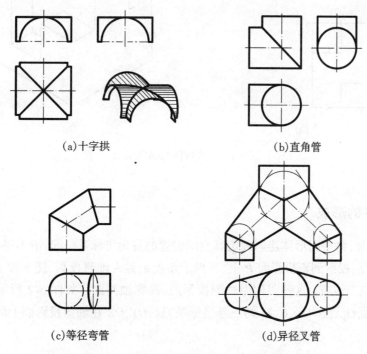

图 4-31 相贯线特殊情形在工程中的应用

第5章 轴测投影

5.1 轴测投影基本知识

在工程实践中,广泛采用前面几章研究的正投影图来表达建筑形体的形状和大小(见图5-1(a)),并作为施工的依据。正投影图的优点是度量性好,作图简便;缺点是缺乏立体感。必须具有一定投影知识的人才能看懂。若把正投影图画成具有立体感的轴测图(见图5-1(b)),便可弥补正投影图的不足。轴测图的优点是立体感强,缺点是有变形、表达形体不全面,通常只作为辅助图样。

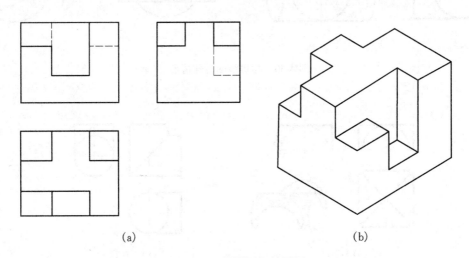

图5-1 正投影图与轴测图

5.1.1 轴测投影的形成

根据平行投影的原理,将空间形体连同确定其空间位置的直角坐标系一起,沿不平行于上述坐标系的任一条坐标轴的投影方向 S,投射到新投影面 P 上,所得的新投影称为轴测投影,使平面 P 上的图形同时反映出空间形体的长、宽、高三个方向,这种图称为轴测投影图,简称轴测图。如图5-2所示,S 为轴测投影的投射方向,P 为轴测投影面,O_1X_1,O_1Y_1,O_1Z_1 为三条坐标轴 OX,OY,OZ 在轴测投影面上的投影,称为轴测投影轴,简称轴测轴。

5.1.2 轴测投影中的轴间角和轴向变形系数

轴测轴之间的夹角,如图5-2所示,$\angle X_1O_1Y_1$,$\angle Y_1O_1Z_1$,$\angle X_1O_1Z_1$ 叫轴间角。轴测轴上某段长度与相应坐标轴上某段长度的比值称为轴向变形系数。X,Y,Z 轴的轴向变形系数分别表示为:$p=O_1X_1/OX$,$q=O_1Y_1/OY$,$r=O_1Z_1/OZ$。在绘制轴测图时,只要知道轴间角和轴向变形系数,便可根据形体的正投影图绘出其轴测图。

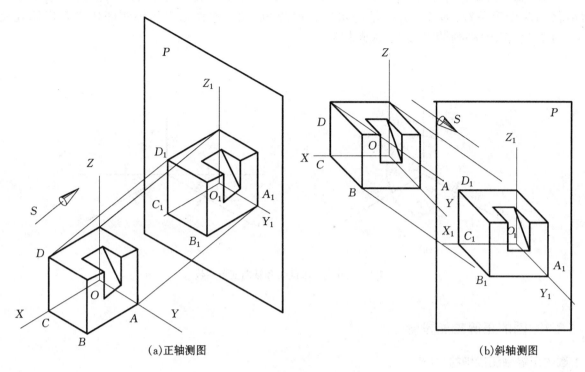

图 5-2 轴测投影的形成

5.1.3 轴测投影的特性

由于轴测图是按照平行投影的原理得到的,所以它必然具有平行投影的一切特性。其主要有:

1. 平行性

空间相互平行的直线,它们的轴测投影仍相互平行。因此,形体上平行于三条坐标轴的线段,在轴测图上仍平行于相应的轴测轴。如图 5-2 所示,$AB/\!/OX$,则 $A_1B_1/\!/O_1X_1$,$B_1C_1/\!/O_1Y_1$,$C_1D_1/\!/O_1Z_1$。

2. 定比性

形体上平行于坐标轴的线段的轴测投影与原线段实长之比,等于相应的轴向变形系数。如图 5-2 所示,$A_1B_1=p \cdot AB$,$B_1C_1=q \cdot BC$,$C_1D_1=r \cdot CD$。

画轴测图时,形体上平行于各坐标轴的线段,只能沿着平行于相应轴测轴的方向画出,并按各坐标轴所确定的轴向变形系数测量其相应尺寸,"轴测"二字即由此而来。

5.1.4 轴测图的种类

(1)按轴测投影方向是否与轴测投影面垂直可分为正轴测投影和斜轴测投影。

(2)按三个轴向变形系数是否相等又可分为等测投影($p=q=r$)、二等测投影($p=q\neq r$ 或 $p\neq q=r$ 或 $p=r\neq q$)和不等测投影($p\neq q\neq r$)三种。其中工程上常用的有正等轴测投影(简称正等测)、斜等轴测投影(简称斜等测,又称水平斜轴测)和斜二轴测投影(简称斜二测,又称正面斜轴测)。

5.2 正等轴测图

5.2.1 正等轴测图的轴间角和轴向变形系数

正等测是最常用的一种轴测投影。当轴测投影方向垂直于轴测投影面且 $p=q=r$ 即三坐标轴与轴测投影面的倾角相等时,形体在轴测投影面上的投影图即为正等轴测图。根据计算,正等测图的轴向变形系数

$p=q=r=0.82$,轴间角 $\angle X_1O_1Y_1 = \angle Y_1O_1Z_1 = \angle X_1O_1Z_1 = 120°$（见图 5-3）。为作图方便，通常把 p、q、r 都取 1，称为简化轴向变形系数，O_1X_1、O_1Y_1 轴与水平方向成 30°角。这样画出的轴测图比实际形体放大了 $1/0.82 \approx 1.22$ 倍，但形体的形状不变，立体感未变。

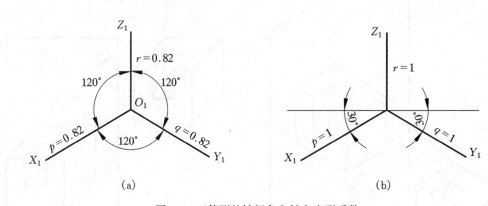

图 5-3 正等测的轴间角和轴向变形系数

5.2.2 圆的正等轴测投影

1. 圆的正等轴测投影的性质

在画圆的正等轴测投影图时，因为形体的三个坐标面都倾斜于轴测投影面 P，所以平行于坐标面的圆的正等轴测图都是椭圆（见图 5-4）。

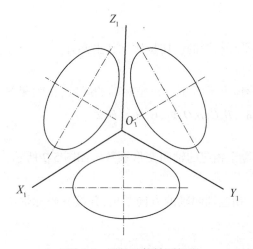

图 5-4 圆的正等轴测投影

2. 椭圆的几种画法

（1）八点法。

在圆的正投影图中作圆的外切正方形及其对角线，如图 5-5(a)所示，得到圆上八个点。其中 1,3,5,7 四点为正方形各边的中点；2,4,6,8 为对角线上的点。在图 5-5(b)中，作圆的外切正方形及其对角线的轴测投影，定出各边的中点 1_1,3_1,5_1,7_1，以四边形的一边的一半为等腰直角三角形的斜边作等腰直角三角形 $A_1 7_1 E_1$，从而作出对角线上的 2_1,4_1,6_1,8_1 各点。用光滑的曲线连接 1_1,2_1,3_1,4_1,5_1,6_1,7_1,8_1 八个点，即得所求圆的轴测投影。

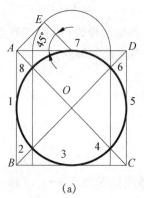

图 5-5 用八点法作椭圆

(2)四心法。

圆的外切正方形的正等测投影是一个菱形(见图5-6)。以菱形的短对角线的两端点为两圆心 O_1,O_2,再以 O_1A_1,O_1D_1 与长对角线的交点 O_3,O_4 为另两个圆心,得到四个圆心。分别以 O_1,O_2 为圆心,以 O_1A_1 或 O_1D_1 为半径作弧 A_1D_1 和 B_1C_1;又分别以 O_3,O_4 为圆心,以 O_3A_1 或 O_4D_1 为半径作弧 A_1B_1 和 C_1D_1。这四段弧连接成了圆的正等轴测投影。

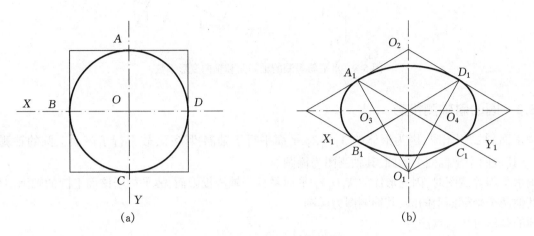

图 5-6　用四心法作椭圆

5.3　斜轴测投影

5.3.1　斜轴测投影的轴间角和轴向变形系数

1. 斜二轴测投影(正面斜轴测图)

正面斜二测投影,投影方向 S 与轴测投影面 P 倾斜,其轴间角 $\angle X_1O_1Z_1=90°$,O_1X_1 画成水平,O_1Z_1 竖直向上,轴测轴 O_1Y_1 与水平方向成 $45°$,也可画成 $30°$ 或 $60°$ 角。轴向变形系数 $p=r=1$,$q=1/2$,如图5-7所示。

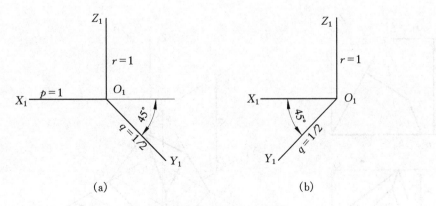

图 5-7　斜二测的轴间角和轴向变形系数

2. 斜等轴测投影(水平斜轴测图)

水平斜等测投影,投影方向 S 与轴测投影面 P 倾斜,轴向变形系数 $p=q=r=1$。其轴测轴通常画成图5-8所示的形式。

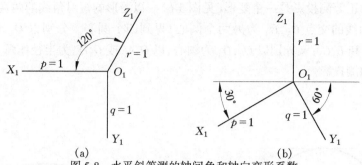

图 5-8 水平斜等测的轴间角和轴向变形系数

5.3.2 圆的斜轴测投影

在画正面斜二测图时,因为形体的 $X_1O_1Z_1$ 平面平行于轴测投影面,故平行于该面上圆的轴测图仍为圆;平行于其他两个坐标面上的圆,其轴测图为椭圆。

在画水平斜等测图时,因为形体的 $X_1O_1Y_1$ 平面平行于轴测投影面,故平行于该面上圆的轴测图仍为圆;平行于其他两个坐标面上的圆,其轴测图为椭圆。

椭圆的画法可用八点法。

5.4 轴测图的画法

5.4.1 轴测图的基本画法

各种轴测图,虽然它们的轴间角和轴向变形系数不相同,但它们的基本方法相同。根据形体的特征不同,画轴测图选用各种不同的作图方法。常用的基本方法有坐标法、叠加法、切割法、断面法、综合法等。轴测投影中,被遮挡的棱线一般不画。

1. 坐标法

根据形体上各点相对于坐标系的坐标值,画出各点的轴测投影,然后依次连接成形体表面的轮廓线,即得该形体的轴测图。

【例 5-1】 已知形体的正投影图(见图 5-9(a)),用坐标法画出其正等测图。

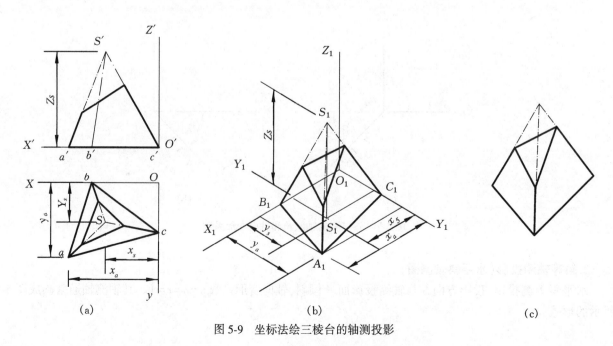

图 5-9 坐标法绘三棱台的轴测投影

【解】 作图过程如图 5-9 所示。

作图步骤：

(1) 在正投影图上确定坐标系(见图 5-9(a))。

(2) 画正等轴测轴(见图 5-9(b))。

(3) 根据各点坐标作各点的轴测图(见图 5-9(b))。

(4) 连线,整理加深图线(见图 5-9(c))。

2. 叠加法

将叠加式的组合体,通过形体分析,分解成几个基本形体,再依次按其相对位置逐个地画出各个部分,最后得到组合体的轴测图。

【例 5-2】 已知形体的正投影图(见图 5-10(a)),作出其正等轴测图。

【解】 作图过程如图 5-10 所示。

作图步骤：

(1) 在正投影图上确定坐标系(见图 5-10(a))。

(2) 画正等轴测轴,根据 X_1,Y_1,Z_1 作底部带圆角的柱体(见图 5-10(b),(c))。

(3) 作上部圆柱体(见图 5-10(d))。

(4) 整理加深图线(见图 5-10(e))。

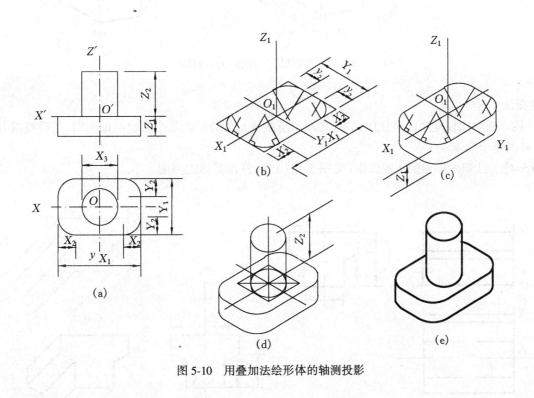

图 5-10 用叠加法绘形体的轴测投影

3. 切割法

从基本形体切割而成的形体,可先画出基本体,然后进行切割,得出形体的轴测图。

【例 5-3】 已知形体的正投影图(见图 5-11(a)),作出其水平斜轴测图。

【解】 作图过程如图 5-11 所示。

作图步骤：

(1) 在正投影图上选择确定坐标系(见图 5-11(a))。

(2) 画斜等轴测轴(如图 5-11(b))。

(3) 根据 X_1,Y_1,Z_1 方向长度画长方体(见图 5-11(b))。

(4) 在长方体左上角切去一小长方体(见图 5-11(c))。

(5) 再切去左前方的一小角(见图 5-11(d))。
(6) 整理加深图线(见图 5-11(e))。

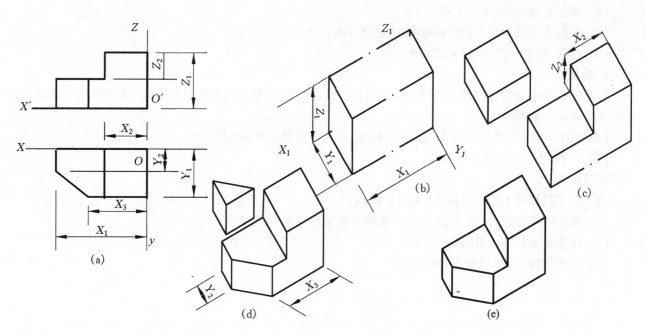

图 5-11 用切割法绘形体的轴测投影

4.端面法

凡是某一端面比较复杂的棱柱体,最好先画出反映该形体特征的那个端面的轴测图,然后根据另一方向的尺寸,画出整个形体。

【例 5-4】 已知 T 形梁的正投影图(见图 5-12(a)),作出其斜二测图。

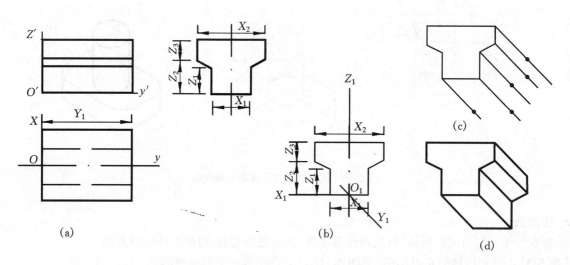

图 5-12 用端面法绘形体的轴测投影

【解】 作图过程如图 5-12 所示。

作图步骤:

(1) 在正投影图上确定坐标系(见图 5-12(a))。
(2) 画斜二轴测轴(见图 5-12(b))。
(3) 根据 Z 向和 X 向长度画出左端面的斜二测图(见图 5-12(b))。

(4) 过左端面上各点作 Y_1 轴的平行线,在各平行线上截取梁的 $Y_1/2$ 长度(见图 5-12(c))。
(5) 整理加深图线得 T 形梁的斜二轴测图(见图 5-12(d))。

5. 综合法

对于较复杂的组合体,可先分析其组合特征,然后综合运用上述方法,画出其轴测图。

【例 5-5】 已知台阶的正投影图(见图 5-13(a)),作出其正等轴测图。

【解】 作图过程如图 5-13 所示。

作图步骤:

(1) 在正投影图上确定坐标系(见图 5-13(a))。
(2) 画正等轴测轴(见图 5-13(b))。
(3) 根据 X_1, Y_1, Z_1 画出长方体的轴测图(见图 5-13(b))。
(4) 用切割法将长方体切去一角,得出台阶的左侧栏板墙(见图 5-13(c))。
(5) 同理得出台阶的右侧栏板墙(见图 5-13(c))。
(6) 画踏步端面。可在右侧栏板的内侧面上,先按踏步的侧面投影形状,画出踏步端面的轴测图(见图 5-13(d))。
(7) 过踏步端面各顶点作 O_1X_1 轴的平行线,得踏步(见图 5-13(d))。
(8) 整理加深图线,得台阶的正等轴测图(见图 5-13(e))。

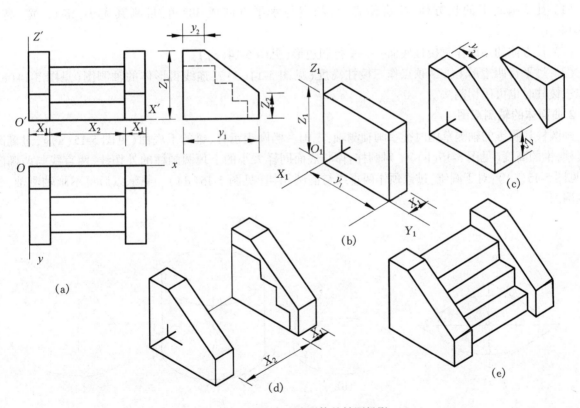

图 5-13 用综合法绘形体的轴测投影

5.4.2 轴测草图的画法

在第 1 章制图基本知识中,我们学习了徒手绘草图的方法。在画形体的轴测草图时,应运用前面所学的绘直线、角度、圆、椭圆等草图的方法,结合轴测图的特点、基本规定、基本作图方法来画形体的轴测草图。

1. 平面体的轴测草图

如图 5-14 所示,根据投影图作正等轴测草图。

通过读形体的正投影图,分析其特点:图 5-14(a)所示为一长方体正中上方放一直角三棱柱。

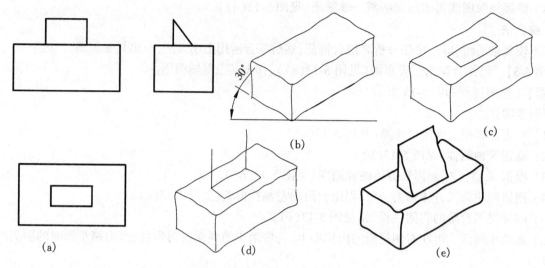

图 5-14 画平面体的轴测草图

作图步骤:

(1) 徒手画底下的长方体;高度铅直,长和宽与水平方向成 30°角,目测其大小,定长、宽、高(见图 5-14(b))。

(2) 长方体的顶面作三棱柱底面——平行四边形(见图 5-14(c))。

(3) 过平行四边形上方两顶点作三棱柱高度(见图 5-14(d)),连线得形体的轴测图(见图 5-14(e))。在作三棱柱时也可用切割法。

2. 曲面体的轴测草图

画圆柱和圆锥的轴测草图时徒手画轴测轴,先画一椭圆表示柱、锥的下底面(见图 5-15(a)),过椭圆圆心竖柱、锥的高度(见图 5-15(b))。对圆柱:作与底面同样大小的上顶圆画柱的外切线,两直线与两椭圆相切(见图 5-15(c));对于圆锥:过锥顶作两直线与椭圆相切(见图 5-15(d))。熟练以后可不画轴测轴,直接画轴测图。

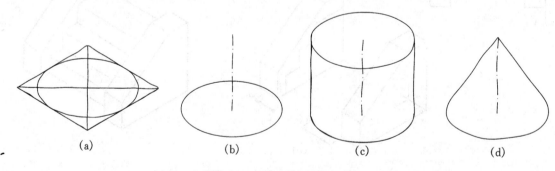

图 5-15 画曲面体的轴测草图

第6章 组 合 体

由两个及以上基本形体(简称基本体)叠加而成的物体,或由多个截面切挖同一基本体而成的物体,称为组合体。由若干个组合体可形成复杂的土木工程建筑物。本章讨论组合体的构成、画法、尺寸注法和阅读方法。

6.1 组合体的构成

组合体的构成有三种方式,即叠加方式、切挖方式和综合方式。

6.1.1 叠加式组合体

将基本体叠加在一起的基本方式常有以下几种。

1. 竖向叠加

基本体在高度方向叠加后可构成组合体。图6-1(a)表达的组合体,可以看成三个基本体叠加而成。其中基本体Ⅱ叠加在基本体Ⅰ之上,如图6-1(b)所示。

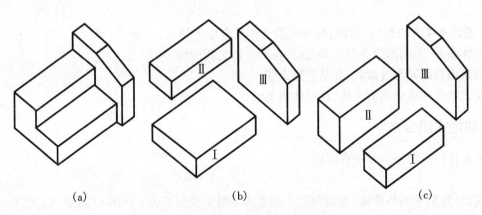

图 6-1 竖向、水平叠加式组合体

2. 水平叠加

基本体在水平方向叠加后可构成组合体。图6-1(a)表达的组合体,也可以看成基本体Ⅰ叠加在基本体Ⅱ之前,形体Ⅲ叠加在基本体Ⅰ、Ⅱ之右,如图6-1(c)所示。

3. 相切

平面形体和曲面形体在叠加时,棱面光滑过渡到曲面,或一个曲面与另一曲面在叠加时,两曲面间是光滑过渡的方式,称为相切。形体相切后可构成组合体。图6-2(a)表达的组合体,是图6-2(b)所示的三个形体在叠加时,形体Ⅱ的前、后两个棱面分别与形体Ⅰ和基本体Ⅲ表面相切所组成。图6-3(a)表达的组合体,是图6-3(b)所示的圆锥面、部分圆球面和圆柱面在叠加时,圆球面分别与圆锥面和圆柱面表面相切所组成。

4. 相交

两形体在叠加时,相邻表面发生相交,可构成组合体。图6-4(a)是图6-4(b)中的平面体和曲面体表面相交后所构成的组合体。

(a) (b)

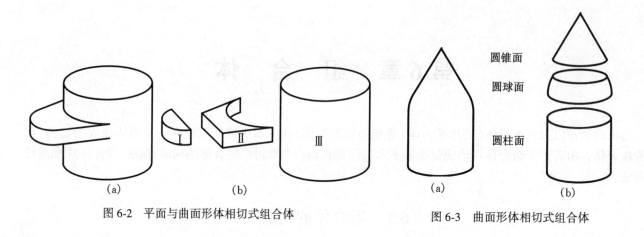

图 6-2 平面与曲面形体相切式组合体

(a) (b)

图 6-3 曲面形体相切式组合体

(a) (b)

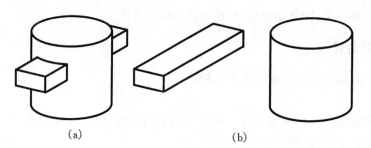

图 6-4 相交式组合体

由图 6-1 至图 6-4 中的图(a)看出,叠加式组合体具有以下特点。

(1) 两形体叠加,若端面靠齐形成共面时,在两形体之间无线。

(2) 相切式组合体光滑过渡时,在结合处无线。

(3) 相交式组合体在表面有交线,在形体内无线。

6.1.2 切挖式组合体

切挖式组合体构成的基本方式有两种。

1. 切割

由多个截面(包括平面和曲面)在切割同一基本体后可形成组合体。图 6-5(a)所示的组合体,是由九个截平面切割四棱柱后所形成,如图 6-5(b)所示。

(a) (b)

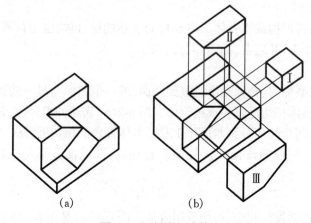

图 6-5 切割式组合体

2. 挖孔

由多个截面（包括平面和曲面）在同一基本体上挖出孔洞后可形成组合体。图 6-6 所示组合体，是在圆柱体上用四个截平面挖出形体Ⅰ，再用圆截面挖出一直径较小的圆柱体Ⅱ后所形成。

由图 6-5~图 6-7 看出，切挖式组合体具有以下特点。

（1）不平行投影面的截平面切割形体后，交线的投影必有类似形。平行投影面的平面切割形体后，交线的投影必有积聚性。

（2）相邻两个不共面的截面切挖形体后，会产生交线。

（3）切挖了形体外形线后，由交线替代轮廓线。

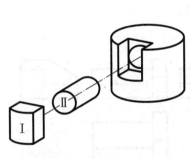

图 6-6 挖孔式组合体

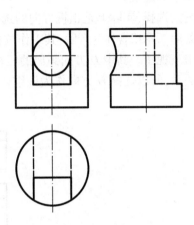

图 6-7 挖孔式组合体投影

6.1.3 综合式组合体

在组合体中既有叠加方式，又有切挖方式的综合式组合体最为常见。图 6-8(a)所示为叠加式，图 6-8(b)所示是在叠加式组合体上再进行切挖，最后形成的立体即为综合式组合体。

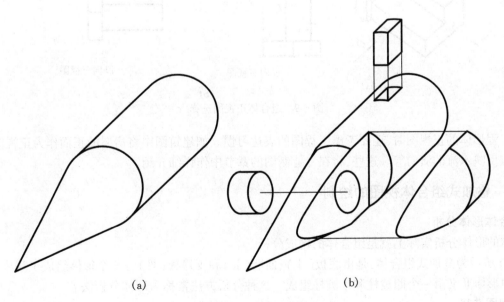

图 6-8 综合式组合体

综合式组合体的特点就是叠加式和切挖式组合体特点的总和。

6.2 组合体三视图绘制

在工程制图中,把组合体的正面投影称为正视图,水平投影称为俯视图,侧面投影称为侧视图,统称为组合体的三视图。在土木工程制图中,把这三个视图分别称为正立面图、平面图和侧立面图。

6.2.1 组合体正视图的选择

组合体应按工作位置放置,选择正视图应尽量反映组合体的形状特征和各组成部分的相对位置,尽可能减少三视图中的虚线。

正视图的选择,实际上是正视方向的选择。

图6-9(a)所示组合体为台阶,其工作位置明显。围绕组合体可有A、B、C和D四个投射方向。图6-9(b)画出了四组三视图。其中D方向画出的三视图中没有虚线,正视图清楚地反映了组合体各部分的上下、左右的组合关系,所以选择D方向作为该组合体的正视方向比较合适。

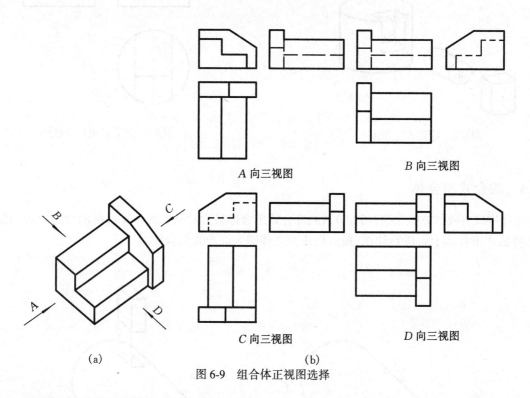

图6-9 组合体正视图选择

选择工程形体的正视图时,还要考虑工程图的表达习惯。如建筑图中将房屋的正面作为正视图,水工图中正视图应反映水流的流向等。这些,将在专业制图的章节中作详细介绍。

6.2.2 叠加式组合体视图的绘制

1. 组合体形体分析

组合体的形体分析实际上就是组合体的构成分析。

图6-10所示为叠加式组合体,是由底板(Ⅰ)、面墙(Ⅱ)和支撑板(Ⅲ)等三个形体组成工程中常见的挡土墙。其中形体Ⅱ又由一个四棱柱和半圆柱组成。这种分析方法常称为形体分析法。

2. 正视图选择

根据挡土墙的工作位置,考虑各组成部分相对位置的表达,以及尽可能减少视图中的虚线,选择A向为正视图的投射方向,如图6-10(a)所示。

3. 图幅选择

了解组合体总长、总宽和总高,计算视图可能占有的长和宽。

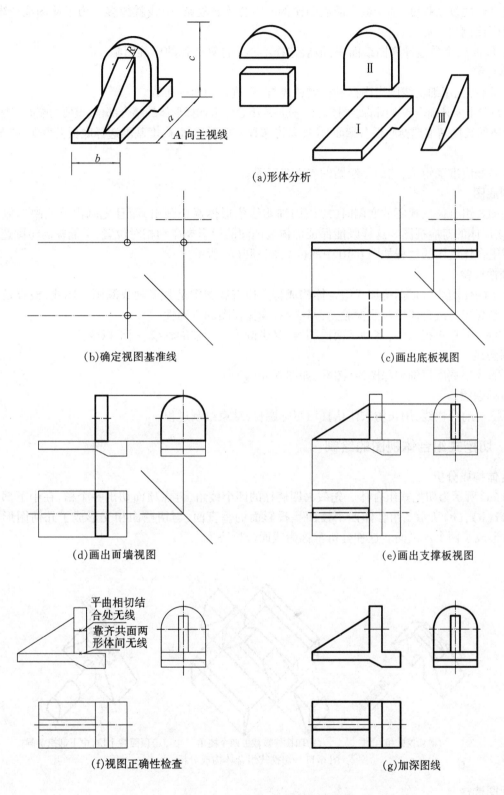

图 6-10 叠加式组合体画图步骤

该组合体的长为 a,宽为 b,高为 c,高度方向尺寸线有 3 条(尺寸线间距为 7 mm),正视图和侧视图的图间距设为 d,考虑图线不能紧贴图框,两边共留出 $2d$,因此在图纸上所占长度 L 为

$$L=a+b+3d+3\times 7$$

在图纸上所占宽度(同理计算) B 为

$$B=c+b+3d+n\times 7$$

其中,n 为尺寸线条数。

分析组合体的复杂程度,选择适当的绘图比例。组合体越复杂,图线就越多。为了使图线清晰可读,就要选择好绘图比例(1:m)。

由 L、B 和 m 三个数值计算图纸面积,最后选择不小于计算面积的标准图幅。

4. 图面布置

确定图幅后,先用细实线画出图框和标题栏外框,后进行图面的布置。

图面的布置主要是确定各视图的绘图基准。叠加式组合体常选择形体的结合部位、重要的端面、对称线等。

该组合体的长度基准选择底板右端面,宽度基准选择前后对称面,高度基准选择底板上表面,如图 6-10(b)所示。

各视图基准应准确定位,它们是绘图的参考坐标系。

5. 绘制底图

绘制叠加式组合体三视图的底图时,应该用细实线依形体逐个画出,而且先画出能反映形体特征的视图,再画出该形体的对应视图。这样既能保证形体视图间的投影规律和相对位置,又能提高绘图速度。

绘制该组合体底图的过程如图 6-10 中的(c),(d)和(e)所示。

6. 正确性检验

擦去多余的作图线。根据叠加式组合体构成特点检查底图中是否多画或漏画了图线,检查是否错画了线型。用所绘视图与组合体作对照检验,有错必纠,确保视图的正确性。

例如,图 6-10(f)正视图中,多画了两段图线,又少画了半圆柱的轴线,应予以改正。

7. 加深图线

用规定的线型宽度仔细加深图线、图框,如图 6-10(g)所示。

8. 填写标题栏

画出标题栏的分栏线,用长仿宋体认真填写标题栏,结束绘制过程。

6.2.3 切挖式组合体视图的绘制

1. 组合体构成分析

图 6-11(a)所示为切挖式组合体。先截去四棱柱的四个棱角,再在顶面切出一个槽,在中下部挖出一个洞,如图 6-11(b),(c)所示。组合体四个棱面呈投影面的垂直面,与切挖面相交形成了几何图形Ⅰ,Ⅱ面。顶面被切后形成了两个水平面。这种分析常称为线面分析法。

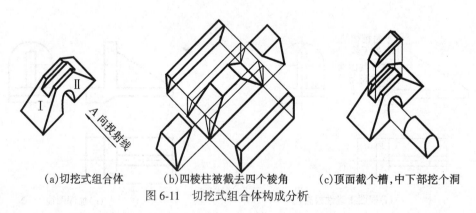

(a)切挖式组合体　　(b)四棱柱被截去四个棱角　　(c)顶面截个槽,中下部挖个洞

图 6-11　切挖式组合体构成分析

2. 正视图选择

考虑水槽的工作位置,选择 A 向为正视图的视线方向,如图 6-11(a)所示。

3. 图幅选择

切挖式组合体与叠加式组合体的图幅选择方法相同。

4. 图面布置

切挖式组合体常选择基本体的角点、对称线等作为绘图的基准点。

该组合体选择四棱柱的右、下、后角点为绘图基准,如图 6-12(a)所示。

5. 绘制底图

绘制切挖式组合体三视图的底图时,应该用细实线先画基本体,后逐个画出切挖面与形体的交线。当画出一个断面交线的视图后,就随即画该交线的对应视图。这样既能保证交线的图形对应,又能提高绘图速度。

绘制该组合体底图的过程见图 6-12 中的(b)、(c)和(d)。

6. 正确性检验

擦去多余的作图线。根据切挖式组合体构成特点,检查倾斜投影面的平面图形的类似形是否正确,基本体外形线被切挖后图线还是否存在。用所绘视图与组合体作对照检验,确保视图的正确性。

图 6-12(e)中还存在 6 段被切挖掉的外形线,应予以擦除。

7. 图线加深

用规定的线型宽度仔细加深图线,并注意虚线画法,如图 6-12(f)所示。

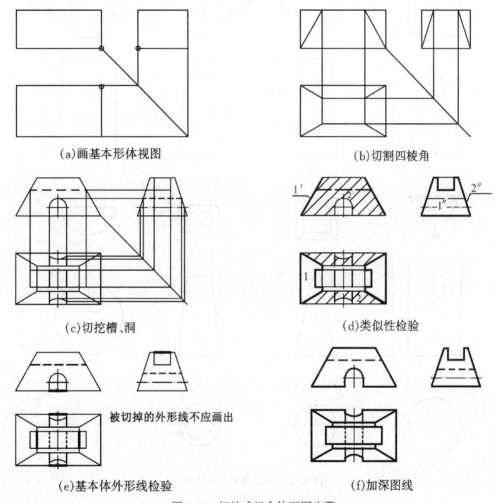

图 6-12 切挖式组合体画图步骤

6.3 组合体视图的尺寸标注

组合体视图只能反映组合体的几何形状。组合体中各个形体的大小,形体之间相互位置的大小,以及组合体总体的大小,都要由标注尺寸来确定。组合体视图尺寸标注的要求是正确、齐全、清晰与合理。

6.3.1 尺寸标注的基本要求

在标注尺寸时,尺寸要素应符合制图标准,尺寸数字应正确无误。

要确定组合体中各形体大小,各形体之间相互位置的大小,以及组合体大小,因此,组合体的尺寸就有三种类型,即组合体中各形体的定形尺寸,形体的定位尺寸,组合体的总体尺寸。

1. 定形尺寸

这类尺寸的标注对象是基本体。图 6-13 中给出了几种常见基本体的尺寸标注法。通过基本体的视图和标注的尺寸,已完全确定了各个形体的几何形状和大小。

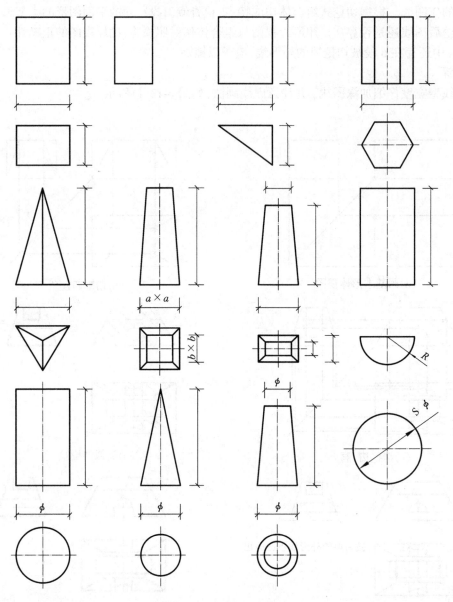

图 6-13 基本体尺寸标注法

2. 定位尺寸

这类尺寸的标注对象仍然是基本体,但不是要确定基本体本身的大小,而是要确定基本体在组合体中的具体位置。因此,在组合体中先要确定基本体位置的尺寸基准,后标注基本体的定位尺寸。

3. 总体尺寸

这类尺寸的标注对象是组合体,标注组合体的总长、总宽和总高尺寸。

6.3.2 组合体尺寸标注法

组合体的尺寸标注要达到基本要求,首先应对组合体进行形体分析,准确画出组合体视图,然后,在形体分析的基础上认真、仔细地标注尺寸。

图 6-10 所示组合体,经过形体分析知道是由底板、面墙和支撑板等三个形体所组成的土木工程中常见

的挡土墙。下面为挡土墙视图标注尺寸,并以此例说明组合体的尺寸标注法。

1. 为各形体标注定形尺寸

为挡土墙的底板、面墙和支撑板形体标注长、宽和高三个方向的定形尺寸,如图6-14(a),(b),(c)所示。

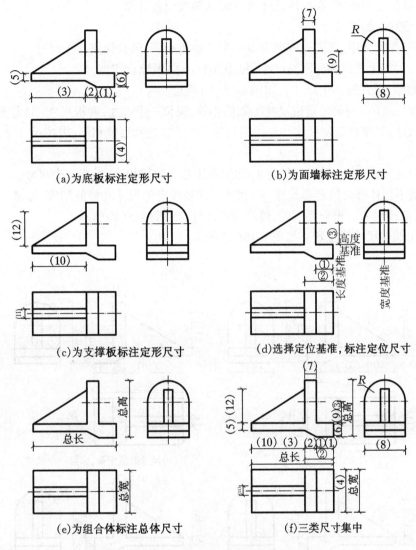

图 6-14 组合体尺寸标注法

2. 为各形体标注定位尺寸

图 6-14(d)是为各形体标注定位尺寸,在底板右端面的前后对称面上选择长、宽和高三个方向的尺寸基准点。其中尺寸①为面墙确定长度方向位置,尺寸②为支撑板确定长度方向位置,尺寸③为半圆柱轴线确定高度位置。

3. 为组合体标注总体尺寸

图 6-14(e)是为组合体标注总体尺寸,图 6-14(f)是将三类尺寸集中。

6.3.3 尺寸标注应清晰与合理

组合体视图标注的尺寸是工程施工的重要依据。为了看图人员能快速、准确地理解尺寸的含义,要求在尺寸标注时,应使尺寸排列整齐,清晰明了,并考虑施工的合理性。

1. 组合体尺寸标注应清晰

(1) 组合体一个视图上的尺寸标注应遵循平面图形尺寸标注的有关规定。如尺寸线要靠近被标注线段;尺寸线间距要相等;同方向小尺寸要排列在一条尺寸线上;小尺寸靠内,大尺寸在外;不允许任何图线穿过尺寸数字等。

(2) 两个视图的共有尺寸应标注在两视图之间。

(3) 标注回转体直径应尽量标注在非圆的视图上,标注一部分回转体半径应标注在圆弧的视图上。如果回转体位于组合体的极限位置,在标注总体尺寸时从轴线位置计算。

(4) 尽量不在虚线上标注尺寸。

(5) 组合体的三类尺寸中,若同一方向有多个尺寸数值相同,可只保留一个尺寸。

根据以上要求,对挡土墙视图标注的尺寸(见图6-15(a))做综合调整。

(1) 相同尺寸数值,只保留一个尺寸。如图6-15(b)所示。

长度方向:底板尺寸(1)与面墙定位尺寸①数值相等,保留一个尺寸;底板尺寸(3)与支撑板尺寸(10)数值相等,保留一个尺寸;支撑板定位尺寸②与底板尺寸(1),(2)之和数值相等,去掉尺寸②,认为面墙为长度方向的辅助基准。

宽度方向:底板宽尺寸(4)、面墙宽尺寸(8)和组合体总宽数值相等,保留一个尺寸。

高度方向:面墙平面体部分的定形尺寸(9)和半圆柱轴线定位尺寸③数值相等,保留一个尺寸。

(2) 检查错误,修改尺寸。根据要求③,修改总高尺寸,如图6-15(c)所示。

(3) 根据要求①调整尺寸线位置。如图6-15(d)所示。

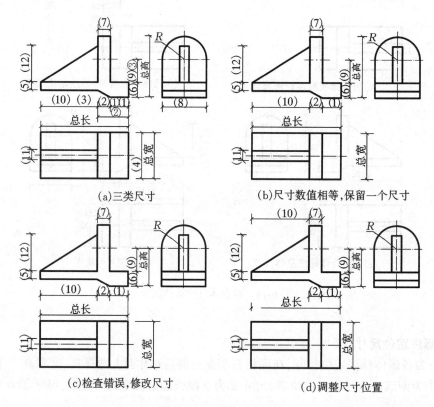

图 6-15 尺寸标注应清晰

2. 尺寸标注应合理

组合体出现在工程建筑物中,就是建筑物的局部结构。组合体的尺寸标注就是建筑物局部结构的尺寸标注。因此,尺寸标注还应符合工程施工要求。

尺寸标注合理性之一,就是定位尺寸的基准确定。

在图6-16中,挡土墙的高度尺寸标注基准选择在面墙顶部,就要增加支撑板、半圆柱轴线的定位尺寸④和⑤,还要修改总高数值。虽然满足尺寸齐全和清晰要求,但是定位尺寸指导挡土墙从上向下修建,这不符合挡土墙由下往上修建的施工过程。所以挡土墙的高度尺寸标注基准选择在面墙顶部是不合理的。

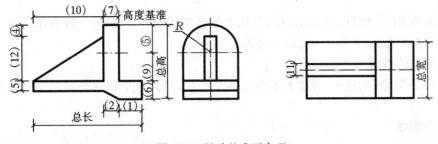

图 6-16 尺寸基准不合理

6.4 组合体三视图阅读

视图的绘制能培养由物及图的图示、图解能力,视图的阅读可培养由图及物的空间思维能力。两者相辅相成。阅读组合体三视图常采用形体分析法和线面分析法。

6.4.1 图线分析

视图中的图线或线框,可能有多种几何意义。了解它们的多义性,有利于视图的阅读。图 6-17 中用粗

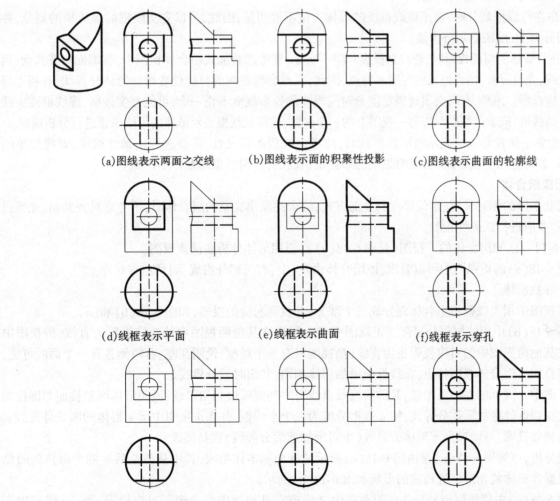

图 6-17 图线分析

线说明了以下几种的可能性。

1. 一条图线

视图中的一条实线(或虚线),可能表示组合体上相邻两截面的交线,也可能表示组合体上一局部表面垂直于图线所在的投影面,还可能表示曲面的外形轮廓线。

2. 多条图线围成的线框

视图中由多条图线围成的线框,可能表示组合体上一局部表面(平面或曲面),也可能表示组合体被切挖的孔洞。

3. 线框中间有图线

线框中间有图线,则表示相邻两面不共面。可能是两面的位置错动,也可能是相邻两面的交线。线框套线框可能是两面相交,也可能是两面位置错动。

6.4.2 叠加式组合体视图阅读

叠加式组合体主要由若干个基本体经过叠加或相切或相交组成。阅读视图时,只要能找到这些基本体的投影,想象出它们的形状,再根据基本体的相对位置和叠加方式,想象出完整的组合体就不困难。

可见,阅读叠加式组合体视图有两个分析阶段,即寻找形体和想象组合体。常用方法就是形体分析法。

1. 寻找形体

形体的视图总是由线框表示。寻找形体的具体做法是:

在组合体特征明显的视图上,用投影线框将视图划分为若干部分;逐一找出线框的对应投影;想象一组投影线框表示的形体形状。

每步骤都有应该注意的问题:

(1)在进行线框划分时,由于虚线框反映形体方位不够明显,因此,可以先实线框后虚线框的划分,并以实线框划分为主,虚线框划分为辅。

(2)在找线框的对应投影时,若线框投影对应不明显,要考虑叠加式组合体视图中,有端面对齐共面,两形体之间无线;光滑过渡,结合处无线等图示特点,因此,在投影线框内的可能位置增加形体分界线,有利于寻找线框的对应投影。另外,有时会出现满足度量对应规律的投影线框不止一个,可能有实线框、虚线框或实线和虚线围成的线框,或多个线框对应另一视图上的一个线框,这应从线框表示形体的可能位置进行分析确定。

(3)想象一组投影线框表示的形体形状时,应考虑线框的多义性,需要进行正确性检验,即将想象的形体作投影,若符合给定投影线框,说明想象的形体是正确的,否则想象的形体不正确。

2. 想象组合体

根据基本体的相对位置、定位尺寸和叠加方式,综合想象出完整的组合体时,不考虑对齐共面、光滑过渡的分界线,并应进行正确性检验。

【例6-1】 已知组合体的三视图(见图6-18(a)),应用形体分析法读懂视图。

从图6-18(a)的正视图中可以看出,该组合体由左、中、右三部分组成,而且左右对称。

(1) 寻找形体。

在正视图中用大线框将组合体划分成三个部分,并找到对应的投影,如图6-18(b)和(e)。

在图6-18(b)中用线框划分局部。正视图中三个线框在其他两视图中的对应投影为直线,俯视图中三个线框在其他两视图中的对应投影也为直线,侧视图只有一个线框,说明在左、右两侧各有一个面的可能。

考虑叠加式组合体视图特点,在线框中增加形体相切、共面时的分界线。

俯视图中 a 线框的左右外形线,是前后两段直线与中间圆弧段相切组成,说明形体间是棱面与圆柱面相切。因此在切点处增加形体分界线,使 a 线框分解为三个小线框,并在正视图中增加形体的两条外形线;b,c 两线框的侧面投影,可增加上下形体分界线(也可增加前后分界线)就易阅读。

通过分析,可知图6-18(b)是由图6-18(c)所示的五个基本体组成,其中从前至后第四个形体的两侧是柱面。根据各形体的相对位置构成的形状如图6-18(d)所示。

在图6-18(e)中用线框划分局部。俯视图中 d 线框在其他视图中找到了对应投影,而 e,f 线框则找不到。观察 d,e,f 线框内侧边线是直线与圆弧相切,说明棱面与圆柱面之间是相切方式;外侧边线为折线,说明是棱面相交。

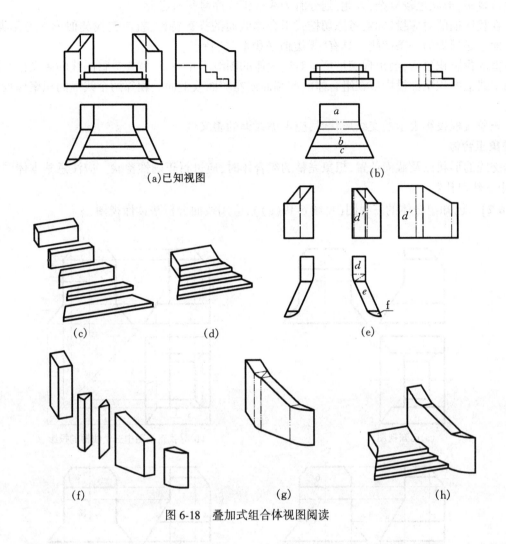

图6-18 叠加式组合体视图阅读

在 d 线框中增加形体分界线,使 D 形体分解为三个基本体,即四棱柱、圆柱和三棱柱。在正视图和侧视图中增加 E,F 形体相切过渡线,分解为两个基本体。

通过组成分析,可知图6-18(e)是由图6-18(f)所示的五个形体组成,根据各形体的相对位置构成的形状如图6-18(g)所示。

(2) 想象组合体。

将图6-18(d)与图6-18(g)所示的形体以后端面对齐共面方式叠加,得到如图6-18(h)所示形状,再加上图6-18(g)所示形体的对称体,就想象出了图6-18(a)组合体视图的空间形状。

进行正确性检验时应考虑对齐共面、光滑过渡处无线等叠加式组合体的投影特点。

6.4.3 切挖式组合体视图阅读

切挖式组合体是由多个截面切割或切挖同一基本体后所形成。阅读视图时,只要能找到交线的投影,想象出它们的形状,再根据交线形状以及截面位置,想象出完整的组合体也不困难。

可见,阅读切挖式组合体视图也有两个分析阶段,即寻找交线和想象组合体。常采用的方法是线面分析法。

1. 寻找交线

交线的投影至少有一个是由线框表示。寻找交线的具体做法是:

在组合体特征明显的视图上,用线框将视图划分为若干部分;逐一找出线框的对应投影;想象线框表示的交线形状。

每步骤也有应该注意的问题:

（1）在进行线框划分时，也以实线框投影划分为主，先大框后小框的划分。考虑切挖式组合体交线的投影线框边数较多，形状也较复杂，因此，划分时为线框编注序号很有必要。

（2）在找线框的对应投影时，考虑切挖式组合体截面的投影特性，就应先找类似形。若无类似形，线框在该投影面上必积聚为一条图线。具有"无类似必积聚"的特点。

当线框的投影积聚后，会出现满足度量对应规律的图线不止一条，就要进行图线的多义性和线框的线型分析。如实线框的积聚性投影应在组合体的前端面或左端面或上面。相邻两个线框的积聚性投影不会在一条直线上。

（3）想象线框投影表示的交线形状时，应考虑线框的多义性。

2. 想象组合体

根据交线的形状以及截面位置，想象完整的组合体时，应进行正确性检验。应注意基本体的外形线若被切挖，则由交线段代替。

【**例 6-2**】 已知组合体的三视图（见图 6-19(a)），应用线面分析法读懂视图。

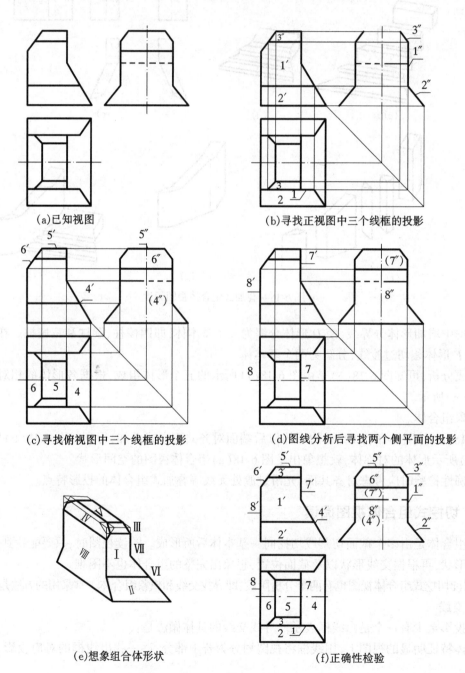

图 6-19 切挖式组合体视图阅读

(1) 寻找交线。

在正视图上划分线框 1′,2′ 和 3′;在俯视图中无 1′线框类似形必在其长度范围内积聚为直线;线框 2′ 和 3′ 有边数相等,顶点排序同向的类似形,则为对应投影;侧视图中都无类似形,在各线框的高度范围内积聚为直线。由平面的投影特性可以认为:线框 Ⅰ 为正平面,线框 Ⅱ,Ⅲ 为侧垂面。各线框形状如图 6-19(b)所示。

在俯视图上划分线框 4,5 和 6,在正视图中三个线框都无类似形必在各自的长度范围内积聚为直线;侧视图中线框 4″ 和 6″ 有边数相等,顶点排序同向的类似形,则为对应投影,线框 5″ 积聚为直线。由平面的投影特性可以认为:线框 Ⅳ,Ⅵ 为正垂面,线框 Ⅴ 为水平面。各线框形状如图 6-19(c)所示。

在侧视图虚线以上与外形线组成线框 7″,下部实线框记为 8″,在正、俯视图中都无类似形,积聚为直线。由平面的投影特性可以认为:两个线框都为侧平面。形状如图 6-19(d)所示。

组合体的底面记为 Ⅸ,是一水平面。

(2) 想象组合体。

根据交线的形状以及十二个面(包括Ⅰ,Ⅱ和Ⅲ面的对称面)的相对位置,想象组合体的形状如图 6-19(e)所示。

正确性检验如图 6-19(f),它与已知视图相同,说明想象的组合体正确。

综合式组合体视图的阅读方法,是叠加式组合体和切挖式组合体阅读方法的综合。组合体中的基本体叠加部分就采用形体分析法,对切挖式部分则采用线面分析法。

6.4.4 阅读组合体两视图补画第三视图

学习与掌握阅读组合体的两个视图,补画第三个视图的方法,能够提高图示、图解和空间思维能力。

根据能完整表达组合体形状的两个视图,补画第三个视图的基本方法步骤是:组合体构成分析、确定阅读方法;组合体视图阅读、想象组合体形状;补画第三视图;正确性检验及线型处理。

【例 6-3】 阅读图 6-20(a)中两个视图,补画第三视图。

(1) 组合体构成分析、确定阅读方法。

从两视图可以看出,视图表达了由五部分组成的综合式组合体。A,B 和 C 三部分(见图 6-20(a),(b),(c))因投影较简单,采用形体分析法,而 D 和 E 两部分(见图 6-20(d),(e))的投影较复杂则采用线面分析法。

(2) 组合体视图阅读、想象组合体形状。

形体 A 在工程中可作为底板。

形体 B 前后对称,两侧各被切挖了一个四棱柱,左右两端是平面与圆柱面相切,属于相切和切挖共同组成的较简单的综合式组合体,该组合体在工程中可作为闸门中墩,切挖掉的部位可作为闸门槽。

形体 C 是一个四棱柱,在柱顶将布置工作桥,因此可作为桥墩。根据 A,B,C 形体的相对位置想象形状如图 6-20(e)所示。

D、E 两部分形体对称于闸墩对称面,只需分析一部分。为分析方便,将 D 形体投影作了放大。

从图 6-20(g)的正视图中,划分出线框 1′ 和 2′,在俯视图找对应投影,有四边形线框 1 在长度范围内与线框 1′ 类似,为一般位置面;线框 2′ 无类似则积聚,为一正平面。

从俯视图中,划分出线框 3 和 4,在正视图找对应投影,无类似形与 3,4 线框对应必积聚,都为正垂面。

根据各个面的相对位置想象形状如图 6-20(h)所示,D,E 形体在工程中可作为弧形闸门的支座。

各部分组成的组合体形状如图 6-20(i)所示。

(3) 补画第三视图。

综合式组合体的画图方法,是叠加式组合体和切挖式组合体画图方法的综合。叠加部分采用形体分析法绘制,切挖式部分则采用线面分析法绘制。结果见图 6-20(j)。

(4) 正确性检验、线型处理。

用图 6-20(i)作正确性检验,无误后处理线型,完成组合体第三视图的绘制。

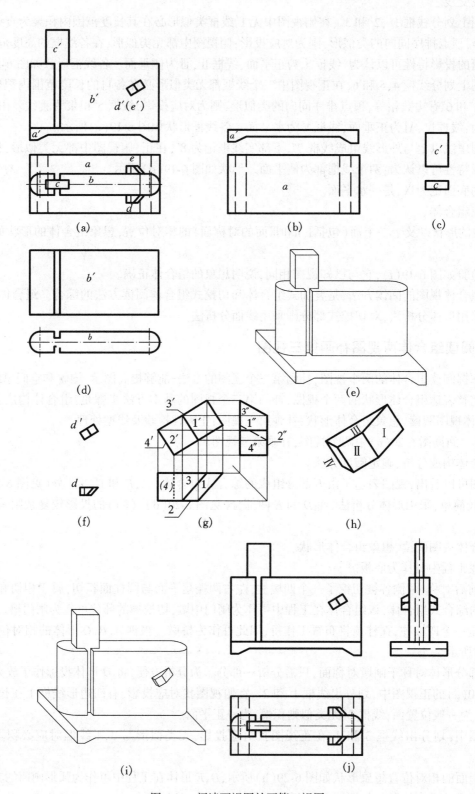

图 6-20 阅读两视图补画第三视图

第7章 透 视 图

7.1 概 述

7.1.1 透视图的概念

透视图和轴测图一样,是一种单面投影。目的都是绘制形体的立体图。不同之处在于轴测图是用平行投影法画出的图形,而透视图则是用中心投影法画出。用透视图绘制的立体图因与人们的视觉印象相符,故使人看图如同亲临其境、目睹实物一样。

如图7-1所示是一幅建筑物的街景图,图中逼真地反映了建筑物与街景的外貌特点,它就是用透视图的原理绘制的。在透视投影中,由于投影中心就是人的眼睛,因而使得同样大小的建筑物距眼睛近的,因视角大,在投影面上的尺度也大;距眼睛远的因视角小,表现在投影面上的尺度也小。因为是中心投影,相互平行但不与画面平行的线,其透视将不平行,延长后将交于一点,此点称为灭点;同样不平行于画面的相互平行的平面将有共同的灭线。这种"近大远小"和平行线、平行面有共同灭点、灭线的规律,是透视图的重要特点。

图7-1 建筑物、街景透视图

7.1.2 术语与规定

在学习透视图的作图方法前,必须了解掌握透视图中的有关术语及其规定,如图7-2所示。

基面(G)——形体所在的地平面。

画面(P)——绘制透视图的面。画面有平面形状,也有曲面形状。但通常仅采用平面状画面,一点透视和两点透视中画面与基面垂直,三点透视中画面倾斜于画面。

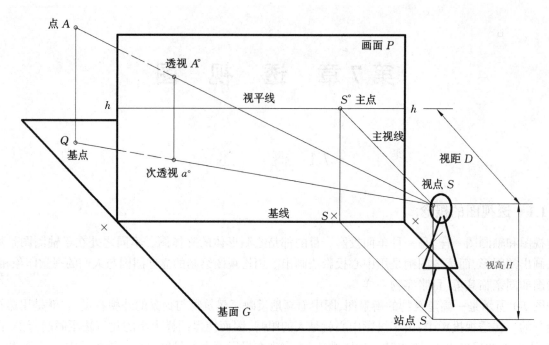

图 7-2 透视图的术语与符号

基线(X—X 或 GL)——画面与基面的交线。
视点(S)——相当于中心投影中的投影中心。
视高(H)——视点到基面的距离。
视距(D)——视点到画面的距离。
视导线(h-h)——透视点的水平视平面与画面的交线。
站点(s)——视点 S 的水平投影。
主点($s°$)——视点 S 的正投影(也称心点)。
主视线($Ss°$)——视点 S 与主点 $s°$ 的连线。

空间一点 A 与视点 S 的连线,它与画面的交点 $A°$,即为点 A 的透视,规定以后凡是几何形体的透视,均用表示几何形体本身相同的大写字母或数字并在右上角加"°"表示,点 A 的 H 面投影 a,也称为基点,其透视 $a°$ 称为 A 点的次透视。透视 $A°$ 与次透视 $a°$ 间连线 $A°a°$,称为联系线。

7.1.3 透视图的分类

当形体与画面处于不同的相对位置时,将有不同特点的透视图。

(1)平行透视:形体上有一组相互平行的主向轮廓线垂直于画面,其透视有一个灭点 $S°$,所以又称为一点透视。如图 7-3(a)所示。

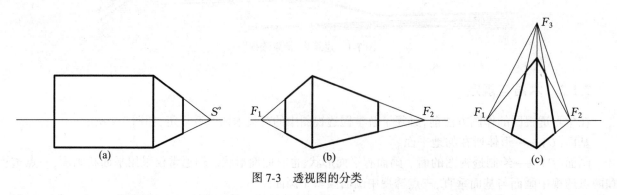

图 7-3 透视图的分类

(2) 成角透视:形体上的两个主要面与画面呈一定倾角时,此时在画面上出现两个灭点,所示又称二点透视,如图 7-3(b)所示。

(3) 斜透视:形体上的三个主要面均与画面产生倾角,此时在画面上产生三个灭点,所以又称三点透视,如图 7-3(c)所示。

7.2 透视图的作图

7.2.1 点的透视

点的透视,即为通过该点的视线与画面的交点,当一点在画面上,则其透视即为该点本身。

如图 7-4 所示,为求作空间点 A 的透视 $A°$。首先过点 A 作一条视线,即连直线 SA,然后求作视线 SA 与画面 P 的交点 $A°$,$A°$ 即为点 A 的透视。点的透视,可利用正投影法中求直线与 V 面的交点方法作出,此求法称其为正投影法。点 A 的 H 面和 V 面投影为 a 和 a',视点 S 的 H 面和 V 面投影为 s 和 $s°$,则视线 SA 的 V 面投影为连线 $s'a'$。因透视 $A°$ 在 V 面上,其 V 面投影即为本身,故 $A°$ 必在 $s'a'$ 上。又视线 SA 的 H 面投影为连线 sa。因 V 面上 $A°$ 的 H 面投影即在 sa 上,也在投影轴即基线 OX 上,而为它们的交点 $a°_x$,连系线 $A°a°_x$ 是投射线,必垂直于 $X—X$,故点 A 的透视 $A°$,位于该点的 H 面投影 a 和站点 S 之间连线 Sa 与 $X—X$ 交点 a_x 处竖直线上。其中,$a°$ 是 A 点的次透视。

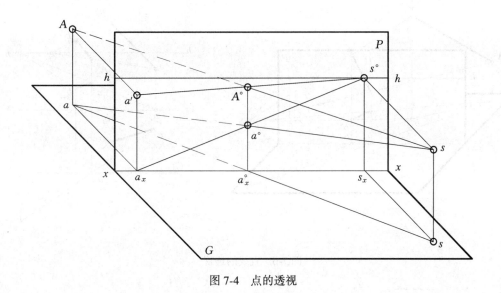

图 7-4 点的透视

在投影图中,已知条件如图 7-5(a)所示,以两面投影分列的形式给出。下方的图是将把基面 G 看做水平投影面,基线 GL 是画面 P 的积聚投影(即 $x—x$)。上方的图把画面 P 看成正投影面,$h—h$ 是视平线,$x—x$ 是基面的积聚投影。

求作过程见图 7-5(b)。在基面上连点 s 和 a,在画上连点 $s°$ 和 a';由 sa 和基线 GL 的交点 a_x 向上引垂线,与 $s°a'$ 交得 $A°$,与 $s°a_x$ 交得 $a°$。$A°$ 为点 A 的透视;$a°$ 为点 a 的透视,是 A 点的次透视。

7.2.2 直线的透视

直线的透视,一般情况下仍为直线;当直线的延长线通过视点时,其透视仅为一点。直线的透视,即为通过该直线的视平面与画面的交线。求直线的透视,也可视为求作直线上任意两点的透视。

如图 7-6 所示,直线 AB 的透视,是视平面 $\triangle ABS$ 与画面 P 的交线 $A°B°$。用求作 A,B 两点的透视的方法求作出 $A°,B°$,然后再以直线连接 $A°$ 和 $B°$,则 $A°B°$ 即为直线 AB 的透视。同理,直线 $a°b°$ 即为直线 AB 的水平投影 ab 的透视,称为直线 AB 的次透视。

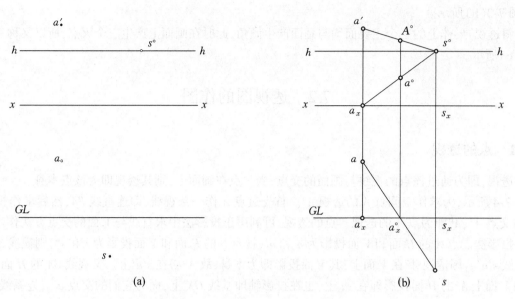

图 7-5 用视线迹点法作点的透视

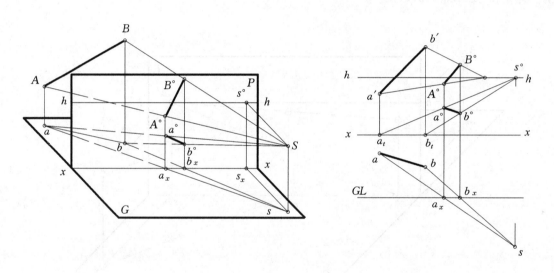

图 7-6 直线的透视

图 7-6 中直线 AB 的透视的求法是采用了点的透视求法,即称为正投影法。然而,工程上应用最多的是通过直线的灭点去求作其透视。

7.2.3 直线的灭点

在空间处于互相平行而不平行于画面的直线,其在透视图上是相交于一点的,这个点称为灭点,通常记为 F,在透视图的作图中,利用求作直线的灭点可以达到既快又好的效果。

直线灭点的位置,是平行于该直线的视线与画面的交点。图 7-7 中直观地展示了灭点的位置。

在图 7-7 中设已知直线 M 与画面相交 A_1,在 M 上任取一点 A_x,$(x=1,2,3\cdots)$其透视相应为 $A°_x$,随着 A_x 点在直线上逐渐远离交点 A_1,其透视 $A°_x$ 将沿画面上的一条线段 AF 逐渐移动而接近于点 F。A_x 点到达无限远时,通过站点的视线就平行于已知直线 M,其透高就到达点 F。这样的点 F 就称为直线 M 的灭点,点 A 是直线 M 的迹点,灭点和迹点的连线 AF 称为直线的全透视。

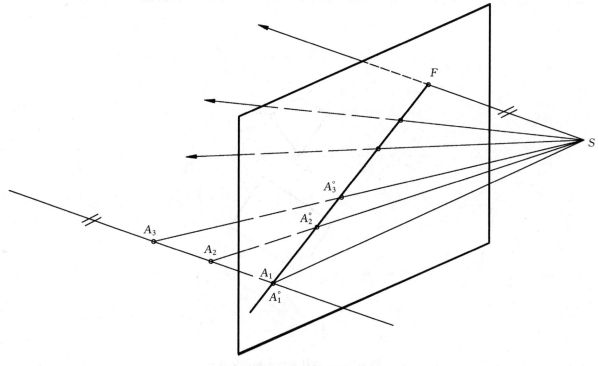

图 7-7 直线的灭点

在图 7-8 中给出了求作与画面相交的水平线灭点的基本作图方法。求作水平线 AB 的灭点,第一步过 S 作直线平行于 ab,交 GL 于 f;第二步过 f 作直线垂直于 X—X,交 h—h 于 F,F 即是直线 AB 的灭点。

位于画面上的铅垂线称为真高线。对于与基面有一定高度的水平线,可以利用真高线和灭点求作其透视。如图 7-9 所示,延长 ab 交 GL 于 b_x,过 b_x 作 x—x 的垂线以作出真高线 H,即可完成全图。

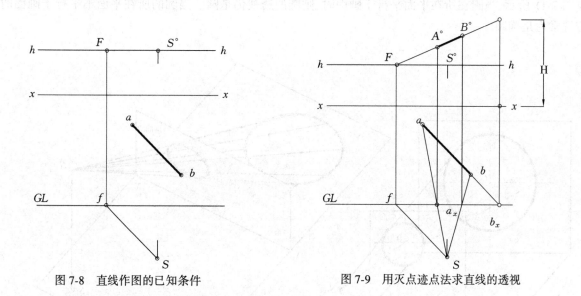

图 7-8 直线作图的已知条件　　　　图 7-9 用灭点迹点法求直线的透视

7.2.4 利用直线灭点求作平面的透视图

见图 7-10,求作位于基面上的平面图形 ABCD 的透视图。

由于相互平行而不与画面平行的直线有共同的灭点,由它们的灭点和迹点便可求出其透视,由站点 S 作两组直线的平行线与 GL 相交,向上引垂线在 h—h 上可得二灭点 F_1,F_2。将 BC,CD 两直线延长与 GL 相交

119

可得直线的迹点。然后在画面上将迹点与相应的灭点相连便可求得四条直线的透视,而它们所围成的图形即是所求平面透视图 $A°B°C°D°$。用这种方法求作平面透视图的方法,称为交线法。

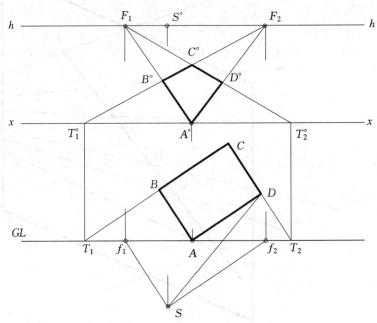

图 7-10　交线法求作平面的透视

如果所求平面不在基面上,而是距基面有一定的高度,则其灭点的位置仍不变,只是迹点位置将不在 X–X 上,也将相应地提高,其求法可参考图 7-9。

7.3　圆 的 透 视

如图 7-11 所示,当圆在所在平面平行于画面时,则圆的透视仍是圆。当圆的所在平面不平行于画面时,圆的透视常为是椭圆。

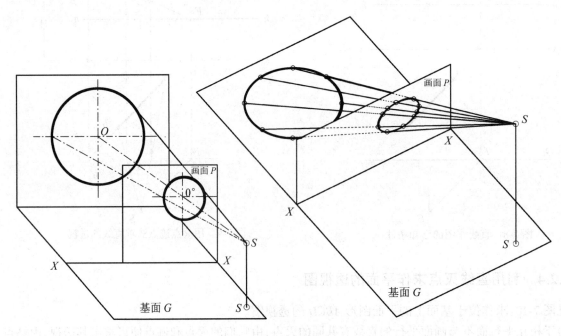

图 7-11　圆周透视分析

画圆的透视时,如果投影形成圆时,则应先求出圆心的位置和半径的透视长度,再用圆规画图。如果投影形成椭圆,则应先作出圆的外切四边形的透视,然后依照八点法求椭圆的方法,求出圆上的八个点的透视,再用曲线板连接成椭圆。

7.3.1 水平位置圆的透视

图 7-12 所示是求作一在基面上水平圆周的透视。作透视时,先求出外切正方形边线的灭点 F_1、F_2。然后应用视线法,作出正方形的透视 $A°B°C°D°$,连线 $A°C°$、$B°D°$ 为对角线的透视;交点即为圆心的透视。过交点作全透视与边线交得点 $1°$,$3°$,$5°$,$7°$,即四个切点的透视。至于对角线与圆周的四个交点的透视,则可利用通过每两点的两条平行线如 24,68,必平行边线 ab,且与另一组的一条边线如 ad 交于两点 9,10,此两点的透视 $9°$,$10°$,可用视线法求出,则连线 $9°F_1$,$10°F_1$,就与对角线交得 $2°$,$4°$,$6°$,$8°$ 四点。最后即可将所求的八点连成一个椭圆。

7.3.2 铅垂圆的透视

图 7-13 所示是作一个与画面成一定倾角但垂直于基面的圆周的透视,已知圆周的下端切于基面。作透视时,可使外切正方形的一边落在基面上。首先通过迹点 n 作出真高线,在真高线上截取圆心 $\overline{C}$ 和直径 $\overline{AD}$,圆周与对角线的交点位置 $\overline{1}$,$\overline{2}$,然后利用视线法完成外切正方形的透视 $A°D°B°E°$;再利用前一小节中的作图方法求出圆周上八点的透视,最终完成椭圆。

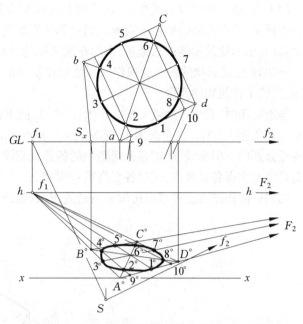

图 7-12 作水平圆透视

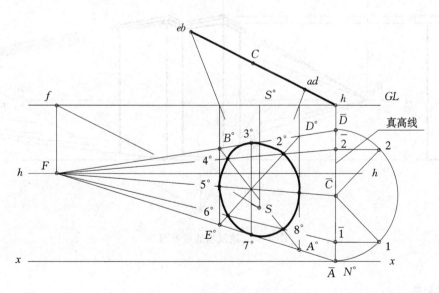

图 7-13 作铅垂圆的透视

7.4 立体的透视

要使得绘制的形体透视图达到预期的视觉效果,必须使画面、视点和立体三者之间的相对位置有一个合理的安排。本章不就此问题进行展开,读者可根据需要去查阅有关书籍。下面仅介绍两种常用的立体透视作图方法。

7.4.1 建筑师法

用灭点、迹点作直线的透视,以建筑物上可见交点的视线的水平投影与画面迹线 GL 的交点,确定可见面的透视宽度,以真高线确定所需确定的点和垂直线的透视高度,这样的作透视图的方法叫建筑师法。一般步骤:首先求出建筑形体的次透视,而后在次透视的基础上完成其立体透视。下面是画法举例。

图 7-14 是建筑物的两点透视作法。已知建筑物的平面图,画面位置及画面偏角已确定,图的左边是侧面图,反映了建筑物的高度。

作透视图时,首先过站点 s 作出 f_1,f_2,由 f_1,f_2 向下作垂线在 h–h 上得出灭点 F_1,F_2,从而定出 ab,cd,eg 和 bc,ed 的透视方向。在平面图中,把站点 s 与各点 a,b,c,d,e,g 连线,与画面迹线,(GL)交得相应各点,从这些点分别向下引垂线,可截得透视图中的各透视宽度。过 $A°$ 点作真高线,由侧面图中各高度点引水平线,在真高线上交得各真高点,通过各真高点与灭点 F_1,F_2 连线可截得各透视高度,从而完成该建筑物的透视图。用同样的作图方法可求出房屋屋顶的透视图,最终完成全图。

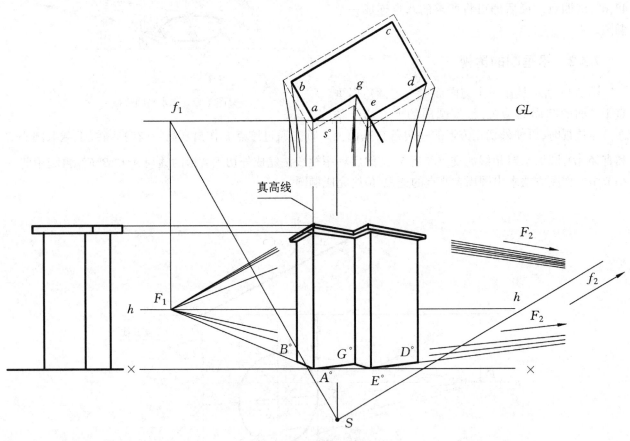

图 7-14 建筑物的透视图

7.4.2 网格法

网格法一般用于作建筑群、曲面体以及不规则平面建筑物的透视图,作图的基本步骤为:

(1)将限定要表现的建筑平面图范围,用网格围起来,网格的单位大小和可要据对控制图面上建筑物位置是否有利,是否便于作图而定。

(2)画出网格的透视面,并在网格的透视图内作出建筑物平面轮廓的透视。

(3)用绘制平面图的同一比例尺,在真高线上量取各建筑的高度。为了便了绘图,真高可集中在1~2条真高线上。从各真高点向灭点连线即可作出建筑物的高透视图,从而可作出其透视图。

图 7-15 是由网格法作建筑群的一点透视图。作图步骤如下:在图 7-15(a)所示的平面图上,作出正方形方格网,并对其网格线编号;在图 7-15(b)中所给定的 GL,$s°$ 与 $h-h$ 的条件下,由 $s°$ 向 GL 引垂线,取 $d_2 = \dfrac{视距}{10}$ 在视中线投影上得站点 S_1,从垂直于画面的网格边线 ab 端点 a,取 $d_1 = \dfrac{ab}{10}$ 在画面垂线上得点 b_1,连 $s_1 b_1$ 交 GL 得方格网角点 b 透视的横向位置控制点 b_x,从 b_x 作铅垂线与网格线 ab 的透视 $A°S°$ 相交得点 b 的透视 $B°$;从 GL 上的各网点向 $S°$ 作透视线与过点 $B°$ 和点 $10°$ 连线相交,再过它们的交点分别作水平线,即得网格的透视;在网络的透视上先画建筑物的平面图透视,再用真高线画出各建筑物的透视,最后完成全图。

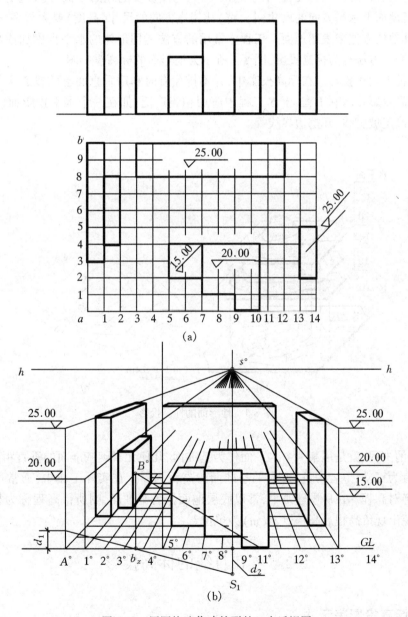

图 7-15 用网格法作建筑群的一点透视图

第8章 标高投影

8.1 概 述

用三视图表示空间形体准确、方便,但对于起伏不平,弯曲多变的地面形状,其不像建筑物和机件那么规则和轮廓分明,而且地面上水平方向的尺寸(长、宽)比铅直方向的尺寸(高度)要大得多,表达起来就非常不方便,为此需要用其他的方法来表达地面。工程上常用的方法是用形体的水平投影加注高程数值的方法表示山川、河流,这种表示方法称为标高投影,图8-1所示为地形面的标高投影图。

标高投影是一种单面正投影。在标高投影中,并不排斥有时利用垂直面上的投影来帮助解决标高投影中的某些问题。标高投影在水利工程、土木工程中应用相当广泛,如在一个水平投影面(平面图)上进行规划设计、道路设计、确定坡脚线、开挖边界线等。

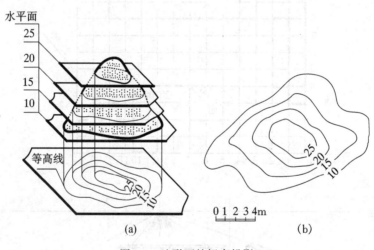

图8-1 地形面的标高投影

标高投影中所谓高程,就是用某一个水平面作为基准面,几何元素到基准面的垂直距离叫做该元素的高程,在基准面以上者为正,以下者为负,该水平基准面的高程为零。在实际工作中,通常用海平面作为基准面,所得高程称为绝对高程。在房屋建筑中,常以底层地面作为基准面,则所得高程称为相对高程。选择基准面时,要尽量避免出现负高程。高程以米(m)为单位。

8.2 点和直线的标高投影

8.2.1 点的标高投影表示法

由正投影知点的水平投影加正面投影就可完全确定点的空间位置,其中正面投影的作用是给出点的高度 Z 坐标。所以点的水平投影加注高程就确定了点的空间位置,这就是点的标高投影。

如图8-2(a)所示,点 A 在水平投影面 H 上方5 m,点 B 在水平投影面 H 下方4 m,以水平投影面 H 为基准面,作出空间已知点 A 和 B 在 H 面上的正投影 a 和 b,并在点 a 和 b 的右下角标注该点距 H 面的高度,所得的水平投影图为点 A 和 B 的标高投影图。

在标高投影中,设水平基准面 H 的高程为 0,基准面以上的高程为正,基准面以下的高程为负。在图 8-2(a)中,点 A 的高程为+5,记为 a_5,点 B 的高程为-4,记为 b_{-4}。在点的标高投影图中还画出了绘图比例尺,单位为米(m),也可用比例(如 1∶500),用于测量 AB 两点之间的距离,如图 8-2(b)所示。

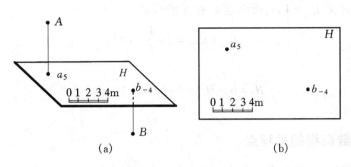

图 8-2　点的标高投影

8.2.2　直线的标高投影

1. 直线的坡度 i 和平距 l

直线上任意两点的高差与其水平距离之比,称为该直线的坡度,记为 i。

在图 8-3(a)中设直线上点 A 和 B 的高度差为 H,其水平距离为 L,直线对水平面的倾角为 α,则直线的坡度为:

$$i = \frac{H}{L} = \frac{1}{L/H} = \tan\alpha \tag{8-1}$$

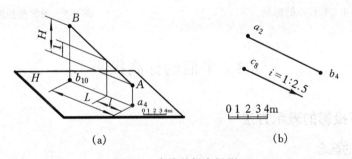

图 8-3　直线的标高投影

直线上任意两点 A 和 C 的高差为一个单位的水平距离,称为该直线的平距,记为 l。这时,$l = L/H$,则该直线的坡度可表示为:

$$i = 1 : l \tag{8-2}$$

从上式可知,坡度和平距互为倒数。坡度大,则平距小;坡度小,则平距大。

2. 直线的标高投影

直线是由两点确定的,因此,直线的标高投影可由直线上两点的标高投影确定。如图 8-3(b)所示,把直线上点 A 和 B 的标高投影 a_2 和 b_4 连成直线,即为直线 AB 的标高投影。当已知直线的坡度时,直线的标高投影也可以用直线上的一点的标高投影和直线的坡度 i 表示,如图 8-3(b)中用 C 点的标高投影 c_8 和直线的坡度 $i = 1:2.5$ 来表示直线,箭头表示直线下坡的方向。

【例 8-1】　已知直线 AB 的标高投影 $a_9 b_5$ 和直线上点 C 到点 A 的水平距离 $L = 4$(m),试求直线 AB 的坡度 i、平距 l 和点 C 的高程(见图 8-4)。

【解】　根据图中所给出的绘图比例尺,在图中量取点 a_9 和点 b_5 之间的距离为 10 m,于是可求得直线的坡度:

$$i = \frac{H}{L} = \frac{9-5}{10} = \frac{2}{5}$$

由此可求得直线的平距：

$$l = \frac{1}{i} = \frac{5}{2} = 2.5$$

又因为点 C 到 A 的水平距离 $L_{AC} = 4$ m，所以点 C 和 A 的高差：

$$H_{AC} = iL_{AC} = 2 \times \frac{4}{5} = 1.6$$

由此可求得点 C 的高程：

$$H_C = H_A - H_{AC} = 9 - 1.6 = 7.4 \; (\text{m})$$

记为 $c_{7.4}$，如图 8-4 所示。

8.2.3 直线上整数高程的高程点

在标高投影中，如何确定整数高程的点的位置，可以通过两种方法来求，其一是计算法，即根据高差、水平距离和坡度等已知条件计算出各整数高程点的水平距离，根据比例尺量取各点。其二是图解法。由于高差相同，所对应的水平距离也必然相等。故可利用线段比例分割的方法来图解各整数高程的标高点。作图方法如图 8-5 所示。

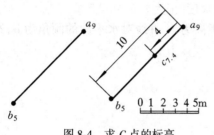

图 8-4 求 C 点的标高

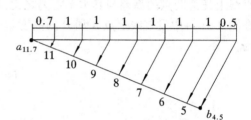

图 8-5 图解整数高程的标高点

8.3 平面的标高投影

8.3.1 平面标高投影的表示方法

1. 等高线、坡度线的概念

平面上的等高线就是平面上的水平线，也就是该平面与水平面的交线，如图 8-6(a) 所示。平面上的各等高线彼此平行，并且各等高线间的高差与水平距离成同一比例。当各等高线的高差相等时，它们的水平距离也相等，如图 8-6(b) 所示。

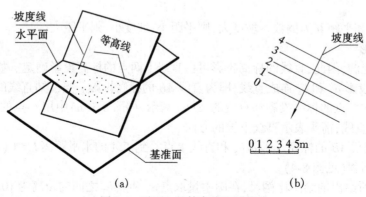

图 8-6 平面上的等高线和坡度线

平面上的坡度线就是平面上对水平面的最大斜度线,它的坡度代表了该平面的坡度。坡度线上应画出指向下坡的箭头。平面上的坡度线与等高线互相垂直,它们的标高投影也互相垂直。在本章中坡度线的标高投影简称为坡度线,如图 8-6(b)所示。

2. 平面标高投影的表示法

(1) 平面上任意三点的标高投影。

如图 8-7(a)所示,用三点的标高投影 $a_{9.5}b_7c_3$ 表示平面的投影。求等高线时,用直线连接各标高点,在直线上求作整数高程的标高点,再把相同高程的标高点连接起来即为平面上的等高线。

(2) 已知平面上的两条等高线表示平面。

如图 8-7(b)所示,平面的标高投影用平面上高程为 10 和 6 的两条等高线表示。求作等高线时可根据平面上等高线的特性,先画出坡度线,再取等分点,过各等分点作已知等高线的平行线即是。

(3) 已知平面上的一条等高线和平面的坡度表示平面。

如图 8-7(c)所示,平面的标高投影用一条标高为 10 的等高线,坡度线垂直于等高线,在坡度线上画出指向下坡的箭头表示,并标出平面的坡度 $i = 1:0.5$。

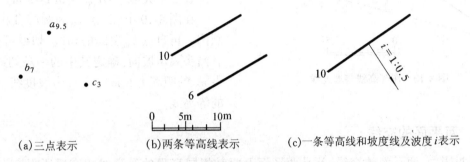

(a)三点表示　　(b)两条等高线表示　　(c)一条等高线和坡度线及波度 i 表示

图 8-7　平面标高投影的表示

【**例 8-2**】　如图 8-8 所示,已知平面上一条标高为 18 的等高线,平面的坡度 $i = 1:2$,试作出该平面上若干条整数高程的等高线。

【**解**】　在图中作直线垂直于已知等高线 18,即为坡度线。根据图中已给的绘图比例尺,自坡度线与等高线 18 的交点 a,顺坡度线指向连续去量平距:

$$l = \frac{1}{i} = 1 : \left(\frac{1}{2}\right) = 2$$

即可定出平面上整数高程的等高线 17,16,15 等。假如沿反方向量取 l,那么可定出等高线 19,20 等。

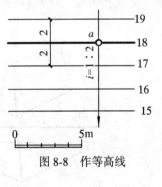

图 8-8　作等高线

(4) 已知平面上的一条倾斜直线和平面的坡度表示平面。

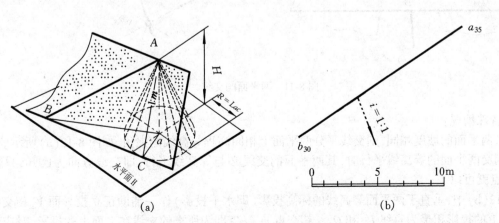

图 8-9　一条倾斜直线和坡度表示的平面

在图 8-9(b)中画出了平面上一条倾斜直线的标高投影 $a_{35}b_{30}$。因为平面上的坡度线不垂直于该平面上的倾斜直线,所以在平面标高投影中坡度线不垂直于倾斜直线的标高投影 $a_{35}b_{30}$,把它画成带箭头的虚线,箭头仍指向下坡。

【例 8-3】 已知平面上一条倾斜直线 AB 的标高投影 $a_{35}b_{30}$,平面的坡度 $i=1:1$,试作该平面的等高线和坡度线,如图 8-9 所示。

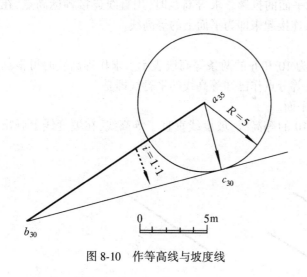

图 8-10 作等高线与坡度线

【分析】 由于平面的坡度线即是平面上的最大斜度线,而等高线与坡度线垂直。从图 8-9(a)可知,只要根据两点 AB 的高差 H 和平面的坡度 i,就可求出最大斜度线 AC 的水平投影 ac 的长度 $L_{ac}=H_{ab}/i$,以 L_{ac} 为半径,以 A 点的标高投影 a_{35} 为中心作圆弧,过 B 点的标高投影作圆弧的切线,切点为 C。则 ac 为最大斜度线的水平投影,BC 为过 B 的等高线。

【解】 $H_{AB}=35-30=5$

$R=L_{ac}=H_{AB}/i=5/1=5$ m

在图 8-10 中,以点 a_{35} 为圆心,以 $R=5$ m 为半径画圆。再自点 b_{30} 引圆的切线,切线可作两条,根据画有箭头表示坡向,确定其中的一条切线,则切点 c_{30} 到点 a_{35} 的距离为 5 m。$a_{35}c_{30}$ 为坡度线,$b_{30}c_{30}$ 为高程 30 的等高线。

8.3.2 两平面的交线

在标高投影中,两平面的交线,就是两平面上两对相同高程的等高线相交后所得交点的连线。如图 8-11(a)所示,取高程为 H_{25} 水平面,与两平面 P 和 Q 的交线分别为各自平面上高程 25 的等高线,其交点 A 即为交线上的一点。同理再取一水平面 H_{20},可得交点 B,连接 AB 即得交线。作图时,只要将各面的等高线的水平投影画出,再将同高程的交点连接就得交线的标高投影,如图 8-11(b)所示。

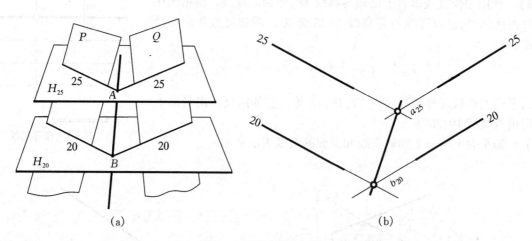

图 8-11 两平面的交线

交线的特殊情况:

(1)如果两平面的坡度相同,则交线平分两平面上相同高程等高线的夹角,如图 8-12(a)所示。

(2)当相交两平面的等高线平行时,其两平面的交线必与等高线平行,即交线方向为已知,只需找出交线上的一个点就可以了。

在图 8-12(b)中,垂直于两平面等高线的标高投影(即水平投影)作一辅助正立投影面 V,相交两平面 P 和 Q 在 V 面上的投影积聚为直线 P_V 和 Q_V。其交点 $m'(n')$ 即为所求的交线在 V 面上的投影,对应地做到标高投影图中,便得交线 MN 的标高投影 mn。

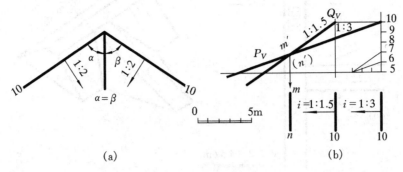

图 8-12 交线的特殊情况

【例 8-4】 在高程为 4.0 m 的水平地面上,需堆筑一个高程为 7.0 m 的梯形平台,梯形平台四周各边坡的坡度如图 8-13(a)所示,试求作边坡与地面的交线和相邻边坡的交线。

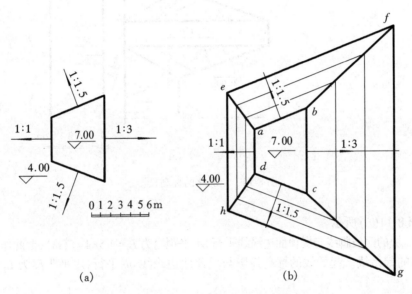

图 8-13 梯形平台与地面及各坡面之间的交线

【分析】 由于梯形平台四周均为平坡面,地面为平面,则坡面与地面的交线即为坡面上与地面同高程 4.00 m 的等高线。而各坡面之间的交线则是地面上交线的交点与平台面上相应交点的连线。

【作图步骤】

(1) 如图 8-13(b)所示,ad 所对应的坡面坡度为 1∶1,高差 7−4=3 m,则平距为 3 m。作直线 $eh//ad$,两线相距 3 m,eh 即为 ad 所对应的坡面与地面的交线。

(2) 同理可计算出 ab,bc,cd 所对应的坡面高程为 4 m 的等高线的平距分别为 4.5 m,9 m 和 4.5 m,以此距离分别作直线 $ef//ab$,$fg//bc$,$gh//dc$。则 $efgh$ 即为平台与地面的交线。

(3) 各坡面的交线为 ae,bf,cg 和 dh。

【例 8-5】 如图 8-14 所示,已知上堤斜路,堤顶高程 4 m,上堤斜路坡度 1∶4,各面坡度见图 8-14(a)所示,地面高程为 0.00,试作:①堤脚线;②上堤斜路的起始线;③上堤斜路侧坡面的坡脚线;④上堤斜路两侧坡面与堤坡面的交线。

【分析】 从图 8-14(b)可知,堤与地面有交线,其交线与堤顶线平行,所以只要求出交线与堤顶线之间的水平距离作平行线即可。其次,上堤路面与地面的交线有三条:CD,DF 和 CE,其中 CD 为路面的起始线,它的高程为 0,并与 AB 平行。CE 和 DF 是路两侧坡面与地面的交线。其作图方法可根据已知平面上的一条倾斜直线和平面坡度作等高线的方法作出其标高投影。

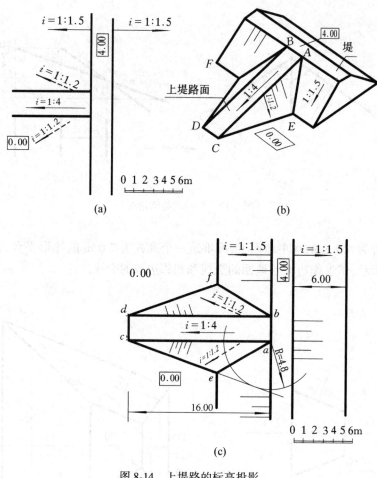

图 8-14 上堤路的标高投影

【作图】 如图 8-14(c)所示：

(1) 求堤脚线。堤的两坡脚线与堤顶面边缘线平行，水平距离为 $L_1=1.5×4=6(m)$，据此作出坡脚线。

(2) 上堤斜路的起始线。起始线的标高投影与堤顶面边缘线 ab 平行，水平距离为 $L_2=4×4=16(m)$，据此作出起始线。

(3) 上堤斜路两侧坡脚线求法。分别以 a,b 为圆心，$L_2=1.2×4=4.8(m)$ 为半径画圆弧，再由 c,d 分别作两圆弧的切线，即为上堤斜路两侧的坡脚线。

(4) 上堤斜路两侧坡面与堤坡面的交线。堤坡的坡脚线与上堤斜路两侧坡脚线的交点 e,f 就是堤坡坡面与上堤斜路两侧坡面的共有点，a,b 也是堤坡坡面与上堤斜路两侧坡面的共有点，连接 ae,bf，即为所求的坡面交线。

(5) 画示坡线。注意上堤斜路两侧边坡的示坡线应分别垂直于坡面上等高线 ce,df。

8.4 曲面的标高投影

8.4.1 圆锥面的标高投影

1. 正圆锥面上的等高线

如图 8-15(a)所示，用一组与锥轴垂直且间距相等的水平面截正圆锥面，其截交线的标高投影为一组同心圆，这些同心圆即为正圆锥面上的等高线。

正圆锥面上的等高线特性：

(1) 高差相等，同心圆之间的距离也相等。

(2) 当圆锥正立时，等高线的高程值越大，圆的直径越小，如图 8-15(b)所示。

(3) 当圆锥倒放时，等高线的高程值越大，圆的直径也越大，如图 8-15(c)所示。

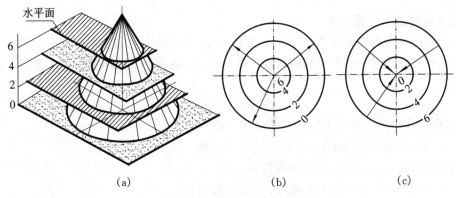

图 8-15 正圆锥面上的等高线

2. 正圆锥面上的坡度线

正圆锥表面的直素线就是锥面上的坡度线,该素线的坡度代表了正圆锥面的坡度。同一正圆锥面上所有的直素线的坡度都相等。如图 8-15(a)、(b)中过锥顶的直线即是坡度线。

8.4.2 同坡曲面的标高投影

1. 同坡曲面的形成

如图 8-16(b)所示为一倾斜弯曲道路的一段。其两侧曲面上任何地方坡度均相同,这种曲面在工程上称为同坡曲面(同斜曲面)。同坡曲面可视为锥轴始终垂直水平面的一圆锥,锥顶沿着空间一曲导线运动,各时刻轨迹圆锥的外包络曲面(公切面),如图 8-16(a)所示。

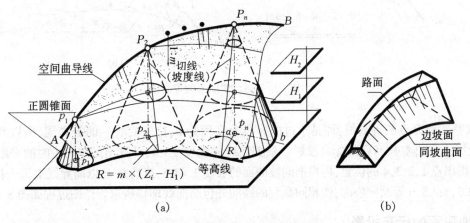

图 8-16 同坡曲面的形成与性质

2. 同坡曲面的性质

(1) 同坡曲面上的坡度线。

同坡曲面与运动的正圆锥面相切,切线为直线,该直线是同坡曲面上的坡度线,其坡角等于圆锥表面直素线与底面的夹角。所以说同坡曲面是直纹面。

(2) 同坡曲面上的等高线。

用一水平面截交运动的圆锥面,其截交线为一系列圆,圆心的轨迹即为空间曲导线在此平面上的投影,这些圆的外包络曲线即为同坡曲面上的等高线。在图 8-16(a)中,取水平面 H、H_1、H_2 截同坡曲面,即得三条等高线。$p_1, p_2, \cdots, p_n$ 为曲导线上空间点 $P_1, P_2, \cdots, P_n$ 在 H 水平面上的投影,也是 H 平面与圆锥面截得的一系列轨迹圆的圆心,这些轨迹圆的外包络曲线即为 H 面上的等高线。

(3) 同坡曲面上的等高线互相平行,高差相等时,它们之间的距离也相等。

(4) 当 AB 为直线时,这时同坡曲面将变为平面,该平面上的等高线变为直线,该平面与运动的正圆锥面相切。

3. 同坡曲面上等高线的作图方法

在同坡曲面上作等高线的关键是作出同一高程上一系列轨迹圆,然后绘制这些圆的外包络线。

假设同坡曲面的坡度为 $1:m$,在空间曲导线上取一点 P_i,高程为 Z_i,则在高程为 H 面上的轨迹圆的半径为

$$R = m \times (Z_i - Z_a)$$

为简化作图,往往在空间曲导线上取高差为 1 的一系列点,如图 8-17 所示,在空间曲导线 AB 上,取 $P_1, P_2, \cdots, P_n$,高差为 1,其标高投影为 $a_0, p_1, p_2, \cdots, p_n, b$,分别以 $p_1, p_2, \cdots, p_n, b$ 为圆心,以 $m, 2m, 3m, \cdots, nm$ 为半径画圆,再作它们的外包络线,即为过 A 点的等高线。同理可画出分别过 $P_1, P_2, \cdots, P_n$ 点的等高线。

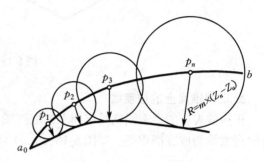

图 8-17 同坡曲面上的等高线

【例 8-6】 如图 8-18(a)所示已知同坡曲面上一条空间曲导线的标高投影和曲导线上点 A 的标高投影 a_0,曲导线坡度 $i = 1:4$,同坡曲面的坡度 $i = 1:1.5$ 和坡面倾斜的大致方向。求作同坡曲面上整数高程的等高线。

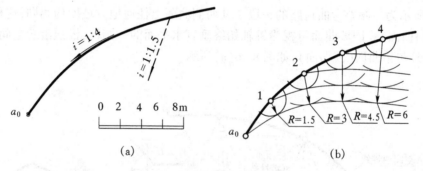

图 8-18 绘制同坡曲面上的等高线

【解】 求整数标高点的等高线,即是求过曲导线上高程为 $0,1,2,3,4,\cdots$ 的等高线,所以首先必须在曲导线的标高投影上定出整数高程的标高投影。根据曲线的坡度 $1:4$,计算出高差为 1 时的平距是 4,则按所给比例尺即可得出点 1,2,3,4 的位置,再根据同坡曲面的坡度 $1:1.5$,按高差 1,以曲导线上每一标高投影点为圆心,以半径 $1.5,3,4.5,6$ 等画同心圆,作相同高程的圆的外包络曲线即得所求。作图过程如图 8-18(b)所示。

8.4.3 地形面的标高投影

1. 地形面等高线

工程中常把高低不平、弯曲多变、形状复杂的地面称为地形面。

(1) 表示方法。

用一系列整数标高的水平面与山地相截,把所截得的等高线投影到水平面上,在一系列不规则形状的等高线上加注相应的标高值,这就是表达地形面的标高投影地形图。

(2) 根据等高线来识别地形。

① 山丘和洼地。

等高线在图纸范围内封闭的情况下,如果等高线高程越大,而范围越小,就是山丘;反之,如果等高线高程越大,其范围也越大,则为洼地。

② 山脊和山谷。

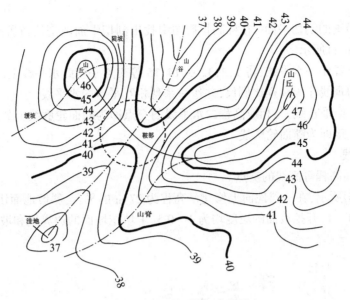

图 8-19 地形面的标高投影

若顺着等高线凸出的方向看,高程数值越来越小时为山脊;反之,为山谷。

③ 陡坡和缓坡。

同一张地形图中,相邻等高线一般高差相等,因此,等高线越密,坡度就越陡;等高线越稀,坡度也越缓。

④ 鞍部。

若沿相邻两山丘连线的位置铅垂剖切地面,就会得中间低、两边高的断面形状;再垂直两山丘连线的方向剖切地面,则会得到中间高、两边低的断面形状,这种地形称为鞍部。

⑤ 计曲线。

为方便看图,有时在等高线中每隔四条有一粗线,称为计曲线。

2. 地形断面图

用铅垂平面剖切地形面所得图形称为地形断面图。

【例 8-7】 如图 8-20(a)所示,作 A—A 地形断面图。

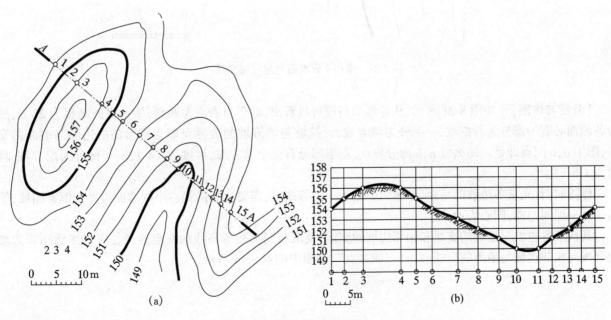

图 8-20 作地形断面图

作图步骤：
(1) 过 A—A 作一铅垂的剖切平面，在标高投影图中找出剖切平面的剖切位置线与地形等高线的交点 1,2,3,…,15。如图 8-20(a) 所示。
(2) 在图纸的适当位置作一水平线，将 1,2,3,…,14,15 等交点平移此水平线上。如图 8-20(b) 所示。
(3) 把水平线左端的垂线作为高程比例尺，并作一系列相互平行的水平线。
(4) 过 1,2,3,…,15 作垂直线，与相应高程的水平线的交点即为断面轮廓线上的点。
(5) 将这些点光滑连接即为断面轮廓线。

3. 坡面与地面的交线

作图原理即是求相同高程等高线的交点。

【例 8-8】 如图 8-21 所示，在一斜地面上修建一高程为 27 m 的平台，斜坡地面用一组地形等高线表示。平台填筑坡面坡度均为 1∶1，开挖坡面的坡度均为 1∶0.5，求填挖坡面的边界线和坡面间的交线。

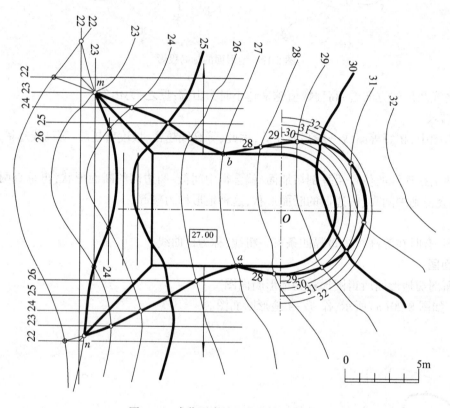

图 8-21 求作平台坡面与地面的交线

【分析与作图】 如图 8-21 所示，从地形等高线可以看出，地形自右向左倾斜，平台面的高程为 27 m，平台各侧面必有一部分为开挖坡，一部分为填方坡，开挖坡与填方坡的分界点即为平台面的边界与地面的交点，图中 a,b 两点即是。那么以 a,b 为分界点，左半部分有三个填方坡，坡度为 1∶1，右半部分为挖方坡，坡度为 1∶0.5。

作图时，首先求各边坡的平距，并作出高差为 1 的等高线，需要注意的是右半圆坡面边界为倒锥面坡，等高线是一组同心圆，圆心为 O 点。

其次求各边坡与地面的交线和相邻边坡的交线，及求相同高程等高线的交点连线。应该注意相邻边坡的交线与相邻边坡与地面的交线应为"三面共点"，如图中的点 m,n 所示。

第9章 表达工程形体的图样画法

在生产、施工等实际工作中,仅用前面所讲述的投影法的基本原理和三视图,就难以将较为复杂形体的内外结构准确、完整、清晰地表达出来。为了满足这些要求,还需采用国家标准中规定了的各种表达方法——视图、剖面图、断面图、局部放大图、简化画法和其他规定画法等。本章着重介绍一些常用的表达方法。

9.1 视 图

9.1.1 基本视图及其配置

对于形状比较复杂的形体,用两个或三个视图不能完整、清楚地表达它们的内外形状时,则可根据国标规定,在原有三个投影面的基础上,再增设三个对称的投影面,组成一个正六面体,这六个投影面称为基本投影面,如图 9-1 所示。形体向基本投影面投射所得的视图,称为基本视图。除了前面已介绍的三个视图以外,还有:由右向左投射所得的右视图,由下向上投射所得的仰视图,由后向前投射所得的后视图。在土建制图中,这六个基本视图称为正立面图、平面图、左侧立面图、右侧立面图、背立面图和底面图,图名写在视图的下方,并且在图名下画一条粗实线。基本视图的配置关系如图 9-1(a)所示。

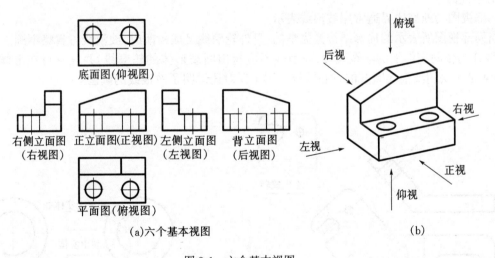

图 9-1 六个基本视图

在同一张图纸内按图 9-1(a)配置视图时,一律不标注视图的名称。若不能按图 9-1(a)配置视图时,则如图 9-2 所示,应在视图上方标注视图的名称"×向",在相应的视图附近用箭头指明投影方向,并标注同样的字母"×"。

9.1.2 斜视图和局部视图

1. 斜视图

图 9-3 所示的形体,由于其右上部板是倾斜的,所以它的俯视图和左视图都不反映实形,表达得不够清楚,作图较困难,读图也不方便。为了清晰地表达该处的倾斜结构,如图 9-3 所示,增设一个平行于倾斜结构的正垂面作为新投影面,然后将倾斜结构按垂直于新投影面的方向 A 作投影,就可得到反映它的实形的视

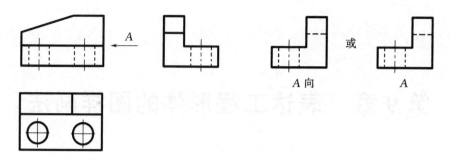

图 9-2 视图标注示例

图。形体向不平行于任何基本投影面的平面投射所得的视图称为斜视图。因为斜视图只是为了表达它们的倾斜结构的局部形状,所以画出了它所需要表达的实形部分后,用波浪线断开,不画其他部分的视图,成为一个局部的斜视图。

画斜视图时应注意:

(1)必须在视图的下方标出视图的名称"×向",在相应的视图附近用箭头指明投影方向,并注上同样的字母"×",如图 9-3 中的"A"。

(2)斜视图一般按投影关系配置,必要时也可配置在其他适当的位置。

(3)在不致引起误解时,允许将图形旋转,标注形式为"×向旋转",如图 9-3 所示。

2. 局部视图

将形体的某一部分向基本投影面投射,所得的视图称为局部视图,如图 9-3 中的平面图。画局部视图时应注意:

(1)在一般情况下,应于局部视图上的下方标注视图的名称"×向",并在相应的视图附近用箭头指明投影方向,标注同样的字母"×向";当局部视图按投影关系配置,中间又没有其他图形隔开时,可省略标注,如图 9-3 中的平面图。

(2)局部视图的断裂边界通常用波浪线表示。

(3)当局部视图所表示的局部结构是完整的,且外轮廓线又成封闭时,波浪线可省略不画。

波浪线作为依附实体上的断裂线时,波浪线不应超出断裂形体的轮廓线,并且不可在形体的中空处绘出,如图 9-4 是一块用波浪线断开的空心圆板。用正误对比说明了波浪线的画法。

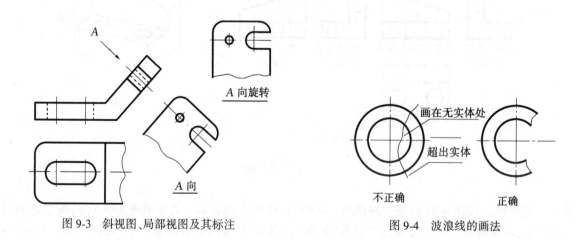

图 9-3 斜视图、局部视图及其标注　　　图 9-4 波浪线的画法

9.2 剖 面 图

9.2.1 剖面图的概念和基本画法

剖面图主要用于表达形体不可见的结构形状。当视图中存在虚线与虚线、虚线与实线重叠而难以用视

图清晰地表达形体的不可见部分的形状,以及当视图中虚线过多,影响到清晰读图和标注尺寸时,常用剖面图来表达,如图 9-5 所示的正立面图。

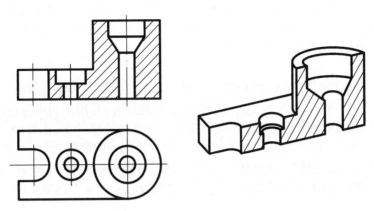

图 9-5　形体剖切示意图

为了表达形体的内部形状,通常采用的假想剖切面剖开形体,将处在观察者和剖切面之间的部分移去,而将其余部分向投影面投射,所得图形称为剖面图(在水利类或机械类中称为剖视图)。例如在图 9-5 中,是假想用平行于正面的平面为剖切面通过形体的对称进行剖切,移去了观察者和剖切面之间的一半,将剩下的一半向正面投影面投射,就得到图 9-5 处于正视图位置上的剖面图。

绘制剖面图的步骤:

1.确定剖切面的位置及种类

如图 9-6 所示,选取平行于正面的对称面为剖切面。

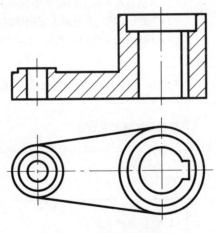

图 9-6　剖面图绘制

剖切面一般要选择通过形体的孔、槽的中心线或通过其对称面剖切,避免剖切出不完整的要素。剖切面应选择平行或垂直某个基本投影面为宜。剖切面的数量可为一个或多个。

剖切面除选择平面外,也可为曲面,如圆柱面等,视具体形体中孔、槽的结构、位置而定。

2.画剖面图

如图 9-6 所示,假想将形体剖开并移去前半部分,将形体后半部分向 V 面投射,画剖切面截切形体后所得的断面和剩余后半部分全部可见的轮廓。作图时,可先画出平面图,再由平面图按投影关系画出剖面图。

由于剖面图是假想剖开形体后画出的,因此,在形体的一个视图画成剖视后,其他视图不受影响,仍应完整地画出。

3. 画材料图例

如图 9-6 所示,在剖切面截切形体所得的断面上画材料图例。

为区分形体剖面图当中的截切出的断面与后视可见面的轮廓,国家标准规定要在剖切后的断面上画上材料图例。图 9-7 中绘制的是规定金属材料的材料图例,该图例符号采用与水平方向成 45°、间隔均匀的细实线画出,向左或向右倾斜均可,通常称为剖面线。在同一形体的剖面图中,剖面符号的方向和间隔必须一致。常见材料图例见表 9-1 工程中常用的剖面符号。

4. 剖面图的标注

绘制剖面图一般需要标注剖切位置(剖切符号)、投影方向、剖面图的名称,如图 9-6 所示。首先根据表达形体内部孔洞结构的需要,在相应的视图上确定剖切平面的位置,并用剖切符号(线宽为 $1\sim1.5b$ 的断开粗实线,尽可能不与图形的轮廓线相交)标注出剖切位置。在剖切符号的起、讫外用箭头画出投影方向,并标出剖切面的名称字母"×"。最后在剖面图的上方用字母标出剖面图的名称"×—×"。

当剖面图按投影关系配置,中间又没有其他图形隔开时,可省略标注箭头;当单一剖切平面通过形体的对称平面或基本对称的平面,且剖面图按投影关系配置,中间又没有其他图形隔开时,可省略标注。如图 9-6 中,可全部省略标注。

表 9-1　　　　　　　　　　　　　　　　常用建筑材料图例

名　称	图　例	说　明
自然土壤		包括各种自然土壤
夯实土壤		
普通砖	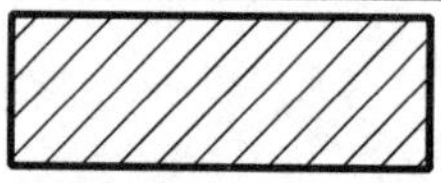	(1)包括砌体、砌块; (2)当断面较窄、不易画出图例线时,可涂红
混凝土	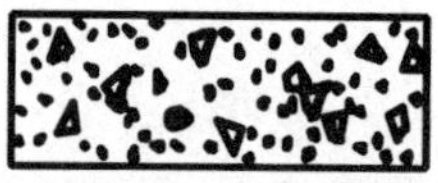	(1)本图例仅适用于能承重的混凝土及钢筋混凝土; (2)包括各种标号、骨料、添加剂的混凝土;
钢筋混凝土		(3)当断面较窄、不易画出图例线时,可涂黑; (4)在断面图上画出钢筋时,不画图例线
饰面砖		包括铺地砖、马赛克、陶瓷棉砖、人造大理石等
沙、灰土	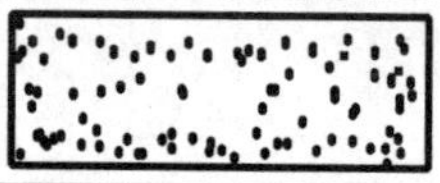	靠近轮廓线的点较密
毛石	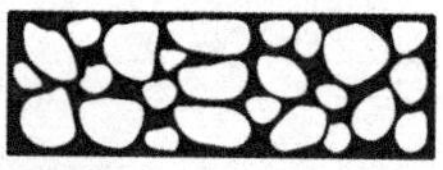	
金属		(1)包括各种金属; (2)图形小时可涂黑
木材		(1)图上部为横断面,左起依次为垫木、木砖、木龙骨; (2)图下部为纵断面
防水材料		构造层次较多或比例较大时,采用上面图例
塑料		包括各种软、硬塑料及有机玻璃等
粉刷	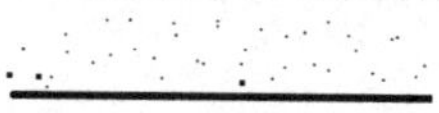	本图例采用较稀的点

9.2.2 剖面图的种类

按照剖切面不同程度地剖开形体的情况,剖面图分为全剖面图、半剖面图和局部剖面图。

1. 全剖面图

用剖切平面完全地剖开形体所得的剖面图,称为全剖面图。图9-7所示形体,从图中可看出它的外形比较简单,内形比较复杂,前后对称,上下和左右都不对称。假想用一个剖切平面沿该形体的前后对称面将它完全剖开,移去前半部分,向正立投影面作投影,便得出其全剖面图,如图9-7所示。

由于剖切平面与形体的对称平面重合,且视图按投影关系配置,中间又没有其他图形隔开,因此,在图9-7未标注剖切位置和剖面图的名称。

适用条件:全剖面图主要适用于外形简单,内部形状复杂的形体。

2. 半剖面图

当形体具有对称面时,在垂直于对称平面的投影面上投影所得的图形,可以以对称中心线为界,一半画成剖视,另一半画成视图,这种剖面图称为半剖面图。图9-8(a)所示为混

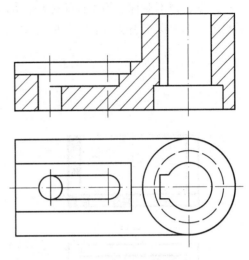

图9-7 正立投影面上的全剖面图

凝土基础的立体图,从图中可知,该基础结构是前后、左右都对称。表达这个结构时,图9-8(b)所示的剖视方法,将正立面图和左立面图都画成半剖面图。

画图时必须注意:

(1)在半剖面图中,半个外形视图和半个剖面图的分界线画成点画线,不能画成粗实线。一般情况下视图与剖面图的位置关系为:左边画视图,右边画剖面图或后边画视图,前边画剖面图。

(2)对于图形对称,形体的内部结构已在半个剖面图中表示清楚,所以在表达外部形状的半个视图中,虚线应省略不画,如图9-8(b)正立面图所示。但是,如果形体的某些内部形状在半剖面图中没有表示清楚,则在表达外部形状的半个视图中,应该用虚线画出。

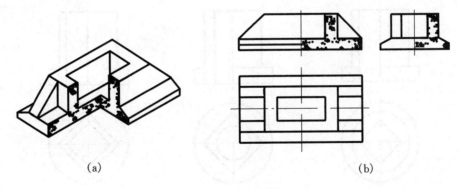

图9-8 半剖面图

(3)半剖面图的标注完全与全剖面图的标注相同。图9-8中,因其剖切平面均通过形体的对称面,所以完全省略了标注。图9-9中所作半剖的正立面图,其剖切平面未通过形体的对称面,所以按规定进行了标注;正立面图与平面图是按投影关系配置,所以平面图中省略了投影方向。

适用条件:半剖面图主要适用于外形与内部形状复杂,且在剖切的视向方向具有对称平面的形体;当形体基本对称,且不对称的部分已另有图形表达清楚时,也允许画成半剖面图。

3. 局部剖面图

用剖切平面局部地剖开形体所得的视图,称为局部剖面图。

图9-10为箱体的局部剖面图。根据对箱体的形体分析可以看出:顶部有一个圆形孔,底部是一块具有四个安装孔的底板,后箱壁一个轴承孔,右侧箱壁有一T形沉孔。从箱体所表达的两个视图可以看出:上下、前后、左右都不对称。为了使箱体的内部和外部都能同时表示清楚,它的两视图既不宜用全剖面图表达,也不能用半剖面图来表达,而以局部地剖开这个箱体表达为宜。

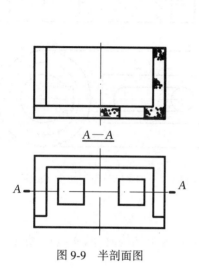

图 9-9 半剖面图

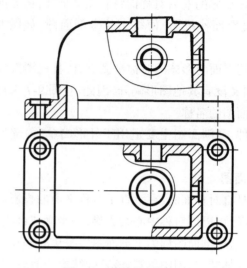

图 9-10 箱体局部剖面图

适用条件:局部剖面图主要适用于外形与内部形状复杂,且结构不对称的形体。

局部剖视是一种比较灵活的表达方法,当在剖面图中既不宜采用全剖面图,也不宜采用半剖面图时,则可采用局部剖面图表达。图9-11所表示的三个形体,虽然前后、左右都对称,但形体的正中,都分别有外轮廓或内轮廓存在,因此正立面图不宜画成半剖面图,而应画成局部剖面图。在作波浪线时,尽可能巧妙地把形体的外轮廓或内轮廓清晰地显示出来。

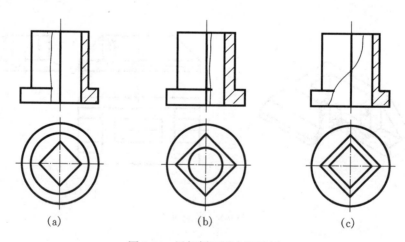

图 9-11 局部剖面图应用示例

由于局部剖面的方法简明、灵活,在工程中的使用也较为广泛。如图9-12所示的杯形基础,其水平投影画成局部剖面图,表示基础内部钢筋的配置情况。

如图9-13所示,是用局部剖面图来表达楼面所用的多层次的材料和构造图。

画局部剖面图时必须注意:

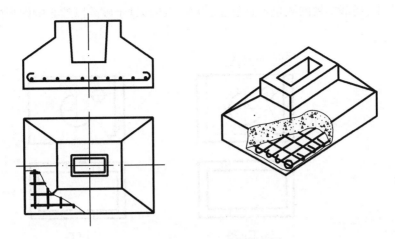

图 9-12　杯形基础的局部剖面图

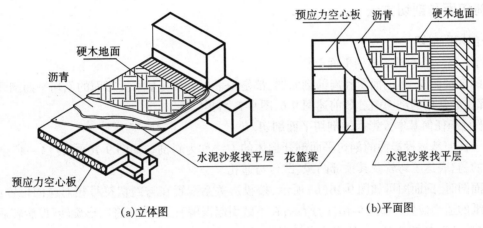

(a)立体图　　　　　　　　　(b)平面图

图 9-13　分层局部剖面图

（1）局部剖面图中剖切平面的剖切位置较为明显，一般不作标注，如图 9-10 所示。

（2）作为局部剖面图中视图与剖面图部分分界线用的波浪线，可视作实体上的断裂面的投影，用波浪线不应与图样上其他图线重合，如图 9-14 所示。

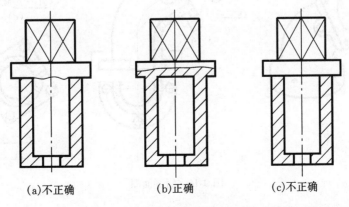

(a)不正确　　　　(b)正确　　　　(c)不正确

图 9-14　波浪线不应与轮廓线重合或代替

(3) 波浪线为依附实体上的不规则的断裂线,因此,不应超出轮廓线,也不应穿越孔、洞,如图 9-15 所示。

(4) 在一个视图中,局部剖视的数量不宜过多,以免使图形过于破碎以致影响图形的清晰。

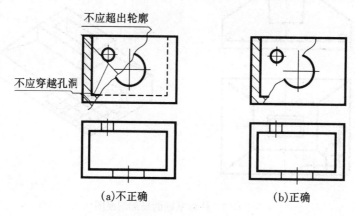

图 9-15 波浪线存在于实体处

9.2.3 剖切面和剖切方法

1. 用单一剖切面剖切

(1) 用平行于某一基本投影面的平面剖切。

前面所讲的全剖面图、半剖面图和局部剖面图,都是用平行于某一基本投影面的剖切平面剖开形体后所得出的,这些都是最常用的剖面图。如前述图 9-6、图 9-7、图 9-8 等。

(2) 用不平行于任何基本投影面的剖切平面剖切。

用不平行于任何基本投影面的剖切平面剖开形体的方法称为斜剖。如图 9-16 中的"A—A"全剖面图就是用斜剖画出的,它表达了弯管及其顶部凸缘、凹台与通孔。

采用斜剖面图时,剖面图可如图 9-16(b) 所示,按投影关系配置在与剖切符号相对应的位置;也可将剖面图平移至图纸的适当位置,如图 9-16(c) 所示;在不致引起误解时,还允许将图形旋转,但旋转后的标注形式应为"✕—✕旋转",如图 9-16(d) 所示。

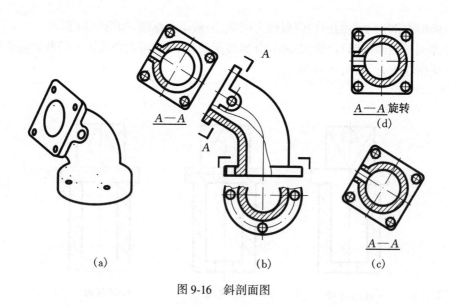

图 9-16 斜剖面图

2. 用几个剖切平面剖切

(1) 用几个平行的剖切平面剖切——阶梯剖。

用几个平行的剖切平面剖切形体的方法称为阶梯剖。有些形体断面层次或内部结构有规则的排列,用一个剖切平面不能将形体上所需要表达的内部结构或断面形状一齐剖开,需用一组相互平行的剖切平面沿形体所需要表达的地方剖开,然后画出剖面图。

如图9-17所示的形体,左侧小圆柱孔轴线与右侧的大圆柱孔洞轴线不在同一平面上,这时选用了分别过孔洞轴线的两个相互平行的剖切平面A,中间的方孔同时也被剖切到,该A—A阶梯剖面图能清楚地表达了形体内部三处孔洞结构。结构外形虽被剖掉未能表达,但可将立面图与平面图结合分析,较易掌握其简单的外形结构。

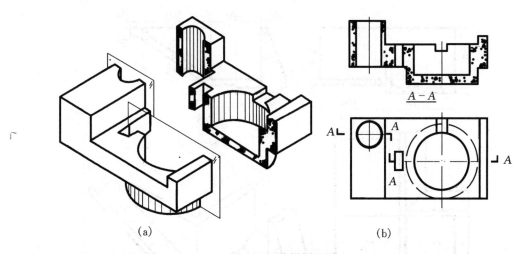

图9-17 阶梯剖面图

画图时应注意:

① 由于是假想用剖切平面进行剖切,两平行的剖切面之间的转折面并不存在于实体上,因此,在作剖面图时不应绘出,如图9-18(a)所示。

② 剖切面的转折处应选择适当位置,应避免与图中的轮廓线重合,如图9-18(b)所示。

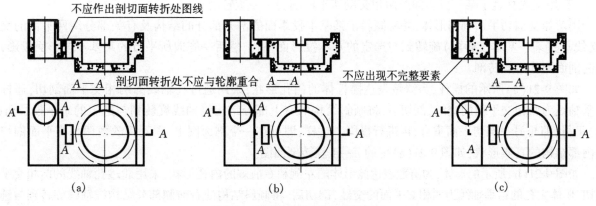

图9-18 阶梯剖面图中的错误画法

③ 应完整剖切孔洞的结构,避免出现不完整的要素,如图9-18(c)所示;但如果两个要素在图形上具有公共的对称中心或轴线时,可允许在阶梯剖面图中,以对称中心或轴线为界,各画一半,如图9-19所示。

图9-20所示为水工建筑物中消力池和下游渠道的一部分。正立面图采用沿消力池和下游渠道对称面剖切的全部视图。为表达消力池和渠道的断面形状和相对位置关系,在右侧立面中,用相互平行的剖切平面,一侧剖切消力池、一侧剖切渠道,剖切位置见图中剖切平面A,所绘制的剖视图为右侧的A—A阶梯剖,这样,在左侧立面图中的一个A—A阶梯剖面图,同时表达出两部分结构。

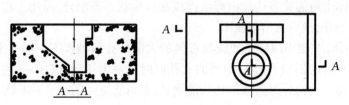

图 9-19　允许出现不完整要素的阶梯剖面图

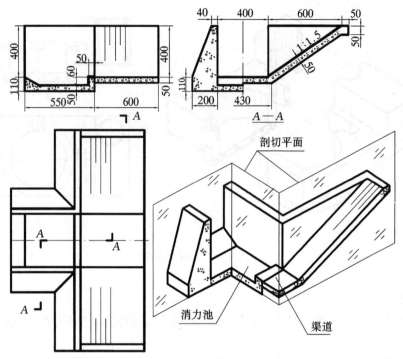

图 9-20　阶梯剖面图

(2) 用交线垂直于某一投影面的两相交剖切平面剖切——旋转剖。

用两相交剖切平面剖切形体,并将倾斜于某基本投影面的剖开部分的结构及有关部分绕两平面的交线(交线垂直某一基本投影面)旋转到与选定的基本投影面平行,然后一齐向所平行的某基本投影面投影,得到的剖面图称为旋转剖。

如图 9-21(a)所示的摇杆,为清楚表达摇杆体的内孔形状,采用通过孔轴线的两相交平面剖切,遥杆的正垂轴线为两相交平面的交线,剖切后,将倾斜结构的右上部分结构绕轴线旋转到与选定的水平投影面(H面)平行,即与另一剖切平面重合,再进行投影。这样,即可在一个剖面图上,得到反映由两相交平面剖切到的内部结构的真实形状,如图 9-21(a)中的 $A—A$ 旋转剖面图。

如图 9-21(b)所示的形体,为清楚表达该形体的左侧和右前侧的内孔形状,采用通过孔轴线的两相交平面剖切,形体主孔的铅垂轴线为两相交平面的交线,剖切后,将倾斜结构的右前侧部分结构绕轴线旋转到与选定的正立投影面(V面)平行,即与另一剖切平面重合,再进行投影。得到图 9-21(b)中的 1—1 旋转剖面图。

绘制旋转剖面图注意事项:

① 剖切平面后的其他结构一般仍按原来位置投影,如图 9-21(b)平面图中右前侧孔,其水平投影仍按原来的投影位置画出。

② 剖切后产生不完整要素时,该部分应按不剖画出。

③ 标注时,在剖切平面的起、讫转折处画上剖切符号,并注写剖面图名称"×—×",在起、讫处画箭头或短粗实线(方向线)表示投影方向。当投影方向已知且符合省略箭头或粗短实线(方向线)标注条件时,一般可省略箭头或短粗实线(方向线)。转折处的字母有时也可省略。

④ 如图9-21(a)所示的形体,左、右侧连接板上还有起加强连接作用的筋板。工程制图标准规定:对于构件的筋、轮辐、薄壁等,如按纵向剖切,这些结构都不画材料符号,而用粗实线将它与邻接部分分开,如图9-21(a)平面图所示;但如果按横向剖切这些结构同样受剖。

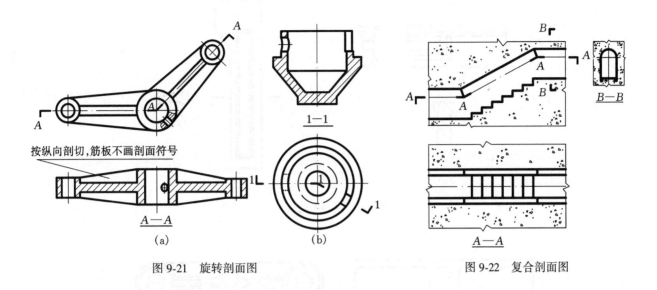

图 9-21 旋转剖面图　　　　　　　　　图 9-22 复合剖面图

(3) 多个剖面组合在一起进行剖切——复合剖面。

对于某些复杂的组合体,需要用几个曲折的剖切面剖切,这种用组合的剖切面剖切形体所得的剖面图称为复合剖面图。

如图9-22所示,一段带阶梯的倾斜廊道连接两段不同高程的水平廊道。为表达该廊道,正立面图采用全剖面图;平面图中采用两个水平剖切平面和一个正垂剖切平面组合进行剖切,得到复合剖面图($A—A$ 剖面图)。对倾斜结构采用直接向基本投影面投影的画法,如图9-22中的平面图。

9.3　断　面　图

9.3.1　基本概念

假想用剖切平面将形体的某处切断,仅画出物体与剖切平面接触部分的图形,这个图形称为断面图。在工程设计、生产实际中,需要单独画出形体的断面图以表达其断面形状。在建筑、水利工程中,往往需要画出一系列的断面图,用于表达其复杂结构形状逐渐变化的情况。

断面图与剖面图的区别是:断面图只画出形体的断面形状,而剖面图还需画出其后视可见的形体轮廓。只有当剖切平面通过空洞而使得断面图出现完全分离的两个断面图形时,断面图按剖面图绘制。

断面图的剖切位置线是粗实线,长为6~10 mm,投影方向是通过编号的注写位置来表示的。图9-23(a)为一根变径梁的断面图,编号写在右侧,则表示向右侧投影;图9-23(b)为柱的断面图,编号写在下方,则表示向下方投影。

9.3.2　断面图的种类

断面图分为移出断面图和重合断面图两种。

1. 移出断面

如图9-23(a)、(b)所示,画在视图外的剖面,称为移出断面。移出断面的轮廓线用粗实线绘制,单个断面图应尽量配置在剖切符号或剖切平面迹线的延长线上。剖切平面迹线是剖切平面与投影面的交线,用细点画线表示。断面图一般应按顺序排列,当构件有多个断面时,也可考虑布置在图中适当位置。对于较长构件或形体的断面图形对称时,也可画在视图的中断处,不需要进行标注,如图9-24所示。

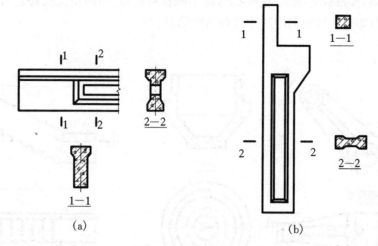

图 9-23 断面图的概念

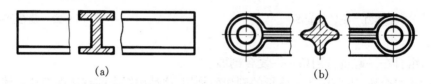

图 9-24 断面画在中断处

2. 重合断面

在不影响图形清晰条件下,剖面也可按投影关系画在视图内。画在视图内的剖面称为重合断面,如图 9-25 所示。这时可不加任何标注,只需在断面图的轮廓线之内沿轮廓线绘出材料图例符号。当断面尺寸较小时,可将断面图涂黑,如图 9-26 所示。

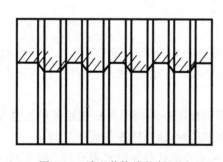

图 9-25 墙上装饰线的断面图

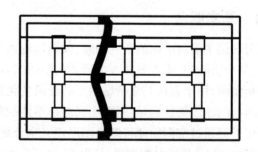

图 9-26 厂房屋面的断面图

9.4 图样中的简化画法

为了便于图纸的合理利用,节约绘图时间,《建筑制图》的有关国家标准允许采用下列简化画法。

1. 对称画法

平面图形如果具有对称线,可只画出一半,并在对称线的两端画上对称符号。对称线用细点画线表示,对称符号用一对平行等长的细实线表示(长度 6~10 mm)。图 9-27(a)所示为正锥壳基础的平面图。

对于左右对称、上下对称的平面图形,可只画出四分之一,并在两条对称线的端部都画上对称符号(见图9-27(b))。

对称图形也可画出一大半,然后画上细折断符号或细波浪线作为图形的边界。此时不画对称符号。如图9-27(c)所示的木屋架立面图。

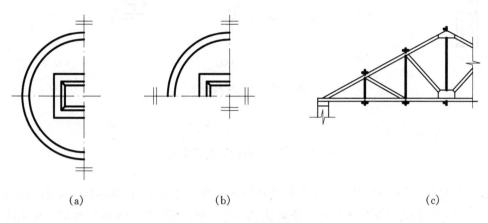

图 9-27 对称画法

对称的构件需画剖面图时,可以画成半剖面图,一半画外形投影图,一半画剖面图,中间画对称线,并在对称线的两端画上对称符号。(参见本章9.2节有关内容)

2. 相同要素的省略画法

当建筑物或构配件的图形上有多个完全相同且排列规则的构造要素时,可仅在两端或适当位置画出几个要素的完整形状,其余要素只需画出中心线,或中心线的交点,以确定位置。如图9-28(a)、(b)所示。

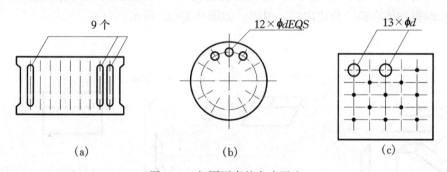

图 9-28 相同要素的省略画法

如果相同要素的个数少于中心线的交点数,则应在各要素的实际位置的中心线交点处用小圆点表示。如图9-28(c)所示。

3. 折断省略画法

较长的构件,如果在较大范围内断面不变或按一定规律变化,可断开省略绘制,断开处应以折断符号或波浪线表示。此时,应标注完整构件的长度(见图9-29(a)、(b)、(c))。

4. 构件局部不同的省略画法

构件甲如果与构件乙仅小部分不相同,在绘制构件甲的图形时,可参照构件乙的图形,只画出构件甲不同的部分。但应在两个构件的相同部分和不同部分的分界线上,分别画上连接符号(折断线),两个连接符号应对齐(见图9-29(d))。

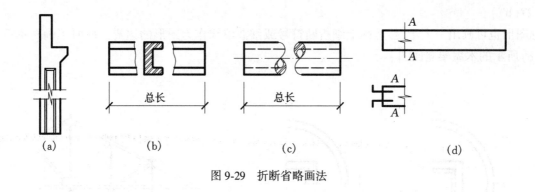

图 9-29 折断省略画法

9.5 第三角投影简介

在绘制技术图样时,世界各国均采用正投影法作为基本投影方法,只是有些国家采用第一角画法,如中国、俄国、英国、德国等,还有些国家采用第三角画法,如美国、日本等。第一角画法和第三角画法均属正投影法,两者的投影原理一致,仅视图的配置和看图方法有些差异。

按 GB/T 14692—1993《技术制图投影法》中的规定,我国绘制技术图样应以正投影法为主,并采用第一角画法、按本章第一节中的规定布置视图。但同时提出,必要时(如涉外合同规定等),允许使用第三角投影画法。随着我国经济建设的飞速发展,国际技术交流和国际贸易日益增长,因此,我们有必要对第三角投影画法作一般的了解。

如图 9-30(a)所示,采用第三角投影画法时,将物体置于第三分角内进行投影,投影面处于观察者与物体之间。假定各投影面是透明的,在 V 面上形成前视图,在 H 面上形成顶视图,在 W 面上形成右视图。投影面展开时,令 V 面保持正立位置不动,将 H、W 面分别绕它们与 V 面的交线向上、向右旋转 90°,使三个投影图展成同一平面,即得物体在第三分角内的三视图。如图 9-30(b)所示。

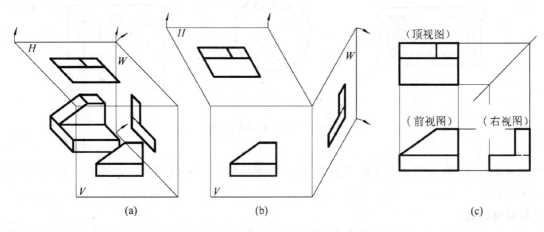

图 9-30 第三角画法的投影原理及规律

采用第三角画法所得的三视图依然符合多面正投影的投影规律,即前视、顶视长对正;前视、右视高平齐;顶视、右视宽相等且前后对应。如图 9-30(c)所示。

在同一张图纸内按图 9-30(c)配置视图时,不标注视图名称。

按《技术制图投影法》(GB/T 14692—2008)中的规定,采用第三角画法时,必须在图样中的空白位置画出第三角画法的识别符号,如图 9-31(a)所示。采用第一角画法时,必要时才画出第一角画法的识别符号(见图 9-31(b))。

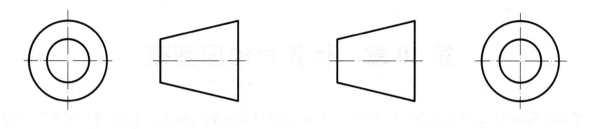

(a)第三角画法　　　　　　　　　　　　(b)第一角画法

图 9-31　第三角和第一角画法的识别符号

第10章 计算机绘图基础

本章以 AutoCAD 2014 为软件平台,介绍 AutoCAD 2014 的基本操作,包括常用的二维绘图命令、绘图工具、图形编辑命令、图形的尺寸标注和文字的注释,基本的三维建模和编辑命令等内容,使学生能掌握 AutoCAD 软件的主要功能,利用其来绘制工程图形。

10.1 AutoCAD 2014 基本概念与基本操作

10.1.1 AutoCAD 2014 工作界面

用户正确安装 AutoCAD 2014 应用程序后,会在桌面上自动建立 AutoCAD 的快捷方式图标,双击该应用程序图标,即可进入 AutoCAD 2014 的操作界面,在此界面上,用户可以根据绘图习惯和需求选择对应的工作空间,当用户选择"AutoCAD 经典"和"三维基础"时,即进入 AutoCAD 2014 经典工作界面(见图 10-1)和三维基础工作界面(见图 10-2)。

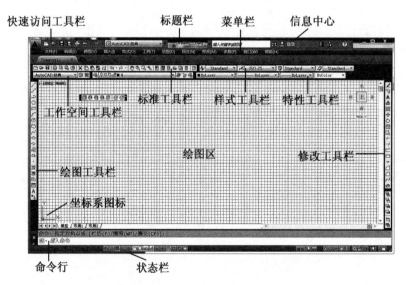

图 10-1 AutoCAD 2014 经典工作界面

AutoCAD 2014 遵循 Windows 界面设计标准,采用了多窗口式的图形用户界面,其经典工作界面主要由标题栏、快速访问工具栏、菜单栏、信息中心、工具栏、绘图区域、十字光标、坐标系图标、状态栏、命令行以及若干按钮和滚动条组成,如图 10-1 所示。

1. 标题栏

标题栏位于 AutoCAD 2014 工作界面的顶部,用于显示应用程序名和当前打开的图形文件名,AutoCAD 默认打开的文件名为"Drawing1.dwg"。

2. 菜单栏

菜单栏包含了 AutoCAD 2014 缺省的十二个菜单项。在使用时,单击菜单栏标题,便可弹出相应的下拉菜单。每一个下拉菜单内包含有许多菜单项,有的菜单项的右边显示一个实心黑色三角,则标志还包含下一级子菜单;有的菜单项后面带着一个省略号,表明激活该菜单将在屏幕上弹出该命令的对话框。用户可以通

图 10-2　AutoCAD 2014 的三维基础工作界面

过修改默认的菜单文件 acad.mnu 来定制以上菜单项。

3. 工具栏

工具栏由一系列图标按钮组成,每一个图标代表一条 AutoCAD 命令,点击图标即可调用相应的命令,工具栏的显示可通过菜单"视图/工具栏"来控制。也可在工具栏空白处单击右键,打开工具栏选项板,选择对应要显示的工具栏选项。

AutoCAD 2014 的默认工具栏配置包括快速访问工具栏、工作空间工具栏、标准工具栏、图层工具栏、样式工具栏、特性工具栏、绘图工具栏、修改工具栏和绘图次序工具栏等。

在 AutoCAD 2014 的快速访问工具栏中包括"新建"、"打开"、"保存"、"另存为"、"放弃"、"重做"和"打印"7 个最常用的工具按钮,用户也可以自行设置需要的常用工具按钮。

为了快速适应用户对不同工作环境的需求,AutoCAD 2014 系统提供了草图与注释、三维基础、三维建模和 AutoCAD 经典四种工作空间。当用户进入三维基础工作空间后,在绘图区会显示相应的三维操作面板和工具选项板,方便用户能快捷的进行三维模型的创建与修改。当用户进入 AutoCAD 经典工作空间时,则会显示 AutoCAD 的经典工作界面。

标准工具栏包含一些常用的 AutoCAD 命令按钮及一些文件管理按钮;图层工具栏用于图层的创建和管理;特性工具栏用于快速查看或修改图形对象的属性,如颜色、线型、线宽等;绘图工具栏与修改工具栏用于绘图操作与编辑图形对象;样式工具栏中包括文字样式、标注样式、表格样式和多重引线样式四种工具栏选项,主要用于方便快捷的进行文字、尺寸、表格和引线样式的创建与修改。

4. 绘图区

绘图区主要用于图形的显示与编辑。

5. 状态栏

状态栏用于显示当前绘图的状态。左侧显示当前十字光标的位置,右侧包含一组辅助绘图工具按钮,如:SNAP(捕捉)、GRID(栅格)、ORTHO(正交)等。

6. 命令行

命令行用于执行 AutoCAD 的命令并显示操作提示信息,其缺省设置为三行正文区域,由历史命令窗口和命令输入行两部分组成。键盘的 F2 键可以实现在绘图窗口和文本窗口之间的切换。

10.1.2　命令输入格式

在 AutoCAD 中,所有的操作都是通过相关的命令来执行的,其命令调用的方式取决于输入工具,一般情况下,输入工具主要有鼠标和键盘。所以,在命令的调用时,既可以利用鼠标从下拉菜单或工具栏上拾取,也可以利用键盘直接在命令行输入命令,其命令输入格式一般为:

命令:输入命令名↙

命令提示信息<缺省值>:输入命令选项或参数↙

AutoCAD 的每个选项都包含一个或多个大写字母,用户可选择相应的大写字母来实现对应的操作。所有的选项放在方括号"[ ]"里,各选项之间用符号"/"分隔,尖括号"<>"内出现的数值表示 AutoCAD 给出的默认值,当用户直接回车响应时,则默认该值为当前值。在执行命令时,必须严格按照 AutoCAD 命令提示逐步响应,每当输入完数值或字符,都要按回车键以示确认,在执行命令的任何时候都可按 Esc 键来中止当前命令进程。

10.1.3 绘图环境设置

当我们在手工绘图时,首先要选定图纸幅面、绘图比例与绘图单位等,然后再选择各种绘图工具进行绘图。同样,我们在使用 AutoCAD 绘图前,也要首先要设置坐标系、绘图单位、绘图界限、图层、颜色、线型、线宽等绘图环境,然后再进行下一步的绘图操作。

1. 设置绘图单位

调用方式:菜单"格式/单位"。

命令:UNITS ↙

命令执行后,AutoCAD 弹出如图 10-3 所示"图形单位"对话框,用户可在该对话框内设置长度单位的类型:建筑制、小数制、工程制、分数制、科学制,缺省设置为小数制;精度值缺省设置为 0.0000,精确到小数点后四位;角度单位的类型有:十进制、度/分/秒制、百分度、弧度制、勘测制。缺省设置为十进制,精度是 0.0000。此对话框还可设置零角度方向(其缺省设置指向右方)与设计中心块的图形单位。

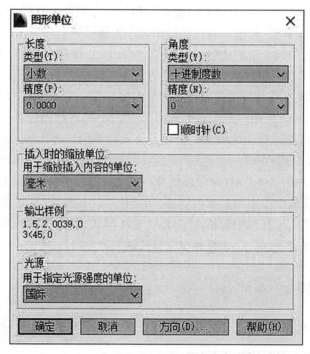

图 10-3 "图形单位"对话框

2. 设置绘图界限

绘图界限即图纸幅面的大小,在 AutoCAD 中用一个矩形区域来表示绘图界限。

调用方式:菜单"格式/图形界限"。

命令:LIMITS ↙

指定左下角点或[ON/OFF]<0.0000,0.0000>:(指定矩形区域左下角点)

指定右上角点或<420.0000,297.0000>:(指定矩形区域右上角点)

当用户选择"ON"选项,则用户确定的绘图边界有效,绘图时不允许超出绘图边界;选择"OFF"选项时,确定的绘图边界无效,允许用户绘图时超出绘图边界。

3. 坐标系设置

AutoCAD 提供了两种类型的坐标系:世界坐标系(WCS)和用户坐标系(UCS)。世界坐标系是一个符合右手法则的直角坐标系,这个系统的点由唯一的 X,Y,Z 坐标确定,它是 AutoCAD 的默认坐标系。为了便于绘图,AutoCAD 也允许用户根据绘图的需要建立自己的坐标系,并重新设置坐标原点的位置和坐标轴的方向,即用户坐标系。

调用方式:菜单"工具/新建 UCS"或"UCS"工具条(见图 10-4)。

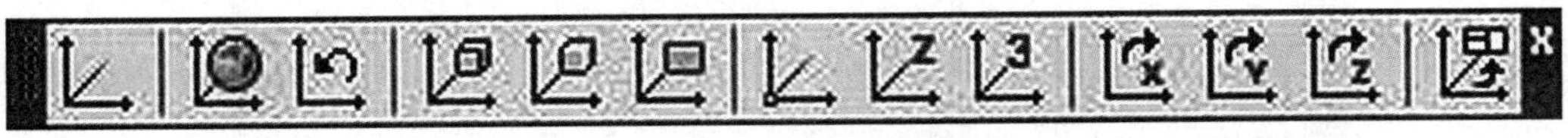

图 10-4　UCS 工具条

命令:UCS ↙

前 UCS 名称: ＊世界＊

指定 UCS 的原点或 [面(F)/命名(NA)/对象(OB)/上一个(P)/视图(V)/世界(W)/X/Y/Z/Z 轴 ZA] 〈世界〉:

主要选项说明:

(1)F——选择一个实体的表面作为新坐标系的 XOY 平面。

(2)NA——恢复其他坐标系为当前坐标系。

(3)OB——通过选择的对象创建 UCS。

(4)P——恢复到前一次设立的坐标系位置。

(5)V——新建的坐标系的 X、Y 轴所在的面设置为与屏幕平行,其原点保持不变。

(6)W——恢复为世界坐标系。

(7)X/Y/Z——原坐标系平面分别绕 X\Y\Z 轴旋转形成新的坐标系。

(8)Z 轴——指定 Z 轴方向形成新的坐标系。

4. 图层的设置

在 AutoCAD 中,每一个图形对象都具有其相应的颜色、线型、线宽等属性,这些非几何特征的属性一般是通过图层来管理和设置的。

(1)图层的概念及特点。

图层就像一层无厚度的透明图纸,各层之间完全对齐叠在一起,它们具有相同的坐标系、绘图界限、显示时的缩放比例,并在同一个图形文件中。每个图层都具有颜色、线型、线宽及打印样式等属性,并且处于某种指定状态,如打开/关闭、冻结/解冻、锁定/解锁等。

AutoCAD 的图层具有以下几个特点:用户可以在一幅图中指定任意数量的图层,每个图层上的图形对象的数量也没有限制;每一个图层都有对应的图层名,及其指定的线型、颜色等属性。当开始绘制一幅新图时,AutoCAD 自动生成一个名为"0"的默认图层,该层的属性可以被修改,但不能删除;用户只能在当前图层中绘图;用户可以对图层进行打开/关闭、冻结/解冻、锁定/解锁等操作,以决定图层中图形对象的可见性与可操作性。

(2)图层特性管理器。

用户在使用图层功能之前,首先要根据绘图的需求,建立相应的图层,并设置图层的各项属性,如颜色、线型、线宽等。

调用方式:菜单"格式/图层"或工具条图标 　　。

命令:LAYER ↙

命令调用后,AutoCAD 弹出"图层特性管理器"对话框(见图 10-5)。在该对话框内用户可创建新的图层、删除图层、选择当前图层及设置图层的属性等。

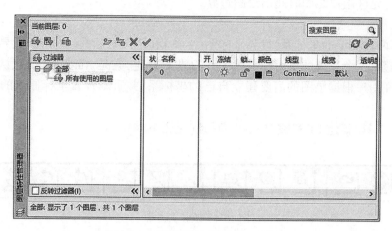

图 10-5 "图层特性管理器"对话框

主要选项说明如下：

"过滤器"列表框——用于设置是否在图层列表中显示与过滤规则相同的图层。当复选框"反转过滤器"打钩，则在列表框内显示与过滤规则相反的图层。

"新建/当前/删除"

——建立新图层。缺省设置图层名为"图层1"，用户可以修改层名。

——建立新图层，然后在所有视口中将其冻结。

——删除用户选定的图层。但当前层、依赖外部参照的图层以及包含有图形对象的图层和0层不能被删除。

——设置用户选定的图层为当前图层。也可双击图层名来设置当前层。

"图层列表区"——对当前已设置的图层及其图层特性进行列表，用户可通过点击列表上对应的特性图标来修改图层特性，其主要功能如下所示：

• 控制图层状态

开/关——打开或关闭图层。如果图层被打开，则该层上的图形可以在屏幕上显示或在绘图仪上绘出；如果图层被关闭，则图层仍是图形的一部分，但不能被显示或绘制出来。

冻结/解冻——冻结或解冻图层。图层被冻结，则该层上的图形既不能在屏幕上显示或在绘图仪上绘出，也不参与图形之间的运算；被解冻的图层刚好与之相反。对于复杂的图形而言，这种设置可以加快全图的显示速度，但当前图层不能被冻结。

锁定/解锁——锁定或解锁图层。AutoCAD 允许用户锁定图层，被锁定图层上的图形可以显示，但不能对其进行编辑和修改。当前图层可以被关闭和锁定，但不能被冻结。

• 设置图层的颜色

如果要改变图层的颜色，用鼠标单击图层相应的颜色图标，则在屏幕上弹出"选择颜色"对话框（见图10-6），其中包含了多种颜色，用户可以在"颜色"编辑框中输入颜色号，也可以用鼠标直接在调色板上拾取某种颜色。AutoCAD 将7种标准颜色带放在"选择颜色"对话框的下方，其缺省的颜色设置为白色。

• 设置所选图层的线型

AutoCAD 为用户提供了多种标准线型，放在 acadiso.lin 文件里，其缺省设置只在文件中加载了连续线型（Continuous），当用户使用其他线型时，首先要加载该线型到当前图形文件中。使用时，单击该图层的线型选项，弹出"线型管理器"对话框（见图10-7），单击框中"加载"按钮，弹出"加载或重载线型"对话框（见图10-8），框中列出了 AutoCAD 预定义的标准线型，拾取要加载的线型，单击"OK"按钮返回对话框，在加载后的线型列表中选择该线型，单击"OK"按钮，即可在指定图层上设置该线型。线型设置也可在特性工具栏设置，设置方法同上。

在 AutoCAD 中非连续线型的显示受绘图时设置的图形界限尺寸的影响，可能会显示成连续线型。用户

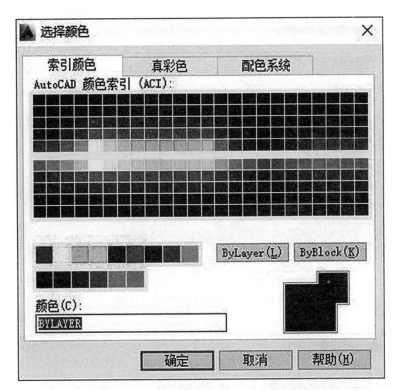

图 10-6 "选择颜色"对话框

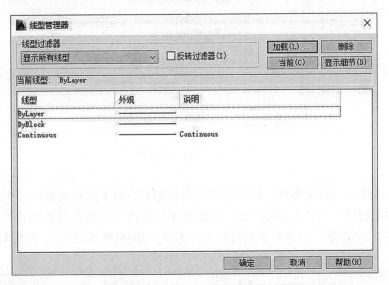

图 10-7 "线型管理器"对话框

可以通过,命令"LTSCALE"设置图形的全局线型比例,来调整图形中线型的显示效果。或点击"线型"管理器上的"显示细节"按钮,在"详细信息"设置区内也可设置线型的全局比例因子。

- 设置图层线宽

AutoCAD 缺省的线宽设置是"默认",线宽显示是细实线。如果用户需要其他尺寸线宽,单击该图层的线宽选项,在弹出的"线宽"对话框(见图 10-9)中,选择一种线宽尺寸,再单击"OK"按钮,便可改变指定图层的线宽值。

当用户设置线宽值大于等于 0.3 时,线宽列表中的线宽显示是粗实线,但同时,用户要打开状态栏的"线宽"显示按钮,这时图形对象中粗实线线宽才能正确地显示出来。

在 AutoCAD 中,除了可以使用图层控制图形对象的属性之外,图形对象的颜色、线型和线宽的设置也可

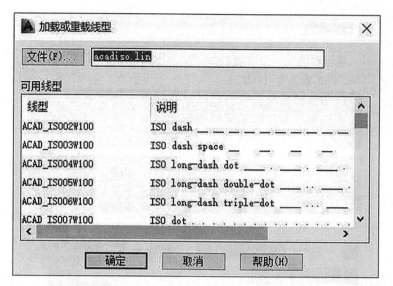

图 10-8 "加载或重载线型"对话框

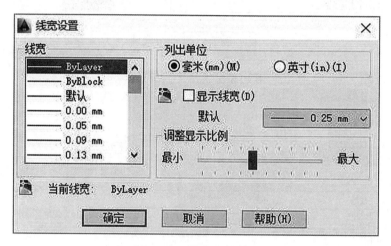

图 10-9 "线宽"对话框

以在"特性"工具栏(见图 10-10)中实现。在"特性"工具栏相对应的下拉列表框中,"ByLayer"表示图形对象的特性与其所在图层的特性一致;"ByBlock"表示图形对象的特性与其所在图块的特性保持一致;如果选择某一具体图形对象特性,则随后所绘制对象的特性保持不变,与图形所在的图层、图块的特性无关。

图 10-10 "特性"工具栏

10.1.4 图形文件的管理

1. 新建图形文件

调用方式:菜单"文件/新建"或标准工具栏图标。

命令:NEW↙

启动"新建"文件命令后,AutoCAD 会弹出"选择样板"对话框(见图 10-11),系统在列表框中列出一些预先设置好的标准样板文件,用户可以根据需要在此框中选择合适的样板文件。通常状况下"acad"或者"acadiso"两种空白样板文件使用的比较多,其中"acad"为英制,图形界限的尺寸为 12 英寸×9 英寸,"acadiso"为公制,图形界限尺寸为 420 毫米×297 毫米。

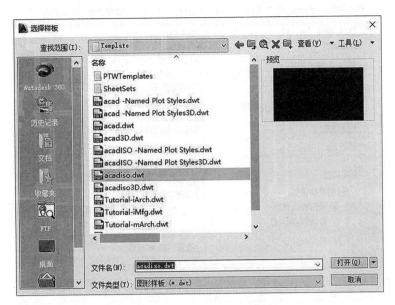

图 10-11 "选择样板"对话框

2. 打开已有的图形文件

调用方式:菜单"文件/打开"或标准工具栏图标 ![]。

命令:OPEN↙

命令激活后,AutoCAD 弹出的"选择文件"对话框中,通过浏览框内的文件,可以快速选择要打开的文件。

3. 保存图形文件

调用方式:菜单"文件/保存"或标准工具栏图标 ![]。

命令:SAVE↙

命令激活后,AutoCAD 弹出的"图形另存为"对话框,选择一个合适的路径,并在"文件名"文本框中输入文件名。用户通过对 AutoCAD 系统变量 SAVETIME 的设置还可实现每隔多少分钟自动存盘一次,缺省设置为 120 分钟。

10.1.5 辅助绘图工具

AutoCAD 提供给用户一些辅助绘图工具,如捕捉、栅格、正交等,以帮助用户方便、准确地在屏幕上定位点,绘制和编辑图形。这些辅助绘图工具的打开与关闭,可通过点击状态栏上相应的按钮实现。

1. 栅格显示工具

栅格是显示在屏幕上一系列排列规则的点,它类似自定义的坐标纸,为用户提供了一个辅助的绘图空间。它显示的区域就是用户定义的绘图界限,其栅格点的间距和数量可由用户设置。

调用方式:菜单"工具/绘图设置"或 F7 键。

命令:GRID↙

命令激活后,弹出"草图设置"对话框(见图 10-12),选择"捕捉与栅格"标签,其中"启用栅格"复选框用以控制是否显示栅格;栅格 X 轴间距和 Y 轴间距用来设置 X 方向和 Y 方向的栅格间距;如果它们的值为 0,则 AutoCAD 自动将其间距设置为捕捉栅格间距。

2. 栅格捕捉工具

为了准确地在屏幕上定位,用户可以利用栅格捕捉工具将十字光标锁定在屏幕上的栅格点上。如图 10-12 所示,其中"启用捕捉"复选框用以控制栅格捕捉功能是否打开;捕捉间距用以设定 X 或 Y 方向的捕捉间距;角度、X 基点和 Y 基点文本框用以设置栅格的旋转角度和旋转基点;"捕捉类型"选项卡用以设置捕捉类型和方式,捕捉类型有栅格与极轴两种,捕捉方式有矩形与等轴测两种。

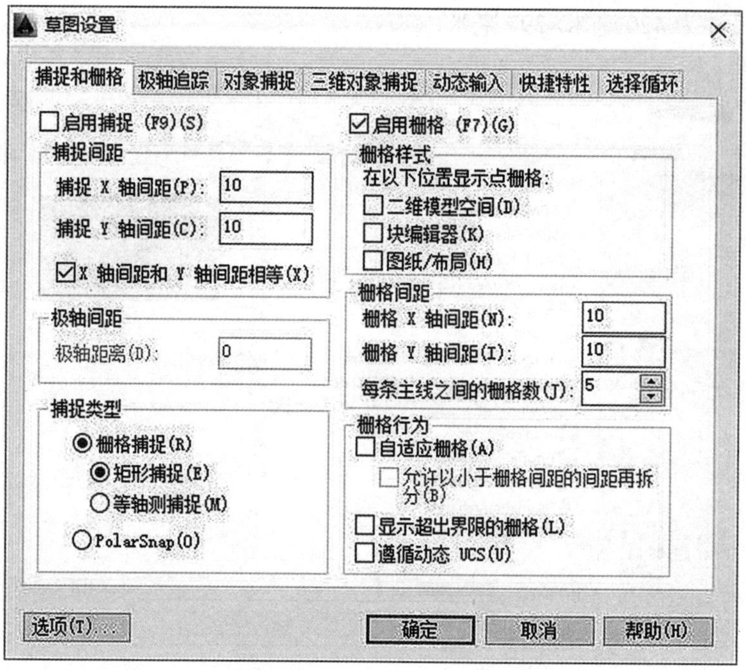

图 10-12 "草图设置"对话框

调用方式:菜单"工具/草图设置"或 F9 键。
命令:SNAP↙
3. 对象捕捉工具

在利用 AutoCAD 绘图时,用户可以使用对象捕捉工具迅速而准确地捕捉到图形对象的几何特征点,如圆的圆心,直线的中点、端点等。

调用方式:菜单"工具/草图设置"。
命令:OSNAP↙

命令激活后,弹出"草图设置"对话框,选择"对象捕捉"标签(见图 10-13),其各选项功能如表 10-1 所示。

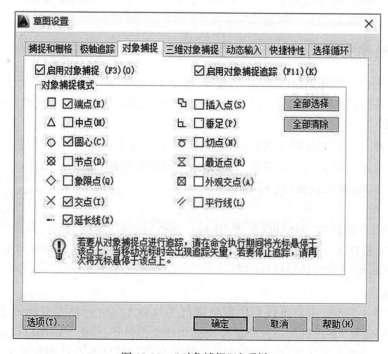

图 10-13 "对象捕捉"选项栏

表 10-1　　　　　　　　　　　　　　　　对象捕捉模式功能表

捕捉模式	功　　能
端点	捕捉对象的端点
中点	捕捉对象的中点
圆心	捕捉圆或圆弧的圆心
节点	捕捉一个对象点
象限点	捕捉圆或圆弧的最近象限点(0°,90°,180°,270°)
交点	捕捉对象的交点
延伸	捕捉指定对象的延伸线上的点
插入点	捕捉文本对象和图块的插入点
垂足	捕捉与对象的正交点
切点	捕捉与圆或圆弧相切的点
平行	捕捉与对象平行路径上的点
最近点	捕捉对象上距光标最近的点
外观交点	捕捉图形对象的交叉点

4. 正交模式工具

正交模式的使用可以控制在绘制直线时光标沿 X 轴或 Y 轴方向平行移动。用鼠标单击状态栏上"OR-THO"按钮或按 F8 键即可控制正交模式的开或关。

5. 自动追踪

在 AutoCAD 中,用户可以指定按某一角度或利用点与其他图形对象的特定关系来确定点的方向,称为自动追踪。自动追踪分为极轴追踪和对象捕捉追踪。

(1)极轴追踪。

极轴追踪是利用指定角度的方式设置点的追踪方向。根据当前设置的追踪角度,引出相应的极轴追踪虚线进行追踪,以定位目标点。在"草图设置"对话框的"极轴追踪"选项卡可以设置极轴追踪的参数。

(2)对象捕捉追踪。

对象捕捉追踪是利用点与其他图形对象的特定关系来确定追踪方向。一般与对象捕捉配合使用。该功能可以使光标从对象捕捉点开始,沿对齐路径进行追踪,以找到用户需要的精确位置。

6. 动态输入

在 AutoCAD 中,用户通过点击状态栏的"DYN"控制按钮,可以在指针位置显示标注输入和命令提示等信息,从而更好地提高用户绘图的效率。

7. 模型/布局

模型/布局的控制按钮主要用于用户在模型空间与图纸空间之间的切换。

10.1.6　图形的显示控制

在用 AutoCAD 绘图时,所绘制的图形都显示在视窗中,如果想清晰地观察一幅较大的图形或查看图形的局部结构,却要受到屏幕大小的限制,为此 AutoCAD 提供了多种显示控制命令,通过移动图纸或调整显示窗口的大小和位置来有效地显示图形。

1. 缩放显示

ZOOM 命令用于对屏幕上显示的图形进行缩放,就像照相机的变焦镜头一样可放大或缩小当前窗口中图形的显示大小,而图形的实际尺寸并不改变。

调用方式:菜单"视图/缩放"或缩放工具栏(见图10-14)。

图 10-14 "缩放"工具栏

命令:ZOOM↵
指定窗口的角点,输入比例因子 (nX 或 nXP),或者
[全部(A)/中心(C)/动态(D)/范围(E)/上一个(P)/比例(S)/窗口(W)/对象(O)] <实时>:主要选项说明:

指定窗口角点——定义一个矩形窗口来控制图形的显示,窗口内的图形将占满整个屏幕。

输入比例因子——图形以中心为基点按给定的比例因子放大或缩小,缩放时是以全部缩放时的视图为基准;如果比例因子后加"X",则相对当前视图缩放,如果比例因子后加"XP",则相对图纸空间缩放。

A——在当前视窗中显示全部图形,包括超出绘图边界的部分。

C——在指定图形的显示中心缩放。

D——动态缩放。选择D以后,在屏幕上将显示有三个矩形框:淡绿色的矩形框(点线框)表示当前显示范围;蓝色矩形框(点线框)标记出当前图形边界范围;黑色视图框(实线框)用于控制图形的显示。当视图框中包含一个"×"标志时,可以把它移到需要显示图形的地方,然后按一下鼠标左键,框内"×"消失,在视图框的右侧将出现一个方向箭头,表示可以通过拖放鼠标改变窗口的大小,如果再单击鼠标左键,又将出现"×"标记,回到移动视图框状态。一旦在"×"标志的窗口下按回车键,将按最后定义的窗口大小显示图形。

E——显示整个图形,使图形充满屏幕。

P——恢复当前显示窗口前一次显示的图形。

除此之外,还可以从标准工具条上单击"实时缩放"图标,采用实时缩放,此时屏幕光标变为放大镜符号,当按住鼠标左键垂直向下拖动光标可以缩小图形显示。相反,如果按住鼠标左键垂直向上拖动光标可以放大图形显示,其缩放比例与当前绘图窗口的大小有关。

2. 平移显示

调用方式:菜单"视图/平移"或标准工具栏图标。
命令:PAN↵

平移显示是在不改变图形显示缩放比例的情况下,通过在屏幕上移动图形来显示图形的不同部分。单击标准工具条上的平移按钮,光标变成手形,按住鼠标的左键,移动鼠标,屏幕上的图形会随光标的移动而移动,以显示所需观察部分的图形。

10.2 二维绘图命令

AutoCAD 为用户提供了一整套内容丰富、功能强大的交互式绘图命令集。其中二维绘图命令是绘图操作的基础,任何较为复杂的平面图形都可以看做由简单的点和线构成,均可使用 AutoCAD 二维绘图命令实现。

绘图命令的调用方式主要有四种:直接在命令行的"命令:"提示下输入绘图命令;从"绘图"菜单、"绘图"工具栏(见图10-15)或在"绘图"功能选项面板中调用绘图命令。

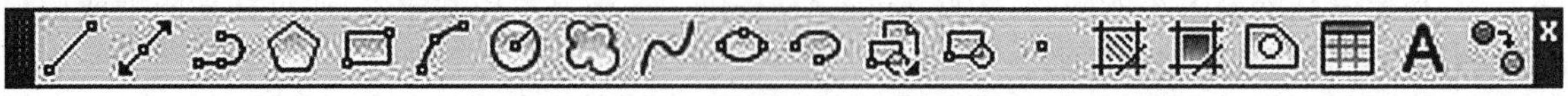

图 10-15 "绘图"工具栏

10.2.1 点的绘制

1. 坐标的输入方式

大部分 AutoCAD 命令在执行过程中都需要精确定位,需要输入参数或点的坐标。坐标一般可分为绝对坐标与相对坐标两种,其中绝对坐标是以原点(0,0,0)作为基点来定位的,而相对坐标是以上一个操作点作为基点来确定点的位置。其输入方式主要有以下几种:

(1)直角坐标

点的绝对直角坐标是当前点相对于坐标原点的坐标值,其输入格式是:X,Y,Z。

点的相对直角坐标输入格式是:@X,Y,Z,其中 X、Y、Z 是当前点相对于上一个点的坐标增量。

(2)极坐标

绝对极坐标与相对极坐标输入格式是:距离<角度与@距离<角度。其中,距离为当前点与原点(或前一点)连线长度,角度为该连线与 X 轴正方向的夹角。

(3)球面坐标

球面坐标输入格式:距离<角度1<角度2。其中,距离为点与相对点(原点或先前点)连线的距离;角度1为该连线在 XY 面上的投影与 X 轴正方向的夹角;角度2为该连线与 XY 面的夹角。

2. 绘制点

(1) 设置点样式

AutoCAD 为用户提供了各种样式的点。可以通过改变系统变量 PDMODE 和 PDSIZE 的值,或打开"格式"菜单中的"点样式"对话框(见图 10-16)来设置点的标记图案及点的大小。

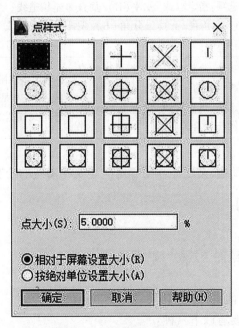

图 10-16 "点样式"对话框

(2)绘制单点

调用方式:菜单"绘图/点/单点"或绘图工具栏"点"图标。

命令:POINT ✓

指定点:(输入点的坐标) ✓

(3)绘制等分点与测量点

如果要在指定的图形对象上绘制等分点或测量点,可从命令行直接输入 DIVIDE 或 MEASURE 命令,或者在下拉菜单选择:"绘图/点/定数等分或定距等分",为了使点标记明显,一般是先设置点的标记图案及大小,然后再绘制等分点与测量点。

161

10.2.2 直线的绘制

1. 绘制直线段

调用方式：菜单"绘图/直线"或绘图工具栏"直线"图标。

命令：LINE ✓

指定第一点：(输入直线段的第一点坐标) ✓

指定第二点或[放弃(U)]：(输入直线段的第二点坐标) ✓

指定下一点或[闭合(C)/放弃(U)]：✓

主要选项说明：

逐步输入直线的端点，可以绘出连续的直线段。以 U 响应，表示取消先前画的一段直线；以 C 响应，表示将绘制的折线首尾相连，成为封闭的多边形，并退出此命令。用此命令绘制的连续线段的每一个线段都是一个独立的实体，具有独立的属性。

2. 射线、构造线及多线的绘制（见表10-2）

表 10-2　　　　　　　　　　　射线、构造线及多线的绘制

命令	调用方式	功能及选项	主要选项说明
RAY	菜单："绘图/射线"	绘制射线	用 RAY 绘制的射线具有单向无穷性
XLINE	菜单："绘图/构造线"；绘图工具栏"构造线"图标	功能：绘制双向无限延长的构造线，可用于绘图的辅助线。选项：指定点或[水平(H)/垂直(V)/角度(A)/二分角(B)/偏移(O)]	指定点-绘制通过指定两点的构造线。H-绘制通过指定点的水平构造线。V-绘制通过指定点的铅垂构造线。A-按指定角度绘制构造线。B-绘制等分一个角或等分两点的构造线。O-绘制与指定线平行的构造线
MLINE	菜单："绘图/多线"；绘图工具栏"多线"图标	功能：绘制由多条互相平行的直线组成的一个对象。选项：指定起点或[对正(J)/比例(S)/样式(ST)]	J-确定多线随光标定位方式。AutoCAD 将给出顶线、零线和底线三种定位方式。S-确定多线相对于定义线宽的比例。ST-选择当前多线样式

其中构造线主要用于作图辅助线，多线往往用于房屋建筑物墙线的绘制。

10.2.3 圆与圆弧的绘制

1. 圆的绘制

调用方式：菜单"绘图/圆"或绘图工具栏"圆"图标。

命令：CIRCLE ✓

指定圆的圆心或[三点(3P)/两点(2P)/相切、相切、半径(T)]：

AutoCAD 中绘制圆的方式主要有以下六种：

圆心、半径——根据输入的圆心和半径创建圆。

圆心、直径——根据输入的圆心和直径来创建圆。

2P——输入直径上两个端点来创建圆。

3P——输入圆周上的三个点来创建圆。

T——通过指定与两个对象相切并给定圆的半径来创建圆(见图10-17)。

A——绘制与三个图形对象相切的圆(见图10-18)。

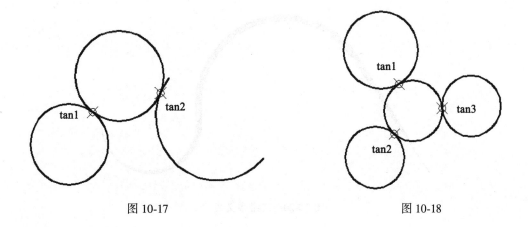

图 10-17　　　　　　　　　　　图 10-18

2. 圆弧的绘制

调用方式:菜单"绘图/圆弧"或绘图工具栏"圆弧"图标。

命令：ARC

指定圆弧的起点或[圆心(C)]：

主要选项说明：

AutoCAD 提供了十一种绘制圆弧的方式(见图10-19),缺省使用三点法,即指定圆弧的起点、圆弧上一点和圆弧的终点。此外,还可利用圆心角、弦长等方式创建圆弧。

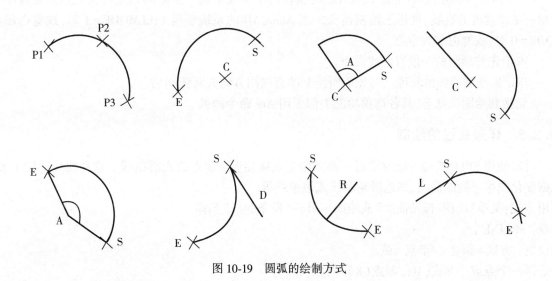

图 10-19　圆弧的绘制方式

3. 椭圆与椭圆弧的绘制

调用方式:菜单"绘图/椭圆(椭圆弧)"或绘图工具栏"椭圆(椭圆弧)"图标。

命令：ELLIPSE↙

指定椭圆的轴端点或[圆弧(A)/中心点(C)]：

选项说明：

指定椭圆的轴端点——以一轴上的两个端点和另一半轴长度创建椭圆。

C——以椭圆中心、某一轴上的一个端点和另一半轴长度创建椭圆。

A——选择绘制椭圆弧方式。

10.2.4　二维多段线的绘制

PLINE 命令用于绘制由不同宽度的直线或圆弧段组成的连续线段(见图10-20)。AutoCAD 把多段线看成一个单一的实体,并可用多段线编辑命令 PEDIT 对多段线进行编辑。

图 10-20 二维多义线

调用方式：菜单"绘图/多段线"或绘图工具栏"多段线"图标。

命令：PLINE ✓

指定起点：(输入起始点坐标) ✓

当前线宽为 0.0000：(显示当前线宽)。

指定下一点或 [圆弧(A)/半宽(H)/长度(L)/放弃(U)/宽度(W)]：(输入终止点坐标) ✓

主要选项说明：

指定起点——输入直线段的端点，并以当前线宽绘制直线段。

H/W——指定当前直线或圆弧的起始段、终止段的半宽或全宽。如果起始点与终止点的宽度不等，则可以绘制一条变宽度的直线，可用于绘制箭头。当 AutoCAD 的系统变量 FILLMODE=1 时，线宽内部填实；FILLMODE=0 时，线宽内部为空心。

U——取消先前绘制的一段直线或圆弧。

L——指定要绘制直线的长度。与先前所绘制的直线同方向或圆弧相切。

A——切换到绘圆弧状态，其各选项功能类似于用 Arc 命令画弧。

10.2.5 样条曲线的绘制

用户可以使用 SPLINE 命令绘制通过一系列给定点或接近给定点的光滑曲线。这种曲线适用于表达具有不规则变化曲率半径的曲线，如地形轮廓线或波浪线等。

调用方式：菜单"绘图/样条曲线"或绘图工具栏"样条曲线"图标。

命令：SPLINE ✓

前设置：方式=拟合　节点=弦

指定第一个点或 [方式(M)/节点(K)/对象(O)]：

M——确定是使用拟合点还是使用控制点来创建样条曲线；

K——用来确定样条曲线中连续拟合点之间的零部件曲线如何过渡；

O——将二维或三维的二次或三次样条曲线拟合多段线转换成等效的样条曲线。

当设定拟合公差值 Fit tolerance=0 时，样条曲线将通过每一个控制点；当设定该值为非 0 时，样条曲线仅通过起始点和终止点。

10.2.6 多边形的绘制

1. 矩形的绘制

调用方式：菜单"绘图/矩形"或绘图工具栏"矩形"图标。

命令：RECTANGLE ✓

指定第一个角点或 [倒角(C)/标高(E)/圆角(F)/厚度(T)/宽度(W)]：

主要选项说明：

指定第一个角点——给定矩形的两个对角点来创建矩形。

C——绘制倒直角矩形,并设置倒角的距离。
F——绘制倒圆角矩形,并设置圆角的半径。
E/T——创建具有深度和厚度的矩形。
W——创建具有宽度的矩形。

2. 正多边形的绘制

调用方式:菜单"绘图/正多边形"或绘图工具栏"正多边形"图标。

命令: POLYGON ↙

输入边的数目<4>:(输入多边形边数)↙

指定正多边形的中心点或[边(E)]:(输入正多边形中心点)↙

输入选项[内接于圆(I)/外切于圆(C)]<I>:

可以选择以圆内接法(I)或圆外切法(C)绘制正多边形,其中 Edge 项是由边长及其方向、边数确定正多边形。

10.2.7 文字注释

文字是工程图样中不可缺少的一部分,在进行各种设计时,我们不仅要绘出图形,还要标注一些文字说明,如图形对象的注释、标题栏内容的填写和尺寸标注等。AutoCAD 提供了强大的文本标注与文本编辑功能,本节主要介绍 AutoCAD 2014 的文本标注与编辑。

1. 设置文字的样式

AutoCAD 2014 图形中所有的文字都有其相对应的文字样式,文字样式包括文字的字体、字高和特殊效果等特征,它是用来确定文字字符和字符外观形状的。

调用方式:菜单"格式/文字样式"或"样式工具栏"图标。

命令:STYLE ↙

命令激活后,AutoCAD 弹出"文字样式"对话框(见图10-21)。其中"样式名"控件组可用于新建、修改、删除字体样式;"高度"文本框内用于设置字体的高度,如果在文本框内给定高度值,则在标注文本过程中不提示输入字高,如高度值设为0,表示字高在标注过程中设置;"效果"控件中的各组选项用于控制字体的特殊效果。

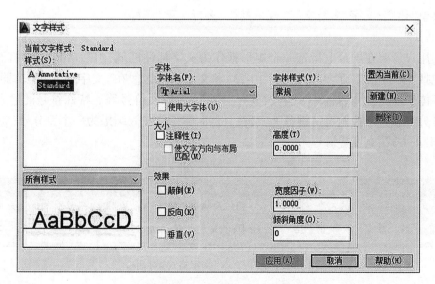

图 10-21 "文字样式"对话框

2. 单行文本标注

在 AutoCAD 中,可以使用 TEXT 或 DTEXT 命令在图形上添加单行文字对象。

调用方式:菜单"绘图/文字/单行文字"。

命令:TEXT ↵

当前文字样式:Standard 当前文字高度:2.5000

指定文字的起点或[对正(J)/样式(S)]:

主要选项说明:

指定文字的起点——指定文字标注的起始点。AutoCAD 继续提示用户输入字高、文字的旋转角以及输入文本内容。

样式——选择已有的文字样式。缺省使用"Standard"样式。

对正——指定文本的对齐方式。AutoCAD 提供了十五种文本对齐方式:左(L)、对齐(A)、调整(F)、中心(C)、中间(M)、右(R)、左上(TL)、中上(TC)、右上(TR)、左中(ML)、正中(MC)、右中(MR)、左下(BL)、中下(BC)、右下(BR)(见图 10-22)。其中,A 表示文字的高、宽比例不变,将其内容摆满指定两点所在范围内;F 表示文字高度不变,通过自动调节文字宽度来摆满指定两点所在范围内;C 表示以文字串的中点对齐排列;R 则以文字串的最右点对齐排列文本。缺省选项 L 是以文字串的最左点对齐排列;M 表示以文字串的垂直、水平方向的中点对齐排列;选项中的缩写 T、M 和 B 分别指在顶、中和底线上定位,L、C、R 则分别表示以左、中、右对齐排列文字串。

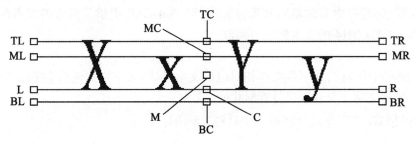

图 10-22 文本对齐方式

3. 标注多行文字

在 AutoCAD 中,除了可以使用单行文字的命令在图形中添加文字以外,还可以使用 MTEXT 命令标注多行文字。

调用方式:菜单"绘图/文字/多行文字"或工具栏"多行文字"图标。

命令:MTEXT ↵

命令激活后,用户需要在屏幕上指定一个矩形框作为文字标注区域,然后 AutoCAD 打开多行文本的文本在位编辑器,包括"文字格式"工具栏(见图 10-23)和文本输入区。在"文字格式"编辑器中,用户可以设置文字的样式、字体、字高、粗体、斜体、下画线、放弃、文字颜色以及符号等。特殊符号的输入可利用"符号"按钮,还可用双百分号和一个控制符从键盘上实现。例如,%%% 输入结果为一个百分号(%)。同时还可以控制多行文本的对正方式、宽度等。

图 10-23 多行文本"文字格式"对话框

MTEXT 命令以段落的方式处理输入的文字,输入的多行文字是一个整体。该工具栏不仅可以用于输入文字,还可以对文字进行实时修改和重新设置。

4. 文字编辑

调用方式:菜单"修改/对象/文字/编辑"。

命令:DDEDIT↵
选择注释对象或[放弃(U)]
用户也可以直接双击需编辑的文本对象,直接进入文本编辑器后对文本进行编辑。

10.3 图形的编辑

图形编辑是指对图形对象进行修改、移动、复制或删除等操作,AutoCAD 提供了强大的图形编辑功能,用户可以在"修改"工具栏(见图10-24)中激活或从命令行输入图形编辑命令。

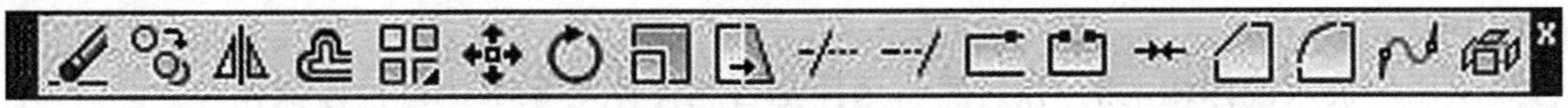

图 10-24 "修改"工具栏

10.3.1 构造选择集

用户在编辑图形对象时,AutoCAD 通常会提示"选择对象:",此时十字光标变成小方框(拾取框),提供给用户选择图形对象,这种操作过程称之为构造选择集。下面介绍几种常见的选择集构造方式(见表10-3):

表 10-3   选择集的主要构造方式

构造方式	功 能
直接拾取	缺省方式,用"拾取框"在屏幕上逐个地点取对象,被选中的图形呈虚线显示
Windows/Crossing	定义一个矩形窗口,窗口的大小由两个对角点确定。W-窗口以内的对象将全部被选中;C-窗口内以及与其相交的所有对象都被选中
默认窗口	直接将"拾取框"移到屏幕上的某个位置,单击鼠标左键,在"Other corner:"提示下,拖曳鼠标拉成一个矩形窗口,再单击鼠标左键得到一个定义窗口。当从左向右定义窗口时,AutoCAD 按 Window 方式拾取对象;当从右向左定义窗口时,则按 Crossing 方式拾取对象
ALL	选择当前文件中全部可见的图形对象
Last	选择当前文件中用户最后创建的图形对象
Undo	除去选择集中最后一次选择的对象

10.3.2 删除与恢复

ERASE 与 OOPS 命令用于删除图形对象和恢复图中最后一次用 ERASE 命令删除的图形对象。

10.3.3 取消与重做

UNDO 与 REDO 命令用于取消已经执行的命令操作和恢复用 UNDO 取消的命令操作。

10.3.4 复制图形

1. 简单复制

COPY 命令用于将选定的对象复制到指定位置,且原对象保持不变,还可以多重复制。
调用方式:菜单"修改/复制"或修改工具栏"复制"图标。
命令:COPY↵
选择对象:(选择需复制的对象)

选择对象:↙

当前设置:复制模式=多个

指定基点或[位移(D)/模式(O)]<位移>:

主要选项说明:

指定基点或位移——指定要复制对象的基点或按指定两点所确定的位移量来复制对象。

O——选择单个或多个的复制方式,对所选对象进行复制。

2. 镜像复制

MIRROR 命令用于将选定的对象按指定的镜像线作对称复制。

调用方式:菜单"修改/镜像"或修改工具栏"镜像"图标。

命令:MIRROR↙

命令行提示用户输入镜像线上的两点,然后选择是否删掉原对象来执行镜像操作。

3. 等距复制

OFFSET 命令用于对图形对象进行偏移复制,如创建平行线、平行曲线或同心圆。

调用方式:菜单"修改/偏移"或修改工具栏"偏移"图标。

命令:OFFSET↙

当前设置:删除源=否 图层=源 OFFSETGAPTYPE=0

指定偏移距离或[通过(T)/删除(E)/图层(L)]<通过>:

主要选项说明:

指定偏移距离——输入复制对象的偏移距离,然后选择需复制的对象并点取复制的方向。

T——指定复制对象通过的一个点。

E——是否在偏移源对象后将其删除。

L——将偏移对象创建在当前图层,还是源对象所在图层。

4. 阵列复制

ARRAY 命令用于将选定的对象按照矩形或环形阵列方式进行多重复制。

调用方式:菜单"修改/阵列"或修改工具栏"阵列"图标。

命令:ARRAY↙

选择对象:

类型 = 矩形 关联 = 是

选择夹点以编辑阵列或[关联(AS)/基点(B)/计数(COU)/间距(S)/列数(COL)/行数(R)/层数(L)/退出(X)]<退出>:

矩形阵列命令执行后,根据命令行参数显示,用户需输入行数(R)和列数(COL)、行间距和列间距(S)等参数;选择环形阵列方式时,须输入环形阵列的中心点、复制对象的数目、项目之间的角度及复制的总角度。

10.3.5　平移图形

调用方式:菜单"修改/移动"或修改工具栏"移动"图标。

命令:MOVE↙

命令行提示用户选择需移动对象,对象选择完毕后回车,继续提示用户指定平移的基点或平移位置的起点与终点。

10.3.6　旋转图形

调用方式:菜单"修改/旋转"或修改工具栏"旋转"图标。

命令:ROTATE↙

命令行提示用户选择需旋转的对象,对象选择完毕后回车,继续提示用户指定旋转的基点,然后输入旋转的角度或以参考角度方式旋转图形。

10.3.7 缩放图形

调用方式:菜单"修改/缩放"或修改工具栏"缩放"图标。

命令:SCALE ↙

命令行提示用户选择需缩放的对象,对象选择完毕后回车,继续提示用户指定缩放的基点,然后指定一个绝对缩放的比例因子或输入两个长度值,并自动算出缩放比例。

10.3.8 修整图形

1. 修剪

TRIM 命令可以在一个或多个对象定义的边界上精确地剪切对象。剪切边界可以是直线、圆、圆弧、多义线、椭圆、样条曲线、构造线、填充区域、浮动的视区和文字等。

调用方式:菜单"修改/修剪"或修改工具栏"修剪"图标。

命令: TRIM ↙

选择剪切边…

选择对象:(选取剪切边界对象) ↙

选择对象: ↙

选择要修剪的对象,或按住"Shift"键选择要延伸的对象,或[栏选(F)/窗交(C)/投影(P)/边(E)/删除(R)/放弃(U)]:(选择需剪切的对象) ↙

主要选项说明:

F——以栏选的方式选择对象。

C——以窗交的选择方式选择对象。

P——指定修剪对象时使用的投影方式。

E——该项确定是否对剪切边界延长后,再进行剪切。

操作过程如图 10-25 所示。

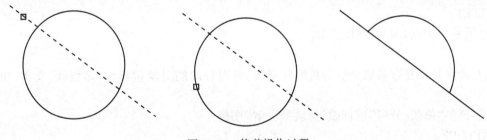

图 10-25　修剪操作过程

2. 断开

BREAK 命令用于删除对象的一部分或将一个对象分成两部分,包括"打断于点"和"打断"两种方式,其中"打断"方式操作步骤如下。

调用方式:菜单"修改/打断"或修改工具栏"打断"图标

命令: BREAK ↙

命令行提示用户选择需断开的对象,对象选择完毕后,AutoCAD 以拾取点为第一点,继续提示用户指定第二点,然后剪断并删除这两点间的图形。如果以 F 响应,用户需重新输入第一点、第二点,然后剪断并删除这两点间图形。

3. 倒角

(1)倒直角。

CHAMFER 命令是利用一条斜线来连接两个不平行的对象。

调用方式:菜单"修改/倒角"或修改工具栏"倒角"图标。

命令：CHAMFER↵
("修剪"模式) 当前倒角距离 1 = 0.0000,距离 2 = 0.0000
选择第一条直线或 [放弃(U)/多段线(P)/距离(D)/角度(A)/修剪(T)/方式(E)/多个(M)]
主要选项说明：
选择第一条直线——选定倒角的第一条边,然后再选定倒角的另一条边。
P——对整条二维多义线作相同的倒角。
D——给定一条边的倒角距离,然后再给定另一条边的倒角距离。
A——以给定第一条边的倒角长度和倒角线的角度的方式进行倒角。
T——确定倒角对象是否要被修剪。
E——设置使用两个倒角距离还是一个倒角距离一个角度的方式倒角。
M——为多组对象倒角。
各选项含义如图 10-26 所示。

图 10-26 修剪选项示意图

(2)倒圆角。
FILLET 命令实现用指定半径的圆弧来相切连接两个对象。
调用方式：菜单"修改/圆角"或修改工具栏"圆角"图标 。
命令：FILLET↵
其各选择项的功能与 CHAMFER 类似。

4. 分解

EXPLODE 命令是将复合对象分解为其组件对象,可以分解的对象包括块、多段线、文本、矩形、多边形及面域等。
调用方式：菜单"修改/分解"或修改工具栏"分解"图标
命令：EXPLODE↵
命令激活后,用户直接在屏幕上选择需分解的对象即可。

10.3.9 二维多段线编辑

PEDIT 命令用于编辑由 PLINE 命令绘制的多段线,包括打开、封闭、连接、修改顶点、线宽、曲线拟合等多段线操作。
调用方式：菜单"修改/对象/多段线"或"修改Ⅱ"工具栏"编辑多段线"图标。
命令：PEDIT↵
选择多段线或 [多条(M)]：(选择需编辑的多段线)↵
输入选项 [闭合(C)/合并(J)/宽度(W)/编辑顶点(E)/拟合(F)/样条曲线(S)/非曲线化(D)/线型生成(L)/反转(R)/放弃(U)]：
主要选项说明：
C/O——将开放的多段线闭合或将闭合的多段线断开。
J——把直线、圆弧或其他多段线与正在编辑的多段线合并成一条多段线。
W——修改多段线的线宽。

E——对多段线进行顶点编辑。用户可以实现选择上一个或下一个顶点为当前编辑顶点;断开多段线;插入新的顶点;移动当前顶点;重新生成多段线;拉直两点之间的多段线等功能。

F——用一条双圆弧曲线拟合多段线。

S——用一条 B 样条曲线拟合多段线,其控制点为多段线各顶点。

D——拉直多段线所有曲线段,包括 F、S 所产生的曲线。

L——重新生成多段线,使其线型统一规划。

10.3.10 多线编辑

MLEDIT 命令是用于编辑由 MLINE 绘制的多线。当图形中有两条多线相交,可以通过此命令所提供的多种方法来控制和改变它们的相交点,如交点为十字形或 T 字形,则十字形或 T 字形相交处可以被闭合、打开或合并。

调用方式:菜单:"修改/对象/多线"。

命令执行后,AutoCAD 弹出"多线编辑工具"对话框(见图 10-27),框中各图标形象地显示了几种多线编辑功能的实现效果,用户可以用鼠标直接选择相应的工具,然后再点取需要编辑的多线,即可实现多线的编辑。

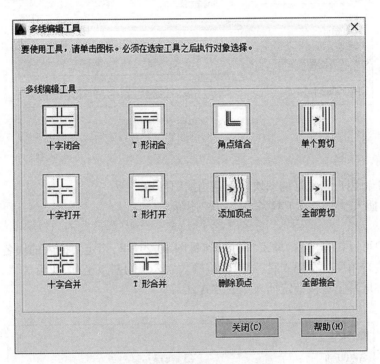

图 10-27 "多线编辑工具"对话框

10.4 图块与图案填充

10.4.1 图块的设置

用户在绘制工程图时,经常要重复绘制一些图形,如建筑施工图中的标高符号、门窗符号和一些图例符号等。为了提高绘图效率,节省磁盘空间,通常将需要重复绘制的图形预先定义成块,然后再插入到图中所需要的位置。

1. 定义图块

块是一组特定对象的集合,其中各个对象可以有自己的图层、颜色、线型、线宽等特性。一旦这组对象定义成块,就变成了一个独立的实体,并被赋予块名、插入基点、插入比例等信息。在 AutoCAD 中创建块的命令是 BLOCK。

调用方式:菜单:"绘图/块/创建…"或绘图工具栏"创建块"图标。
命令:BLOCK ↙

命令激活后,弹出"块定义"对话框(见图10-28),其中"名称"下拉列表框用以输入或选择块名。块名及定义均保存在当前图形文件中,如果将块插入到其他图形文件中,必须使用 WBLOCK 命令;"基点"选项组是用以设置块的插入基准点,用户可以采用两种方式设置基点:用鼠标点取或在 X、Y、Z 框中输入基点坐标;"对象"选项组是用来确定构成图块的图形对象;"插入单位"用于选择插入时所需的单位。

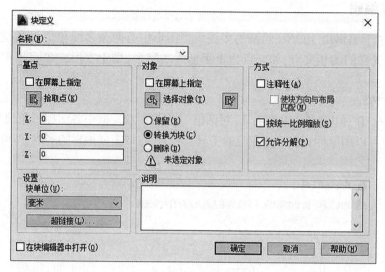

图 10-28 "块定义"对话框

2. 插入图块

INSERT 命令用于将用户定义好的图块插入到当前图形中。

调用方式:菜单"插入/块…"或工具条"插入块"图标。

命令:INSERT↙

命令执行后,用户可以在弹出的"插入"对话框(见图10-29)里,指定要插入的块名、所在文件的路径、插入基点、缩放比例和旋转角度。在插入时,可以直接输入插入块的基点坐标、块沿 X、Y、Z 方向的缩放比例以及旋转角度;或选择在屏幕上直接指定插入点的方式。

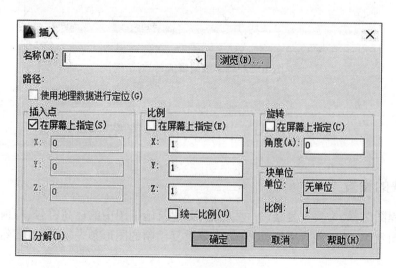

图 10-29 "插入"对话框

3. 图块存盘

WBLOCK 命令用于将图形对象或图块保存到一个指定的图形文件中,以便于后期图块的插入。当命令被激活时,弹出"写块"对话框(见图10-30)。

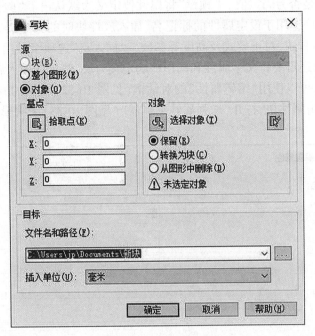

图10-30 "写块"对话框

"块"单选框用于在右边的列表框中选择一个图块,保存为图形文件。
"整个图形"单选框用于把当前整个图形保存为图形文件。
"对象"单选框只把属于图块的对象保存为图形文件。
"基点"用于指定图块插入基点的坐标。
"对象"指定要保存到图形文件中的对象,有三种保存方式。
"目标"选项组用于指定块或对象要输出到的文件的名称、路径以及块插入的单位。

4. 属性块的创建与编辑

属性是附属于图块的一种非图形信息,属性不能独立存在,用于对图块进行文字说明。
调用方式:菜单:"绘图/块/定义属性…"
命令:ATTDEF✓
命令激活后,会弹出"属性定义"对话框(见图10-31),在该对话框内,包括"模式"、"属性"、"文字设置"及"插入点"四个选项组。

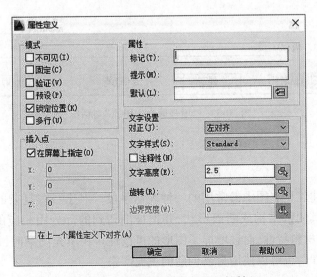

图10-31 图块的"属性定义"对话框

173

其中"模式"选项组主要用于控制属性的显示模式,其中"不可见"用于设置属性块插入后是否显示属性值。"固定"是设置属性值是否为固定值。"预设"将属性值定义为默认值。"验证"用于在插入块时确认属性值是否正确。"属性"选项组用于设定属性的标记名、插入属性块时的文字提示及属性的默认值。"文字设置"用于设置属性文字的样式、对正模式及高度等参数。"插入点"选项组是用于设置属性文字的插入点。

当用户定义了属性后,还需要将文字属性和图形一起定义为块,然后在插入属性块时才能体现属性的作用。当用户插入属性块时,可以使用"编辑属性"的对话框(见图 10-32)对块的属性值和属性的文字特性等内容进行修改。也可以双击属性块,打开"增强属性编辑器"(见图 10-33)来编辑块属性。

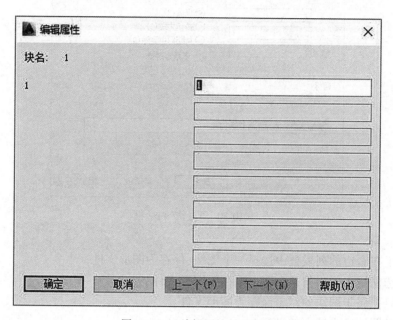

图 10-32 "编辑属性"对话框

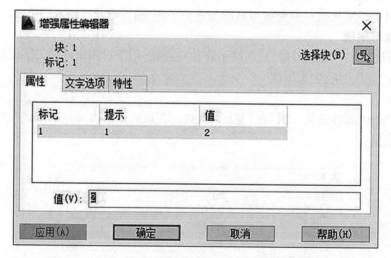

图 10-33 "增强属性编辑器"对话框

10.4.2 图案填充

剖面图与断面图是土建工程制图中最常用的一种表达手段。对于一些复杂的建筑构件和建筑物,往往要采用剖切的方法来表达其内部结构或断面形状,并把被剖切到的部分用相应的剖面符号(图案)加以填充,这样不仅描述了对象的材料特性,而且增加了图形的可读性。在填充图案时,用户可以使用 AutoCAD 提供的图案库(ACADISO.PAT),也可以使用自己创建的填充图案。

1. 图案填充命令

调用方式:菜单"绘图/图案填充"或绘图工具条"图案填充"图标。

命令:BHATCH ✓

命令执行后,屏幕上弹出"图案填充和渐变色"对话框(见图 10-34),其中包括"图案填充"和"渐变色"两个选项卡,"图案填充"选项卡用于确定填充图案、填充边界、设定填充方式等内容,"渐变色"选项卡用于渐变色填充中各参数的设置。

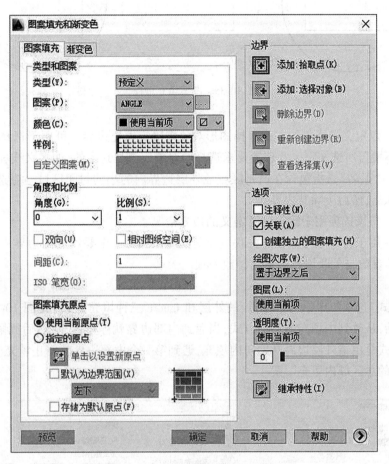

图 10-34 "边界图案填充"对话框

(1)"图案填充"选项

①"类型"下拉列表框。AutoCAD 提供有三种类型图案:预定义图案、用户自定义图案和定制图案。预定义图案是指 AutoCAD 提供的标准图案,它们均保存在 ACAD.PAT 或 ACADISO.PAT 文件中。用户自定义图案是用户以当前线型定义的一种简单图案,它只能生成一组平行线或两组相互垂直的平行线。定制图案是指用户为某一种特定图形所设计的图案,它可以存放在 ACADISO.PAT 文件中,也可以存放在某个指定的图案文件(.PAT)里。

②"图案"下拉列表框。框中列出了所有的预定义图案,用户可以从中选取所需要的图案,或单击列表旁边的"…"按钮打开"填充图案调色板",从中选择某一种标准图案。

③"角度比例"。设置填充图案的角度和比例。

(2)确定填充边界

填充边界是指由直线、双向构造线、多义线、圆、圆弧、椭圆、椭圆弧、块等对象构成的封闭区域。定义填充边界有以下几种方式:

"拾取点"——通过用拾取内部点的方式自动确定填充边界。当用户单击"拾取点"按钮后,命令窗口提示用户在填充区域内部任意拾取一点,拾取某区域内部点后,AutoCAD 将自动检测到包围该区域的边界并在屏幕上虚线显示边界集,然后按回车键结束选择,返回到"边界填充图案"对话框,按"确定"按钮开始填充,操作过程如图10-35所示。

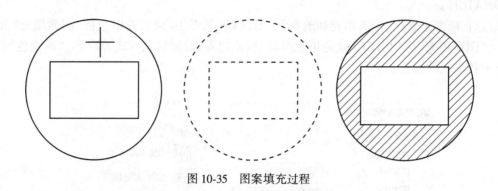

图10-35 图案填充过程

"选择对象"——以定义选择集的方式选择图形对象来确定填充边界。可用于选择诸如文字类的对象,使得在填充图案时不覆盖所选文字。此选项要求选择的对象应该是封闭的,如多义线、圆、椭圆、矩形等。

"删除孤岛"——"孤岛"是指包含在填充区域最外层边界内的小的封闭区域。当选择该项时,AutoCAD提示用户指定某个孤岛,然后废除其边界。

"查看选择集"——该选项用于察看已经定义的边界情况。

"继承特性"——用于将一个已存在的关联填充图案应用到另一个要填充的边界中,此边界内填充图案的名称、比例、角度等参数与关联填充图案的参数一致。

(3)填充模式。

在"孤岛检测样式"选项组中给出了普通、最外层和Ignore三种填充方式(见图10-36)。普通方式是一种自最外层边界开始,从外到内填充图案的方式,当遇到内部边界就停止填充,然后间隔一个区域继续按这种方式填充;外部方式是由最外层边界开始向内填充,遇到第一个内部边界就停止填充。忽略方式将忽略所有内部边界,在定义的总区域内填充图案。

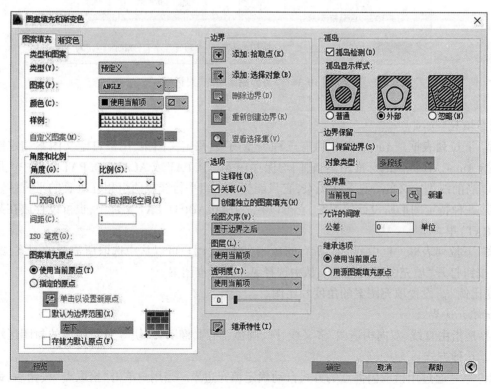

图10-36 "边界图案填充"对话框

2. 编辑填充图案

创建填充图案以后,用户可以通过 HATCHEDIT 命令对填充图案进行编辑,如修改填充图案、改变图案的比例和角度、修改填充方式等。

调用方式:菜单"修改/对象/图案填充"。

命令:HATCHEDIT↙

在 AutoCAD 中用填充命令生成的图案是一个图形对象,图案中的每个点和线条均为一个整体,用户不能对图案中某条线作修改,只有采用二维图形编辑命令 EXPLODE(分解),将图案分解成多条线段的组合,才能对其中的线条进行编辑。

10.5 尺寸标注

10.5.1 尺寸标注样式

尺寸样式用以控制尺寸标注的外观和格式,如尺寸的测量单位格式与精度、尺寸箭头的形状与大小、尺寸文字的书写大小和方向、是否标注带有公差的尺寸等。AutoCAD 为用户提供的缺省尺寸标注样式名是 ISO-25,用户也可以根据绘图的需要建立不同的尺寸标注样式。

1. 尺寸标注样式管理器

在绘图时,为了便于用户标注尺寸,AutoCAD 为用户提供了一个标注样式管理器(见图 10-37),用于创建、修改、替换和比较尺寸样式。

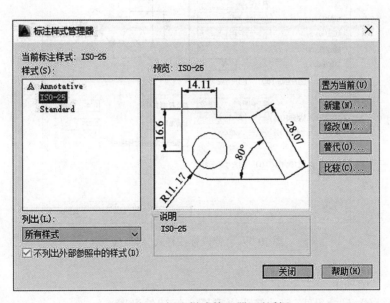

图 10-37 "标注样式管理器"对话框

调用方式:菜单"格式/尺寸样式…"或"标注"工具栏图标

命令:DIMSTYLE↙

各主要选项功能如下:

置为当前——将用户选择的尺寸标注样式设置为当前样式。

新建——新建尺寸样式。单击"新建"按钮,弹出"创建新标注样式"对话框(见图 10-38),在"新样式名"编辑框中输入新建样式的名称,并在"基础样式"列表框中选择新标注样式的基础样式(缺省为 ISO-25),表明新样式将继承指定样式的所有外部特征。在"用于"列表框中指定新样式的应用范围。

修改——修改当前样式中的标注。

替代——允许用户建立临时的替代样式,即以当前样式为基础,修改某种标注。

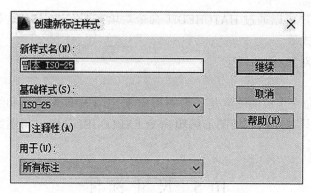

图 10-38 "创建新标注样式"对话框

比较——用于比较两个样式之间的差异。

2. 编辑尺寸样式

当用户选择了修改或替代选项时,AutoCAD 将弹出(见图 10-39)所示的"修改标注样式"对话框,该对话框中有 6 个选项卡,每个选项卡的内容和功能简述如下:

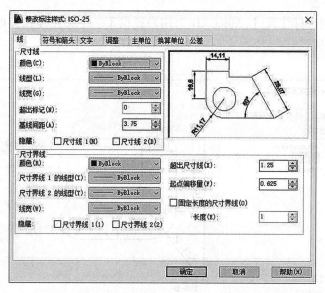

图 10-39 "修改标注样式"对话框

(1)"直线与箭头"选项卡

此选项卡包含尺寸线、尺寸界线、尺寸箭头以及圆心标记的设置。

(2)"尺寸文字"选项卡

此选项卡用于设置尺寸文字的样式、外观、书写方向、位置以及对齐方式等属性。

(3)"调整"选项卡

该选项卡可以调整尺寸界线、箭头、尺寸文字以及引线间的相互位置关系。

(4)"主单位"选项卡

AutoCAD 把当前标注的尺寸单位称主单位,并在该选项卡中提供了多种方法来设置其单位格式和精度,同时还可设置标注文字的前缀和后缀。

(5)"换算单位"选项卡

此选项卡是用来设置尺寸标注的换算单位的格式和精度。通过换算,可以将一种单位转换到另一种测量系统中的标注单位,如公制标注和英制标注之间相互转换等。

(6)"公差"选项卡

用户在标注公差之前,首先要选择一种合适的标注格式,然后再设定公差值的精度、上偏差值和下偏差值,并设置公差文字与标注测量文字的高度比例等。

10.5.2 尺寸标注

AutoCAD 提供了多种类型的尺寸标注,如线性标注、对齐标注、坐标标注、角度标注、半径和直径标注、基线标注、连续标注、引线标注等,以适用于建筑图、机械图、土木图、电工图等不同类型图形的尺寸标注。

调用方式:菜单"标注"或"标注"工具栏(见图10-40)。

图 10-40 "标注"工具栏

命令: DIM ✓

1. 线性标注

线性型尺寸是指标注两点之间的直线距离尺寸,可分为水平、垂直和旋转三种基本类型。

调用方式:菜单"标注/线性"。

命令: DIMLIN ✓

指定第一个尺寸界线原点或 <选择对象>:

指定第二条尺寸界线原点:

指定尺寸线位置或

[多行文字(M)/文字(T)/角度(A)/水平(H)/垂直(V)/旋转(R)]:

主要选项说明:

指定第一条尺寸界线的起点或<选择对象>——用户可以指定两条尺寸界线的起点或回车选择需标注的对象,如果用鼠标选中对象,AutoCAD 将自动测量指定边的起始点和终止点的长度。

M——选择多行文本编辑方式以替换测量值。

T——选择单行文本编辑方式以替换测量值。

A——指定一个角度来摆放尺寸文字。

H/V——确定标注水平或垂直尺寸。

R——指定尺寸线的旋转角度。

2. 对齐标注

使用对齐标注时,尺寸线与尺寸界线起点的连线平行,适合于标注倾斜的直线。

调用方式:菜单"标注/对齐"。

命令: DIMALI ✓

其各选项的功能类似于 DIMLIN 命令。

3. 坐标标注

DIMORD 命令可以标注图形中任意一点的 X 或 Y 坐标值。

调用方式:菜单"标注/坐标"。

命令: DIMORD ✓

4. 半径/直径标注

DIMRAD 或 DIMDIA 命令用于标注指定圆弧、圆的半径或直径尺寸。

调用方式:菜单"标注/半径(直径)"。

命令: DIMRAD ✓

选择圆弧或圆:

指定尺寸线位置或 [多行文字(M)/文字(T)/角度(A)]:

用户可以响应 M、T 或 A,来输入、编辑尺寸文本或者书写角度,也可直接给定尺寸线的位置,标注出指定圆或圆弧的半径或直径。

5. 角度标注

DIMANG命令可以标注两直线间夹角、圆弧中心角、圆上某段弧的中心角以及由任意三点所确定的夹角。

调用方式：菜单"标注/角度"。

命令：DIMANG ↙

选择圆弧、圆、直线或 <指定顶点>：

指定标注弧线位置或［多行文字(M)/文字(T)/角度(A)/象限点(Q)］：

当图形对象为直线时，标注两条直线间的角度；当图形对象为圆弧时，标注圆弧的角度；当图形对象为圆时，标注圆及圆外一点的角度；缺省情况标注图形上三点的角度。

6. 基线标注

基线标注是指以某一条尺寸界线为基准线，连续标注多个同类型的尺寸(见图10-41)。

调用方式：菜单"标注/基线"。

命令：DIMBASE ↙

指定第二条尺寸界线的起点或［放弃(U)/选择(S)］<选择>：

主要选项说明：

指定第二条尺寸界线的起点——直接确定另一个尺寸的第二条尺寸界线的起点，然后AutoCAD继续提示确定另一个尺寸的第二条尺寸界线的起点，直至标注完全部尺寸。

U——取消此次操作中最后一次基线标注的尺寸。

S——该缺省项表示要由用户选择一条尺寸界线为基准线进行标注。

7. 连续标注

连续型尺寸也是一个由线性、坐标或角度标注组成的标注族(见图10-42)，标注后续尺寸将使用上一个尺寸的第二条尺寸界线作为当前尺寸的第一条尺寸界线，适用于一系列连续的尺寸标注。

调用方式：菜单"标注/连续"。

命令：DIMCONT ↙

指定第二条尺寸界线原点或［放弃(U)/选择(S)］<选择>：

在标注基准型或连续型尺寸时，图形中必须存在线性、角度或坐标尺寸，否则应响应S来选择标注。在标注进程中，AutoCAD总是继续提示本类型的标注，直到键入S，再按回车键结束操作。如果要取消刚刚标注的尺寸，可选择U响应。

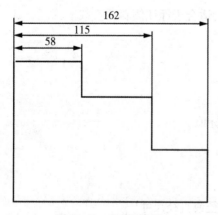
图10-41 基线型标注

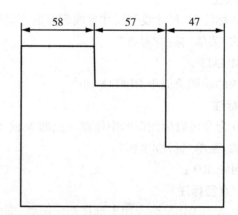
图10-42 连续型标注

8. 引线标注

在设计图中，对于一些小尺寸或者有多行文字注释的尺寸及图形，可采用引线旁注的形式来标注。引线样式可在尺寸样式管理器中设置。

调用方式:菜单"标注/引线"。
命令: QLEADER ↵

9. 圆心标注

在 AutoCAD 中,用户可以用 DIMCENTER 命令,对圆或圆弧标注圆心或中心线。圆心标记与中心线的尺寸格式在"新建标注样式"对话框中设置。

调用方式:菜单"标注/圆心标记"。

10.5.3 编辑尺寸对象

AutoCAD 2014 可以对已标注尺寸对象的特性进行修改。

1. DIMEDIT 命令

用于编辑尺寸标注中的尺寸线、尺寸界线以及尺寸文字的属性。

调用方式:菜单"标注/倾斜"。

命令:DIMEDIT ↵

输入标注编辑类型[默认(H)/新建(N)/旋转(R)/倾斜(O)] <默认>:

主要选项说明:

H——缺省把尺寸文字恢复到默认的位置;

N——更新所选的尺寸文本;

R——改变尺寸文本行的倾斜角度;

O——调整线性尺寸界线的倾斜角度。

2. DIMTEDIT 命令

用于对已标注的尺寸文字的位置和角度进行重新编辑。

调用方式:菜单"标注/对齐文字"。

命令: DIMTEDIT ↵

选择标注:

指定标注文本的新位置或[左(L)/右(R)/中心(C)/默认(H)/角度(A)]:

AutoCAD 允许用户用光标来定位文字的新位置,其选项的功能如图 10-43 所示。

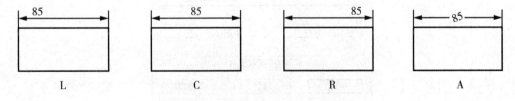

图 10-43　文字编辑选项示意图

10.6　三维绘图基础

AutoCAD 具有强大的三维绘图功能,它能构造出三维点、三维线、三维面以及三维实体,并允许用户对三维实体进行三维编辑,以构成更加复杂的三维模型。本节主要介绍有关三维绘图的基本概念及三维造型的基本操作,为用户后续的三维建模打下基础。

10.6.1　三维实体的观察

用户在编辑图形时,常常需要从不同的角度观察图形,即首先要设置视点,所谓的视点是指用户观察图形对象时所处的观察方向。

1. 用 VPOINT 命令观察图形

在 AutoCAD 中,使用 VPOINT 命令可以确定观察三维模型的视点。

调用方式:菜单"视图/三维视图/视点"。

命令:VPOINT ↵

前视图方向:VIEWDIR = 0.0000,0.0000,1.0000

指定视点或[旋转(R)]<显示指南针和三轴架>:(输入一点的三维坐标来确定视点) ↵

主要选项说明:

R——根据指定的两个角度来确定视点的方向。第一个角度决定在 XY 平面上从 X 轴顺时针或逆时针旋转;第二角度决定从 XY 平面向上或向下旋转的角度。

显示指南针和三轴架——利用罗盘和坐标架来控制视点。当用回车响应时,在屏幕上显示一个坐标球和三轴架,可以移动十字光标到球体的任意位置,当光标移动时,三轴架随着坐标球指示的观察方向旋转。视点位置确定后回车,这时屏幕上将显示出新视点位置观察到的三维视图。

2. 视点的预置

在 AutoCAD 中,DDVPOINT 命令可以通过指定在 XY 平面中视点与 X 轴的夹角和视点与 XY 平面的夹角来设置三维观察方向。

调用方式:菜单"视图/三维视图/视点预置"。

命令:DDVPOINT ↵

命令执行后,弹出"视点预置"对话框,如图 10-44 所示,用户可以直接输入视点的角度值。

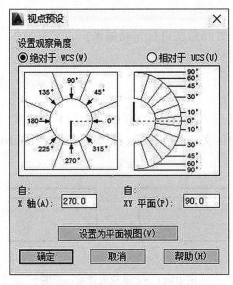

图 10-44 "视点预置"对话框

3. 特殊视点的设置

为了便于用户快速绘出基本视图(6 个基本视图与 4 个方位的正等测图),AutoCAD 提供了 10 个特殊视点。

调用方式:菜单"视图/三维视图"或"视图"工具栏(见图 10-45)。

图 10-45 "视图"工具条

其各选项功能如表 10-4 所示。

表10-4　　　　　　　　　　　　　　　"视图"功能表

菜单项	视点	菜单项	视点
Top(俯视图)	0,0,1	Back(后视图)	0,1,0
Bottom(仰视图)	0,0,-1	SW Isometric(西南等轴测)	-1,-1,1
Left(左视图)	-1,0,0	SE Isometric(东南等轴测)	1,-1,1
Right(右视图)	1,0,0	NE Isometric(东北等轴测)	1,1,1
Front(前视图)	0,-1,0	NW Isometric(西北等轴测)	-1,1,1

10.6.2　三维实体造型

1. 三维实体模型的构造方式

在计算机绘图中,有三种方式的三维模型:线框模型、表面模型和实体模型。线框模型只是用来描绘组成三维图形对象框架的点和线,它没有面和体的特征;表面模型定义了三维图形对象表面,具有面的特征,但没有体的特征;实体模型不仅定义了三维图形对象表面,而且还定义了表面所围成的一部分空间,具有体的特征,可以进行布尔运算,如挖孔、挖槽等,是一种高层次的三维模型。

2. 三维基本实体的创建

在 AutoCAD 2014 中,用户可以通过命令直接创建基本实体,如:长方体、圆锥体、圆柱体、球体、圆环体、和楔形体等。还可以通过拉伸或旋转二维图形对象来创建自定义的实体。

调用方式:菜单:"绘图/建模"或"建模"工具栏(见图10-46)。

图10-46　"建模"工具栏

(1)创建基本实体

例:创建长方体,BOX 命令用于创建长方体或正方体。

调用方式:菜单"绘图/实体/长方体"。

命令:BOX↙

指定长方体的角点或［中心点(CE)］<0,0,0>:(指定长方体对角线的一个端点)↙

指定角点或［立方体(C)/长度(L)］:(指定长方体对角线的另一个端点)↙

主要选项说明:

CE——通过指定中心点来确定长方体。

L——通过指定长、宽、高来创建长方体。

(2)创建拉伸三维实体

EXTRUDE 命令用于通过拉伸二维图形创建三维实体。

调用方式:菜单"绘图/实体/拉伸"。

命令:EXTRUDE↙

当前线框密度: ISOLINES=4

选择对象:选择需拉伸的二维图形对象

选择对象:↙

指定拉伸高度或［路径(P)］:(指定拉伸高度值)↙

指定拉伸的倾斜角度 <0>:

其中,路径(P)用于基于选定的曲线对象定义拉伸路径。所有指定对象的剖面都沿着指定的路径拉伸,路径可以为直线、圆、圆弧、椭圆、椭圆弧、多段线和样条曲线。

(3)创建旋转三维对象。

REVOLVE 命令可以通过旋转闭合的多段线、多边形、圆、椭圆、样条曲线及圆环、面域来创建三维对象。

调用方式:菜单"绘图/实体/旋转"。

命令:REVOLVE✓

当前线框密度: ISOLINES=4

选择对象:(选择需旋转的对象)✓

选择对象:✓

指定旋转轴的起点或定义轴依照 [对象(O)/X 轴(X)/Y 轴(Y)]:

指定轴端点:

指定旋转角度 <360>:

主要选项说明:

O——用于选择已有的直线或多段线中的单条线段定义旋转轴。

X,Y——将当前用户坐标系的 X、Y 轴正方向作为旋转轴。

10.6.3 三维实体的编辑与布尔运算

1. 三维实体的编辑

编辑三维对象的方法主要有:对齐、旋转、镜像、阵列。用户可以从"修改/三维操作"菜单或者通过"实体编辑"工具栏(见图 10-47)中实现相应的操作。

图 10-47 "实体编辑"工具栏

其具体功能如表 10-5 所示。

表 10-5　　　　　　　　　　　　　　**实体编辑功能表**

命令	调用方式	功　　能
ALIGN	修改/三维操作/对齐	用于在三维空间中移动和旋转对象。
ROTATE3D	修改/三维操作/三维旋转	用于三维对象绕一个三维轴旋转。
MIRROR3D	修改/三维操作/三维镜像	用于沿指定的镜像平面创建三维镜像对象。
3DARRY	修改/三维操作/三维阵列	用于在三维空间中按阵列的方式复制对象。

2. 三维实体的布尔运算

任何一个复杂的物体都可看做由若干简单基本体经过一定的组合方式组合而成。当用户在用 AutoCAD 中绘制一个复杂的三维实体时,可以用布尔运算将两个或两个以上的基本体组合成复杂的三维实体。Auto-CAD 中有三种基本的布尔运算运算:UNION(交)、SUBTRACT(差)和 INTERSECTION(交)。用户可以从"修改/实体编辑"菜单或者通过"实体编辑"工具栏(图 10-45)中实现相应的操作。

(1)并集运算(UNION)。

UNION 命令用于将一个或多个实体生成一个新的复合的实体。

调用方式:菜单"修改/实体编辑/并集"

(2)差集运算(SUBTRACT)。

SUBTRACT 命令用于从选定的实体中删除与另一个实体的共有部分。

调用方式:菜单"修改/实体编辑/差集"

(3)交集运算(INTERSECTION)。

INTERSECTION 命令用于将两个或多个实体的共有部分生成复合的实体。
调用方式:菜单"修改/实体编辑/交集"

10.6.4 三维实体的简单处理

1. 消隐

HIDE 命令用于生成三维模型的消隐图,它能自动删除单个实体的不可见轮廓线,也能删除多个实体中被遮挡住的线段。

调用方式:菜单"视图/消隐"。

命令:HIDE↙

2. 着色

SHADEMODE 命令可以在当前视窗中生成三维模型的着色图像。

调用方式:菜单"视图/着色"。

命令:SHADEMODE↙

3. 渲染

利用 AutoCAD 的渲染功能可以创建更加逼真的三维图形。在创建过程中,用户可以建立光源、调整光线、设置背景、附着材质、存储和观察来渲染图像。

调用方式:菜单"视图/渲染/渲染"

命令:RENDER↙

关于以上命令的具体使用方法,用户请参阅有关书籍,这里不一一赘述。

10.7 绘图实例

建筑平面图是建筑施工图中的基本图样之一,主要表示建筑物的平面形状、大小、房屋布局、门窗位置、楼梯、走道安排、墙体厚度及其承重构件的尺寸等。它是施工放线、建造、门窗安装、室内外装修、编制预算及备料等的依据。本节将以图 10-48 为例,来介绍建筑平面图的画法。

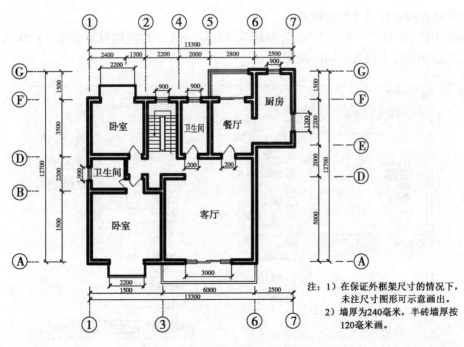

图 10-48　建筑平面图

10.7.1 绘图环境设置

正式绘图前首先要设置绘图环境,包括绘图界限、图层、颜色、线型、绘图辅助工具、尺寸标注样式和文字标注样式等。

1. 绘图界限

根据绘图要求,采用 acadiso.dwt 样板文件,图形的绘图界限为 420 毫米×297 毫米。本图的绘图比例为 1∶100,在绘图时按缩小 100 倍的尺寸绘制。

2. 图层设置

为了便于建筑平面图中各图形对象的管理,平面图的各组成要素要分别绘制在相应的图层上,这就需要建立相应的图层,并设置图层相应的颜色、线型和线宽等属性。如图 10-49 所示,在建筑平面图中被剖到的墙体线用粗实线,定位轴线用点画线,标注、门窗、轴线圆、楼梯一般用细实线。

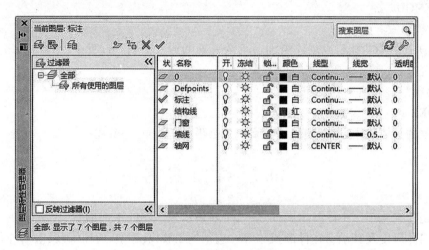

图 10-49　建筑平面图的图层设置

3. 设置文字标注样式和尺寸标注样式

在建筑平面图中文字标注一般为工程字,本建筑平面图中文字样式的设置如图 10-50 所示。字高一般设置为 0,便于在绘图过程中设置不同的高度。

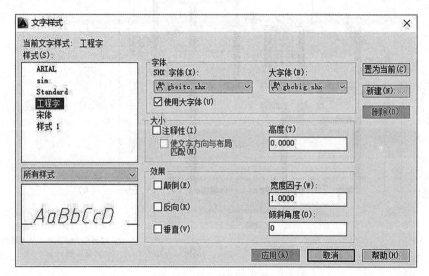

图 10-50　文字样式设置

尺寸标注样式的设置可以使用 AutoCAD 的标注样式管理器,根据图形的需要来调整标注样式的各种参数。由于在绘制时平面图是按缩小 100 倍的比例绘制,在标注的时候为了保证尺寸数字能反映真实大小,在尺寸标注样式管理器中要把主单位的测量单位的比例因子放大 100 倍。

10.7.2 图形绘制

1. 轴网绘制

建筑平面图中的定位轴网线(图 10-51),主要是用来确定房屋的承重构建(如墙体,结构柱等)的位置。定位轴网一般用细点划线,轴线圆的直径为 8 毫米,细实线绘制。

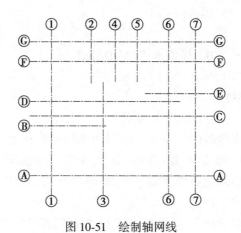

图 10-51 绘制轴网线

绘图步骤:

(1)设置当前图层为"轴网"。

(2)主要使用"偏移"命令,根据轴网尺寸绘制建筑平面图的水平和竖直轴网线。

(3)轴网圆的绘制可以根据图形要求创建"轴网圆"图块,赋予图块文字属性,然后在合适的点插入图块,并修改图块的文字属性即可。

(4)使用"修剪"命令修剪轴网线。

2. 绘制墙线

平面图里墙线的绘制主要采用"多线"命令和"多线编辑"命令。

绘图步骤:

(1)先设置当前图层为"墙线"。选择下拉菜单"格式/多线样式",在弹出的"多线样式"对话框中新建一个多线样式-"墙线",其多线样式具体参数的设置如图 10-52 所示。

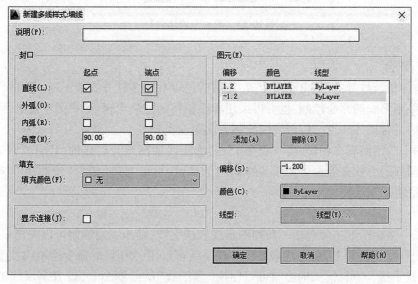

图 10-52 "墙线"的多线样式设置

(2)绘制墙线

使用"多线"绘制命令,修改多线的对正模式为"无",比例为1,样式为"墙线"。

命令:_mline

当前设置:对正 = 上,比例 = 20.00,样式 = STANDARD

指定起点或 [对正(J)/比例(S)/样式(ST)]: j

输入对正类型 [上(T)/无(Z)/下(B)] <上>: z

当前设置:对正 = 无,比例 = 20.00,样式 = STANDARD

指定起点或 [对正(J)/比例(S)/样式(ST)]: s

输入多线比例 <20.00>: 1

当前设置:对正 = 无,比例 = 1.00,样式 = STANDARD

指定起点或 [对正(J)/比例(S)/样式(ST)]: st

输入多线样式名或 [?]: 墙线

当前设置:对正 = 无,比例 = 1.00,样式 = 墙线

然后根据轴网定位和尺寸要求绘制内外墙线。绘制出来的墙线在连接处不符合要求,这时需要用"多线编辑"命令对其进行编辑。选择"修改/对象/多线"命令,弹出"多线编辑工具"对话框,在对话框中选择合适的选项来编辑墙线。后期如果墙线还有细节需要微调,可以在墙体上修剪完门窗洞后,使用"分解"命令将墙体分解后再进行编辑。

为了方便下一步平面图中门窗的插入,需要在墙体上,根据门窗的尺寸预先修剪好门窗洞。门窗洞的绘制可以先使用辅助线在门窗洞的精确位置定位,然后再使用"修剪"命令来修剪门窗洞,修剪后的具体效果如图10-53所示(隐藏轴网后)。

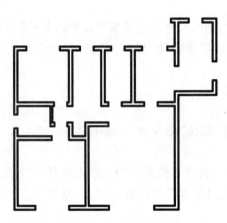

图10-53 平面图墙体绘制

3. 绘制门、窗、阳台

在平面图中包含相当数量的门、窗和阳台,在绘制时可以利用多种方式来实现。窗的图例符号是由四条平行线组成,可以采用多线的命令绘制,也可以采用单线偏移的方法实现,如果图中窗的数量众多,可以创建窗块,然后在合适的位置插入即可。阳台线的绘制方法跟窗类似。

该建筑平面图中门图例有多种样式,一般是45°的细实线加圆弧开启线的门图例,可通过设置45°极轴角度、绘制直线和圆弧的方式来绘制。如果是推拉门的样式,可以通过"矩形"绘制命令来实现。实现效果如图10-54所示(隐藏轴网后)。

4. 绘制楼梯

在建筑平面图中楼梯图形主要包括一系列踏步线和扶手线,踏步线的绘制可以先画一条起始线,然后使用"阵列"的命令进行矩形阵列复制,形成踏步线。扶手线可以用"矩形"的命令绘制内扶手线,然后使用"偏移"的命令形成外扶手线。下行箭头的绘制可以使用"多段线"的绘制命令,设置多段线的起始线宽为一个合适的数值,终止线宽设为0,即可形成箭头。楼梯绘制如图10-55所示。

图 10-54　平面图门、窗、阳台绘制

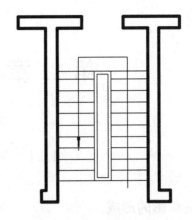
图 10-55　平面图楼梯绘制

5. 尺寸和文字标注

在平面图中需要标注的尺寸主要有房屋的总体尺寸,轴线间距、门窗的大小和定位尺寸及一些细部尺寸等。同时根据绘图要求,需要在图中注写文字,包括房间属性和说明文字等。

在标注时,首先设置"标注"图层为当前图层,打开"标注"工具栏,根据平面图的尺寸标注要求,主要使用"线性标注"和"连续标注"两种命令来完成尺寸标注。平面图中文字的注写按预设好的文字样式,根据绘图要求,在适当的位置书写文字。标注完成后的建筑平面图如图 10-48 所示。

第11章 建筑阴影

11.1 阴影的基本概念

11.1.1 阴和影的形成

如图11-1所示,物体表面直接受到光线照射的明亮部分,称为阳面;不受光线照射的阴暗部分,称为阴面(简称为阴)。阴面和阳面的分界线,称为阴线。由于物体是不透光的,照射在阴面上的光线被物体阻挡,使得物体本身或其他物体原来迎光的阳面上出现了阴暗部分,称为影子或落影(简称为影)。影子的轮廓线,称为影线。影子所在的面,称为承影面,承影面可以是平面也可以是曲面,但必须是阳面。阴与影合并称为阴影。

阴线上的点称为阴点,影线上的点称为影点,影点是照于阴点上的光线延长后与承影面的交点,即为阴点的影子,而影线实为阴线的影子。

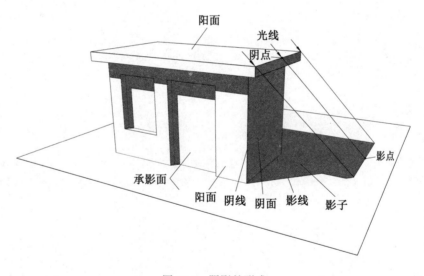

图11-1 阴影的形成

11.1.2 投影图中的阴影

在建筑图样中,对所描述的建筑物加绘阴影,可以大大增强图形的立体感和真实感。这种效果对正投影图尤为突出,如图11-2所示,根据屋檐落在墙面、门窗上影子的位置,可以看出凸凹的不同变化而具有立体感。

在正投影图中加绘阴影,实际是根据已知的投影图,画出阴和影的正投影,一般简单地说成是画物体的阴和影,在作图时着重画出阴影的准确几何轮廓,而不需表现明暗强弱变化。

11.1.3 常用光线

建筑物上阴影,主要是由太阳光产生的光线,可视为互相平行,称为平行光线。平行光线的方向可以任

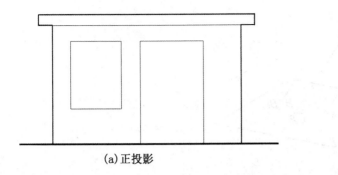
(a) 正投影

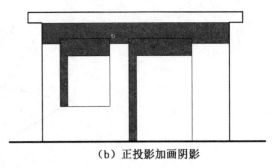
(b) 正投影加画阴影

图 11-2　正投影图中的阴影

意设定，但为了作图及度量方便，在建筑图上加画阴影时，通常采用正立方体前方左上角，射至后方右下角的对角线的方向，即光线 L 由物体的左、前、上方射来，并使光线 L 的三个投影 l、l'、l'' 对投影轴都成45°的方向，如图 11-3(a)所示，光线 L 的投影图如图 11-3(b)所示，这种方向的平行光线，称为常用光线。

常用光线与三个投影面的倾角均相等，设倾角为 α，立方体边长为1，则 $\tan(\alpha)=1/\sqrt{2}$，可算得 $\alpha \approx 35°$。

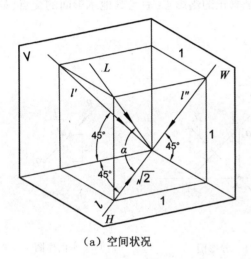
(a) 空间状况

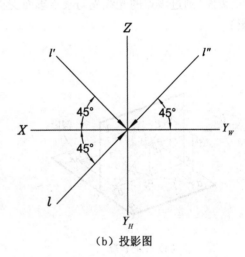
(b) 投影图

图 11-3　常用光线

11.2　点的落影

11.2.1　点落影的基本概念

空间一个点在任何承影面上的影子仍为一点，它实际是通过该点的光线与承影面的交点，即落影点。

在图 11-4 中，空间一点 A 在光线 L 照射下，落于承影面 P 上的影子为 A_P，实为照于 A 点的光线延长后与 P 面的交点。求点在承影面上的落影，实质上是求直线与面的交点。一点若在承影面上，其影子即为该点本身，如图 11-4 中的 B 点。

图 11-4 中所示的点 C，位于承影面 P 的下方，实际上 C 点不可能在 P 面上产生影子。现假设通过 C 点有一光线，与 P 面交于一点 $\overline{C}_P$，假想为 C 点的影子，以后把所有假想成的影子，均称为假影(虚影)。在以后的作图过程中，有时会利用假影来作图，一般情况下，不特别提出要作假影，而只要作真正的影子。

一般约定，点的落影用与该点相同的大写字母标记，并加脚注标记承影面的字母，如 A_P，表示空间点 A 落在 P 面上，假影则在字母上方再加一横划表示。如果承影面不是以一个字母表示，则脚注应以数字 0，1，2，… 表示。

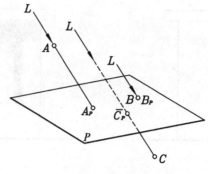

图 11-4 点的落影

11.2.2 投影图中点的落影

1. 承影面为投影面

当以投影面为承影面时,点的落影就是过该点的光线与投影面的交点(光线的迹点)。若有两个或两个以上的承影面,则过该点的光线先与某承影面交得的点,才是真正的落影点,后与其他承影面的交点,都是假影(虚影)。

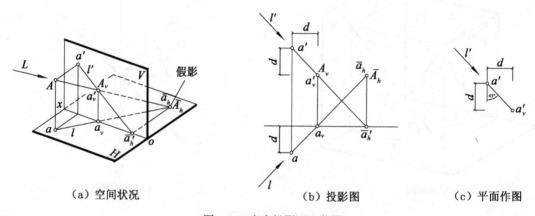

(a) 空间状况　　　　　　(b) 投影图　　　　　　(c) 平面作图

图 11-5 点在投影面上落影

从图 11-5(a)中看出,落影 A_v 的 V 面投影 a'_v 和 A_v 自身重合,其 H 面投影 a_v 则在 ox 轴上,a_v、a'_v 又分别位于光线 L 的投影 l、l' 上。因此,在投影图(b)中,求作点 A(a、a')的落影 A_v(a_v、a'_v),首先自 a、a' 引光线的投影,l 和 ox 轴相交,交点 a_v 就是落影 A_v 的 H 面投影,由此可在 l' 上求得 a'_v,也就是落影 A_v 自身。如光线的投影 l、l' 继续延长,l' 则与 ox 轴交于 $\bar{a}'_h$,由此在 l 上可求得 $\bar{a}_h$,即点 A 在 H 面上的假影 $\bar{A}_h$。

分析图 11-5(b)可看出,点 A 的落影 A_v 与其投影 a' 之间的水平距离和铅垂距离,都正好等于点 A 到 V 面的距离,即投影 a 到 ox 轴的距离。因此,空间点在某投影面上的落影,与其同面投影间的水平距离和垂直距离,都正好等于空间点到该投影面的距离。

根据上述特性,在常用光线下,由点的一个投影及点到该投影面(承影面)的距离,即可直接作出点在该投影面上的落影,这种直接作图方法称为单面作图法。如图 11-5(c)所示,已知 a' 及点 A 到 V 面的距离 d,先过 a' 作光线的影子 l',再在右下方取水平或垂直距离等于 d 的一点 a'_v 即为所求落影。

2. 承影面为特殊位置平面

对于特殊位置平面,可利用其积聚性求落影点。

(1)点落影在投影面平面上,可以利用积聚性作图,且具有可量性,因此也可以采用单面作图法作图。

一点及其落于某投影面平行面上的影子,两者在该投影面上两投影之间的水平距离和垂直距离,等于该点到承影面之间的距离(见图 11-6)。

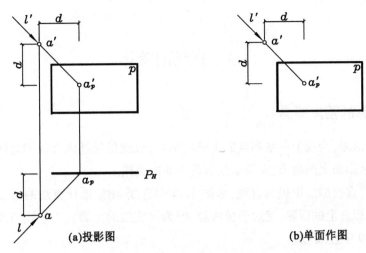

(a)投影图　　　　　　　　(b)单面作图

图 11-6　点在投影面平行面上落影

(2)点落影在投影面垂直面上,可利用积聚性作图,但不具可量性(见图 11-7)。

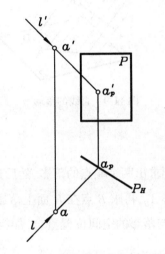

图 11-7　点在投影面垂直面上落影

3.承影面为一般位置平面

应用画法几何中所学的求作一般位置直线与一般位置平面交点的方法,求出过点 A 的光线与承影面的交点,即为点 A 的落影。

在图 11-8 中,包含光线作一铅垂面 P 为辅助平面,它与平面 ABC 交于直线ⅠⅡ,ⅠⅡ与光线的交点即为影子。

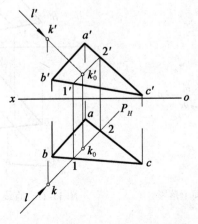

图 11-8　点在一般位置平面上落影

11.3 直线的落影

11.3.1 直线落影的基本概念

直线在承影面上的落影,为线上一系列点的影子的集合,也就是通过该直线的光线面与承影面的交线。因此,求作直线在某一承影面上的落影,实质上是求两个面的交线。

当承影面为平面时,直线的落影仍为直线,如图 11-9 中直线 AB。求作直线的落影,只要确定直线的两个端点或若干点在该承影面上的落影,然后连接成线,即为该直线的落影。当直线与光线方向平行,则其落影重影为一点,如图 11-9 中直线 CD。

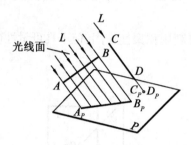

图 11-9 直线的落影

1. 直线在一个承影面上落影

直线落影于一个承影面时,只需分别求出两个端点的落影,然后连接起来即为所求。

图 11-10 中,先求 A 点在 H 面上落影 A_H,再求 B 点在 H 面上落影 B_H,然后将它们连接起来,即为所求。在投影图中落影 $A_H B_H$ 水平投影为 $a_h b_h$,与落影的空间位置重合,加粗线型表示,正面投影为 $a'_h b'_h$,在投影轴上可省略不画出。

如果平面落影在一般位置平面上如图 11-11 所示,则可分别求出 K、F 两个端点在平面 ABC 上的落影点,然后再将它们连接起来,即可求得直线 KF 在平面 ABC 上的落影,在投影图中,用投影 $k_0 f_0$、$k'_0 f'_0$ 表示。

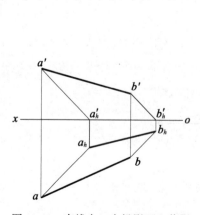

图 11-10 直线在一个投影面上落影

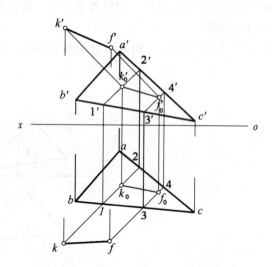

图 11-11 直线在一般位置平面上落影

2.直线在两个承影面上落影

当直线落影于两个不同的承影面上时,则需要分段分别求出落于不同承影面上的影子。

图 11-12 所示是直线在两个投影面上的落影,利用点 B 的假影 $\overline{b}_h$ 与影点 a_h 相连,从而在 ox 轴上得到折影点 K,连线 $A_H K$、KB_V 就是所求的两段落影。

图 11-13 中的直线可以用返回光线法,先求出落影于两个不同承影面上时的分界点 K,再分别求出 A 点在 Q 面上的落影,B 点在 P 面上的落影,连接 $A_Q K_Q$、$K_P B_P$ 即求得两段在不同承影面上的落影。

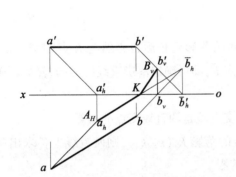

图 11-12　直线在两个投影面上落影

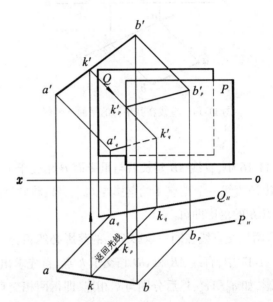

图 11-13　直线在两个相互平行的承影面上落影

11.3.2　直线落影的规律

直线的落影具有一定的规律,利用这些规律来作图,可以简化和提高作图的效率。

1.平行规律

(1)直线平行于承影平面,则直线的落影与该直线平行且等长。

图 11-14 中,直线 AB 与 P 面平行,直线 AB 在 P 面上的落影 $A_P B_P$ 必然平行于 AB 直线本身,且等长。投影图中 $ab // P_H$,直线 AB 与其落影 $A_P B_P$ 的同面投影平行且等长。根据这样的分析,只需求出直线 AB 一个端点的落影如 a'_p,即可作出与 $a'b'$ 平行且等长的落影 $a'_p b'_p$。

(2)两直线互相平行,它们在同一承影平面上的落影仍表现平行。

图 11-15 中,AB 与 CD 是两平行直线,它们在 P 面上的落影 $A_P B_P$ 与 $C_P D_P$ 必然互相平行。它们的同面投影也一定互相平行。因此,可先求出其中一条直线的落影如 $a'_p b'_p$,则另一直线 CD,只需求出一个端点的落影 c'_p,就可作出与 $a'_p b'_p$ 平行的落影 $c'_p d'_p$。

(3)一直线在相互平行的各承影面上的落影相互平行。

图 11-13 中,AB 直线落影于两个相互平行的平面 P、Q 上,过直线 AB 的光平面与两个平面相交的交线必然互相平行,也就是两段落影互相平行,$A_Q K_Q // K_P B_P$,这两段落影的同面投影也相互平行。

2.相交规律

(1)直线与承影面相交,直线的落影(或延长后)必然通过该直线与承影面的交点。

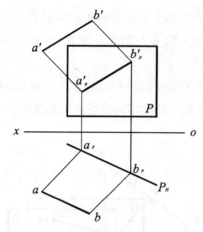

图 11-14 直线在其平行的平面上落影

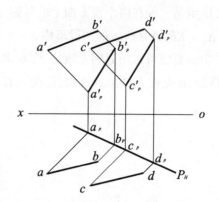

图 11-15 平行两直线的落影

图 11-16 中,直线 AB 延长后与承影面 P 相交于 K 点,直线的落影延长后也必然与 K 点相交。作图时,只需求出该直线一个端点 A 的落影 $A_P(a_p、a_p')$,将它连接到交点 K,即可确定落影直线的方向,然后再确定另一个端点 B 的落影即可。

(2)两相交直线在同一承影面上的落影必然相交,落影的交点就是两直线交点的落影。

图 11-17 中,直线 AB 和 CD 相交于 K 点,首先求出交点 K 的落影 $K_P(k_p、k_p')$,则两直线上各求出一个端点的落影,如 a_p' 和 c_p',然后分别与 k_p' 相连,即得两相交直线的落影。

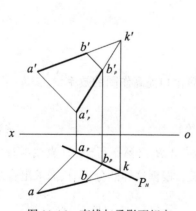

图 11-16 直线与承影面相交

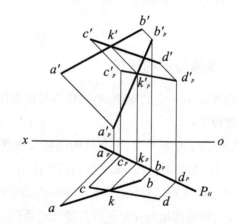

图 11-17 相交两直线的落影

(3)一直线在两个相交的承影面上的两段落影必然相交,落影的交点(称为折影点)必然位于两承影面的交线上。

图 11-18 中,直线 AB 在相交两平面 P 和 Q 上的落影,实际上是过 AB 的光平面与两承影平面的交线。作为影线的两条交线,与 P、Q 两面间的交线,必然相交于一点(即三面共面共点),这就是折影点 K_0。若延长 AB 直线与 P 平面交于 C 点,连接 a_p' 和 c' 两点,也可求得折影点 K_0。

如前图 11-12 中,是直线 AB 在两个投影面上的落影,图中利用 B 点在 H 面上的假影 $\bar{b}_h$ 与影点 a_h 相连,从而在 ox 轴上得到折影点 K。连线 A_HK 和 KB_V 就是所求的两段落影。

3. 垂直规律

(1)某投影面垂直线在任何承影面上的落影,在该投影面上的投影是与光线投影方向一致的 45°直线,

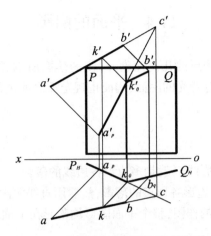

图 11-18　直线在相交两平面上的落影

落影的其余两投影彼此成对称图形。

（2）某投影面垂直线落影于由另一投影面垂直面所组成的承影面上时，落影在第三投影面上的投影，与该承影面有积聚性的投影成对称形状。

（3）某投影面垂直线在与它平行的另一投影面（或其平行面）上的落影，不仅与原直线的同面投影平行，且其距离等于该直线到承影面的距离。

图 11-19 所示，铅垂线 AB 在地面、房屋墙面和屋顶上的落影，实际上就是通过 AB 线所引光平面与 H 面和房屋表面的交线。由于 AB 垂直于 H 面，包含 AB 直线的光平面是一个 45°方向的铅垂面，其 H 面投影具有积聚性，所以光平面与 H 面及房屋表面相交所得到的落影，其 H 面投影表现为 45°直线。落影的另外两个投影 $b'_0c'_0d'_0a'_0$ 与 $b''_0c''_0d''_0a''_0$ 成对称图形。落影 $b'_0c'_0d'_0a'_0$ 也与侧面投影中地面、墙面、屋面的积聚性投影成对称形状。落影于墙面的 DC 段，其正面、侧面投影中 $d'c'//d'_0c'_0$、$d''c''//d''_0c''_0$ 且两者距离 s 都等于 DC 到墙面的距离。

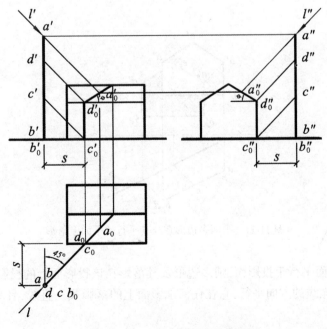

图 11-19　投影面垂直线的落影

11.4 平面的阴影

平面图形的落影是由构成平面图形的几何元素点、线的落影所围成,围成的区域本书规定涂浅黑色表示,即为影。平面有迎光的阳面,也有背光的阴面,阴面也规定需涂浅黑色表示,即为阴。这两部分合称为平面的阴影。

11.4.1 平面多边形的落影

(1)平面多边形的落影轮廓线(影线),就是多边形各边线的落影。

求作多边形的落影,首先作出多边形各顶点的落影,然后用直线顺次连接起来,即得多边形的落影。

如图 11-20 所示,为五边形落影的作图,整个平面图形均落影在 V 面上,所求出落影涂浅黑色表示。

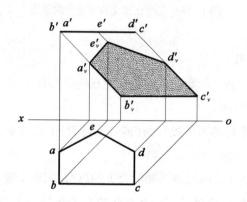

图 11-20 平面多边形在投影面上落影

(2)若平面多边形平行于承影平面,其落影与该多边形的大小、形状全同。它们的同面投影也相同。

如图 11-21 所示,为五边形落影于 P 面上。在 H 面投影中,两者是相互平行的铅垂面,五边形及其落影的 H 面投影均积聚成直线,它们的 V 面投影的形状和大小完全相同。落影被挡住的部分影线用虚线表示,该区域不涂黑,未被遮挡部分涂浅黑色表示。

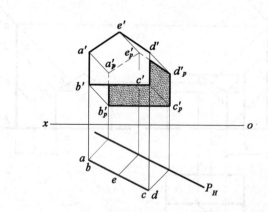

图 11-21 平面多边形在与其平行的平面上落影

若平面多边形及承影面平行于投影面,则多边形及其落影在该投影面上的投影均反映该多边形的实形。

(3)若平面多边形与光线的方向平行,它在任何承影面上的落影成一直线,且平面图形的两面均为阴面(见图 11-22)。

如图 11-22 所示的五边形,平行于光线的方向,它在铅垂承影平面 P 上的落影是一条直线 $D_P B_P$。这时,平面图形上只有迎光的两条边线 EA 和 AB 被照亮,而其他部分均不受光,所以两侧表面均为阴面,作图时阴

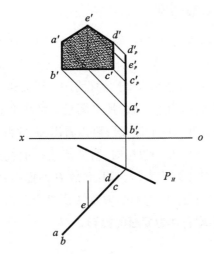

图 11-22 平面多边形平行于光线时的落影

面的投影 $a'b'c'd'e'$ 涂浅黑色表示。

（4）若平面图形落影于两个相交的承影面上，则应该注意求出影线在两承影面交线上的折影点。

图 11-23 中多边形落影于两个相交承影面 P 和 Q 上，可在 H 面投影中，运用返回光线确定影线上的折影点 K_0、J_0 从而完成作图。

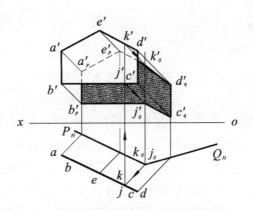

图 11-23 多边形落影于两相交平面上

图 11-24 是多边形落影于两个投影面上的例子，由于多边形平行于 H 面，故其落影在 H 面上的部分，与该多边形大小、形状相同。利用前面所讲的平行规律可以确定折影点的位置，如 CD 边上的折影点 K，可先求出 C 点在 H 面上的落影 c_h，再过 c_h 作 cd 的平行线，它与 ox 轴的交点即为折影点 K 的落影，返回光线即可确定 K 点的位置。

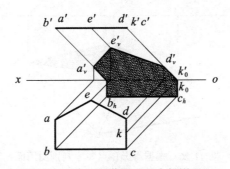

图 11-24 多边形落影于两个投影面上

11.4.2 平面图形阴面和阳面的判别

在光线的照射下,平面图形的一侧迎光,则另一侧必然背光,因而有阳面和阴面的区分。我们在正投影图中加绘阴影时,需要判别平面图形的各个投影,是阳面的投影还是阴面的投影。

(1) 当平面图形为投影面垂直面时,可在有积聚性的投影中,直接利用光线的同面投影来判别。

如图 11-25(a)所示,P、Q、R 三平面均为正垂面,其 V 面投影都积聚成直线,所以,只需判别它们的 H 面投影,是阳面的投影还是阴面的投影即可。从 V 面投影可以看出,光线照射在位于 45°所示范围内的平面 Q 的左下侧,这成为它的阳面,当自上向下作 H 面投影时,所见却是 Q 面背光的右上侧面,故 Q 面的 H 面投影表现为阴面的投影。而 P 面和 R 面,其上侧表面均为阳面,故 H 面投影表现为阳面的投影。

图 11-25(b)中所示三平面均为铅垂面,由它们的 H 面投影进行分析,可以判明 Q 面的 V 面投影表现为阴面的投影,而 P 和 R 面的 V 面投影均表现为阳面的投影。

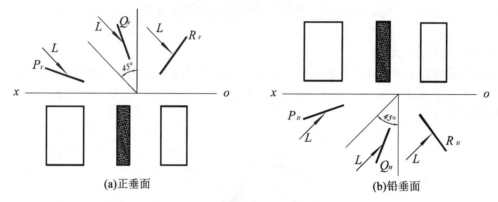

图 11-25 投影面垂直面的阴阳面判别

(2) 当平面图形处于一般位置时,若两个投影各顶点的旋转顺序相同,则两投影同为阳面的投影,或同为阴面的投影;若旋转顺序相反,则其一为阳面的投影,另一为阴面的投影。因为承影面总是迎光的阳面,所以,平面图形在其上的落影的各顶点顺序,只能与平面图形的阳面顺序一致,而与平面图形的阴面顺序相反。

如图 11-26 所示,作图判别时,可先求出平面图形在 H 面上的落影 $a_h b_h c_h$(涂浅黑色表示),它与平面图形的 H 面投影 abc 各顶点旋转顺序相同,故该平面图形的 H 面投影 abc 为阳面的投影,而该平面图形的 V 面投影 a'b'c' 各顶点顺序与之相反,故该 V 面投影 a'b'c' 为阴面的投影,也需涂浅黑色表示。

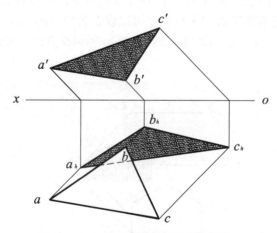

图 11-26 根据落影顶点顺序判别阴阳面

11.4.3 平面图形圆的落影

平面图形的轮廓是曲线时,则求作曲线上一系列具有特征的点的落影,并以光滑曲线顺次连接起来,即可得到该平面图形的落影。本书在此主要讨论圆的落影。

（1）当平面圆平行于投影面时,它在该投影面上的落影与其同面投影形状相同,为反映实形的圆形。求作阴影时,可先作出其圆心的落影,然后量取该圆形的半径画圆即可,如图 11-27 所示。

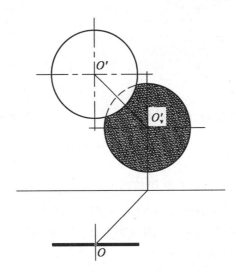

图 11-27　正平面圆在 V 面上落影

（2）当平面圆不平行于投影面时,其落影一般为椭圆形。圆心的落影成为落影椭圆的中心。

如图 11-28 所示为一水平圆在 V 面上落影的作图过程。作图关键是利用圆的外切正方形来辅助作图,先求出圆心及外切正方形的落影,其次求出四个切点 A、B、C、D 及外切正方形对角线与圆上的四个交点 Ⅰ、Ⅱ、Ⅲ、Ⅳ的落影,然后把这八个点用曲线光滑连接,即得圆的落影椭圆。

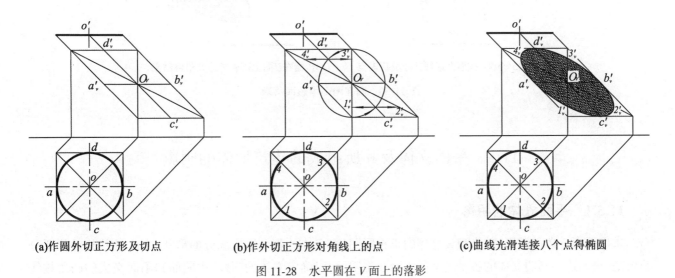

(a)作圆外切正方形及切点　　(b)作外切正方形对角线上的点　　(c)曲线光滑连接八个点得椭圆

图 11-28　水平圆在 V 面上的落影

（3）在求作建筑阴影时,往往需要作出紧靠正平面的水平半圆的落影。如图 11-29(a)所示,只要解决半圆上五个特殊方位的点的落影即可。点 Ⅰ 和 Ⅴ 位于正平面上,其落影 $1'_v$ 和 $5'_v$ 与其投影 $1'$ 和 $5'$ 重合,圆周左前方的点 Ⅱ,其影 $2'_v$ 落于中线上,正前方的点 Ⅲ,其影 $3'_v$ 落于 $5'$ 的下方,右前方的点 Ⅳ,其影 $4'_v$ 与中线之距离二倍于 $4'$ 与中线之距离。将 $1'_v$、$2'_v$、$3'_v$、$4'_v$ 光滑连接起来,就是半圆的落影——半个椭圆。

正因为半圆上这五个特殊点,其落影也处于特殊位置,因此可单独在 V 面投影上利用半圆上特殊点,直接作出落影,如图 11-29(b)。

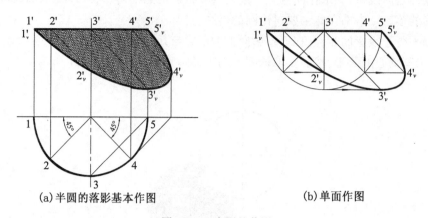

图 11-29 半圆的落影

(4)圆落影在两个承影面上时,可以综合利用前面所讲方法完成作图。如图 11-30 所示,先利用平行特性作出圆在 V 面上的落影,并可求出落影圆与 ox 轴交点,得到到折影点 1_h、5_h。圆在 H 面上的落影部分,增加 2、3、4 几个特殊位置的点,用基本作图方法求出落影点 2_h、3_h、4_h,然后将 H 面上落影点 1_h 至 5_h 用曲线顺次光滑连接,即得圆在 H 面上的落影部分。

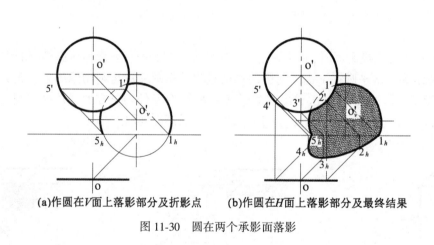

图 11-30 圆在两个承影面落影

11.5 平面立体及其所组成的建筑形体的阴影

11.5.1 平面立体的阴影

求作平面立体的阴影,首先识读立体的正投影图,将立体的各个组成部分的形状、大小及其相对位置分析清楚,进而逐一判明立体的各个棱面是阴面还是阳面,以确定立体的阴线,由阴面和阳面交成的凸角棱线才是阴线。

再分析各段阴线将落影于哪个承影面上,并根据各段阴线与承影面之间的相对关系,以及与投影面之间的相对关系,充分运用前述的落影规律和作图方法,逐段求出阴线的落影——影线。

最后,在阴面和影线所包围的轮廓内涂上浅黑色,以表示这部分是阴暗的。

1. 立体的棱面为特殊位置

当平面立体的棱面为投影面的平行面或垂直面时,可直接根据它们有积聚性的投影来判别阴阳面,从而确定出阴线,再作出其影线即可求得阴影。

图 11-31(a)所示放置于 H 面的四棱柱,在 H 面、V 面上落影,它的顶面、正面及左侧面受光而为阳面,背面、右侧面背光而为阴面,它们的分界线 EA、AB、BC、CG 就是阴线。其中 AB、BC 落影于 V 面,而 EA、CG 一部分落影于 H 面另一部分落影于 V 面,K、N 分别为 EA、CG 上的折影点。

图 11-31(b)投影作图时,在确定阴线 EA、AB、BC、CG(均为特殊位置直线)后,可利用前面所学直线落影规律,分段求出它们的落影(影线)。如 EA 为铅垂线,在 H 面上落影为 45°方向直线 $e_h k_0$,它与 ox 轴相交的交点为折影点 K_0,若返回光线可作出折影点在 EA 直线上的位置 K。铅垂线 EA 因与 V 面平行,所以它落影在 V 面上的影线 $k_0 a_v' // e' a'$,可过 k_0 平行于 $e' a'$ 作出 $k_0 a_v'$。阴线 CG 作法与此相同。其他两条阴线可直接求端点落影再连接起来,也可利用规律作出。

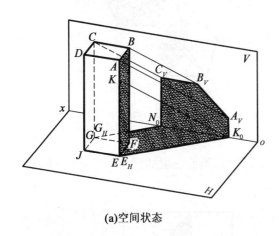 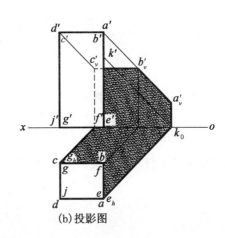

(a)空间状态　　　　　　　　　　　　(b)投影图

图 11-31　四棱柱的阴影

四条阴线的落影(影线)都求出后,将它们所围成区域涂浅黑色表示为影,四棱柱的阴面在投影图中积聚成了直线,无需涂黑表示。图 11-31(b)所示为最终作图结果。

2.立体的棱面为一般位置

如果立体的各个棱面在投影图中没有积聚性,则直接根据其正投影图是难以准确地判别出哪些棱面是阳面、哪些是阴面,也就是不能确定哪些棱线是阴线。这时,就只能首先作出立体上各条棱线的落影,再根据影线反过来确定阴线,并从而判别各个棱面是阴面、还是阳面。

图 11-32 为一个五棱锥落影在 H 面上时的情况。五棱锥的底面为水平面且向下故必为阴面,其他五个侧棱面不能直观地判断出阴阳面,为此,需先作出各条棱线的落影,然后再反过来判断。先作底面各边的落影,底面与 H 面平行,故它的影子 $A_H B_H C_H D_H E_H$ 形状和大小与底面相同,它们的 H 面投影也相同,即 $abcde$ 与 $a_h b_h c_h d_h e_h$ 完全相同;再作出顶点 S 的影子 s_h,它落影于 H 面,将 s_h 与 $a_h b_h c_h d_h e_h$ 各顶点相连即作出了五条侧棱的落影,这样五棱锥所有棱线的落影就求得了。而所有各棱线落影中构成最外轮廓的折线才是立体的影线,侧棱的落影中 $s_h a_h$、$s_h c_h$ 最靠外,故为影线,对应的棱线 SA、SC 就为阴线;底面上的落影 $a_h e_h$、$e_h d_h$、$d_h c_h$ 最靠外,故也为影线,对应的底边 AE、DE、DC 也即为阴线。根据常用光线的照射方向,左前上方的面总是受光的,故侧棱面 SDE 肯定为阳面,由此推断与它相邻的侧棱面 SAE、SDC 也是阳面,而两条阴线 SA、SC 右侧的棱面 SAB、SBC 就为阴面了。

3.组合体的阴影

由基本几何体所构成的组合体,其上阳面和阴面的相交棱线,交于凸角时必是阴线;交于凹角时,除了光线平行于阴面外,则不是阴线,此时位于该阴面上的阴线有影子落于该阳面上。

立体上交于一条棱线的两个面,由于对光线方向的不同而有三种情况:①两个面都迎光时均为阳面;②都背光时均为阴面;③一个面迎光而为阳面,另一个面背光而为阴面。这时,当棱线为凸角时则为阴线;为凹角时,除了光线恰平行于为阴面的棱面,凹角成为阴线外,一般情况下不是阴线。如图 11-33 中的棱线 BC

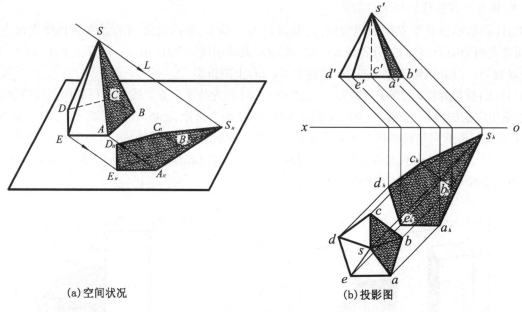

图 11-32 五棱锥的阴影

处,因有影子落于自身的阳面 S 上而 BC 不是阴线,同样的,R 墙面与地面交成的凹角 DC 也不是阴线。

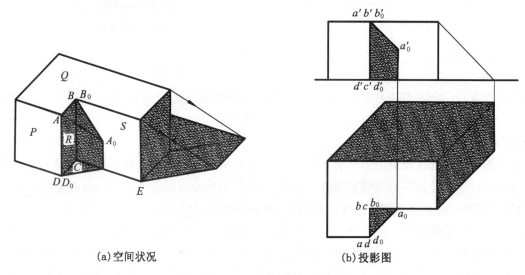

图 11-33 组合体的阴影

【例 11-1】图 11-34 是一个组合体台座,求作它的阴影。

【解】台座由上部四棱锥台座身和下部四棱柱台基构成,它们的后方和右方棱面为阴面,台基影子落于地面(H 面),座身落影于台基顶面、地面(H 面)、和 V 面上。作图步骤如下:

(1)作出台基在地面上的影子,如图 11-34(a)。

(2)如图 11-34(b)所示,座身假设扩大与 H 面相交有 Ⅰ、Ⅱ、Ⅲ、Ⅳ四个交点,作出顶面 $ABCD$ 落在 H 面上的假影 $\overline{a}_h \overline{b}_h \overline{c}_h \overline{d}_h$,将它们相连可作得其在 H 面上的落影。影线 $\overline{a}_h \overline{b}_h$、$\overline{b}_h \overline{c}_h$ 在最外边缘,其对应的棱线 AB、BC 为阴线,同样影线 $\overline{a}_h 1_h$、$\overline{c}_h 3_{h也}$ 最靠外边,其对应的棱线 AⅠ、CⅢ 也为阴线,其上 k_0、n_0 为落于 H、V 面两个承影面上时的折影点。

(3)如图 11-34(c)所示,作出 ABC 在 V 面上的落影 $a'_v b'_v c'_v$,再将 a'_v、c'_v 与折影点 k_0、n_0 相连即得座身在 V 面落影。因台基顶面与地面平行,故棱线 AE、CG 在这两个承影面上的落影分别相互平行,利用这个特性过 e、g 作 $\overline{a}_h 1_h$、$\overline{c}_h 3_h$ 平行线 $e5$、$g6$ 可得座身在台基上的落影;当然也可以由影线交点 5_0、6_0 返回光线求得 5、6 点。最后确定阴面,完成作图。

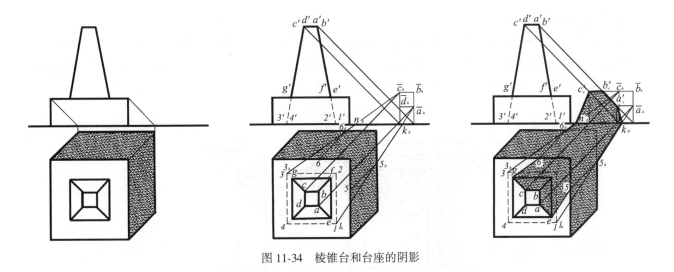

图 11-34 棱锥台和台座的阴影

11.5.2 建筑形体的阴影

由平面立体组成的建筑物,作其阴影实质上就是确定阳面和阴面,识别出阴线,求作点和各种位置直线在各种位置承影面上落影的问题。

作图时,①首先要分析建筑物由哪些基本几何体组成,它们的形状、大小和位置关系;②判别阳面和阴面,找出阴线,确定落影的承影面;③根据阴线与承影面、投影面之间的位置关系,利用前面所讲直线落影的规律,并利用量度性、返回光线、假影等方法,作出阴线的影子即影线;④对于不能先判断的阴阳面,可先作出属于凸角处各棱线的影子,它们中的最外者即为影线,与之对应的棱线即为阴线,再由之可判断出阳面和阴面。⑤最后将阴面和影子涂上浅黑色。

一般情况下作建筑形体阴影时,为使图面简洁,可以不必画出光线,也可省略字母符号等标注。

以下分类所举常见建筑形体例子,不再对作图步骤详述,主要对其落影特征略加分析。

1. 窗的阴影

投影面平行线的落影反映出距离关系,如图中 m、n、s,因此,只要知道这些距离大小,就能在 V 面投影中直接加绘阴影。图 11-35(b)中 B、C 两点也可利用返回光线作出。

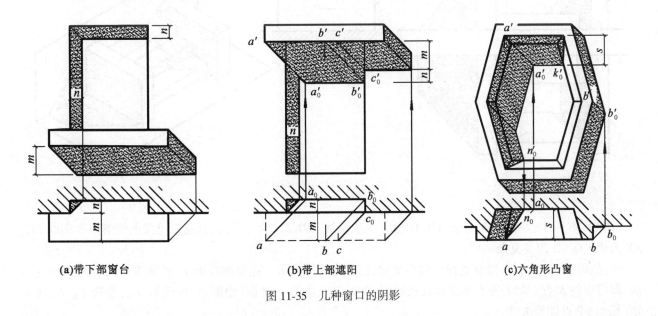

(a) 带下部窗台　　　　(b) 带上部遮阳　　　　(c) 六角形凸窗

图 11-35 几种窗口的阴影

图 11-35(c)中的凸窗,作出 A、B 两点落影 a_0'、b_0' 后,可利用平行规律完成其他阴线落影;k_0'、n_0' 为折影点,由它们可作出落于窗口自身表面上的影子。

2. 门洞及雨棚的阴影

图 11-36 所示为喇叭口的门洞,带有斜向上翘的雨棚。AB 在墙面上的落影由假影 $\overline{B}_0$ 来确定,落影在门上的部分与墙面上部分相互平行。BC 的落影于三个两两相邻的承影面,可利用侧面投影确定折影点的位置,也可由水平投影用返回光线法来确定。DE 的落影与 AB 的落影是相互平行的。

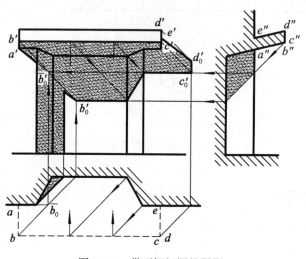

图 11-36 带雨棚门洞的阴影

3. 台阶的阴影

如图 11-37 所示台阶,两侧有矩形挡板,左侧挡板的阴线是铅垂线 AB 和正垂线 BC。首先确定 B 点的落影位置,再根据直线落影的垂直规律、平行规律,作出 AB、BC 在台阶踏面和踢面上的落影。例如铅垂线 AB,其落影的水平投影为 45°线 ab_0,正面投影中落在地面、踏面上的影子与这两承影面的积聚投影重合,落在踢面上的影子由于平行关系而与 $a'b'$ 保持平行。

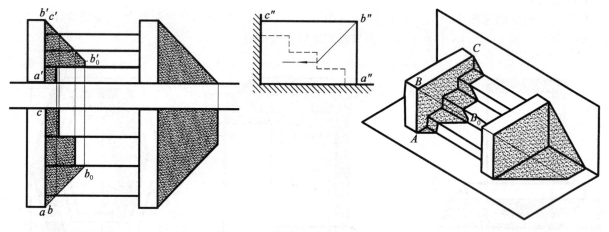

图 11-37 带矩形挡板台阶的阴影

图 11-38 所示台阶,两侧挡板阴线 AB、ME 为铅垂线,CD、FN 为正垂线,其落影可按前例解决。阴线 BC、EF 为侧平线,作图要复杂一些。

右侧阴线 EF 落影一段在地面一段在墙面,需作出折影点 K。在侧面投影中,按箭头方向运用返回光线法,即可求得 K 点。如若没有画出侧面投影时,可求 F 点落影于 H 面(地面)上的假影 $\overline{F}_H$,连接 $E_H \overline{F}_H$ 与 ox 轴(墙角)交点即为 K 点。

左侧阴线 BC 落影于多个承影面(地面、踢面、踏面、墙面),其中地面、踏面相互平行,踢面、墙面相互平行,故在它们上的落影相互平行。在侧面投影中这些承影面具有积聚性,可运用返回光线法分段求出落影,

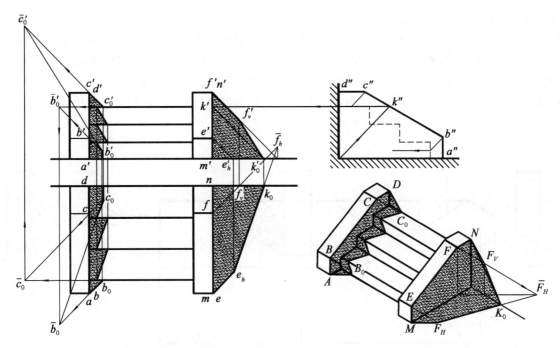

图 11-38　斜挡板台阶的阴影

此作法图中未画出，读者可自行练习。

如若没有画出侧面投影时，可利用假影来求解。如图 11-38 所示，可求 C 点在第一个踢面上的假影 $\bar{c}_0$、$\bar{c}_0'$，连接 $\bar{c}_0'b_0'$ 即得 BC 在第一个踢面上的落影，以及踢面踏面相交处的折影点，同时也确定了在其他踢面、墙面上的落影方向。同样可求 B 点在第三个踏面上的假影 $\bar{b}_0'$、$\bar{b}_0$，连接 $\bar{b}_0c_0$ 即得 BC 在第三个踏面上的落影和折影点，也确定了在其他所有踏面、地面上的落影方向。最后根据它们的平行关系及踏面踢面相交处的折影点完成作图。

4. 坡顶房屋的阴影

坡顶房屋的形式有多种，这里以图 11-39 所示坡度较小、檐口等高两相交双坡顶房屋的落影为例。首先作点 B 在山墙面上的落影 b_0'，过 b_0' 作 $a'b'$ 及 $b'c'$ 的平行线，即得到斜线 AB 及 BC 在山墙上的落影。再作点 C 在右方正面墙上的落影 c_1'，过 c_1' 作 $b'c'$ 的平行线，影线 $b_0'k_0'$ 与 $k_1'c_1'$ 是 BC 落于两平行墙面上的影子，互相平行。

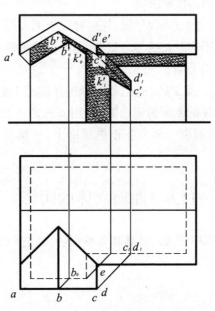

图 11-39　檐口等高斜坡屋顶的阴影

5.烟囱的阴影

图 11-40 所示为坡屋面上不同位置烟囱的阴影,以最右侧烟囱为例,烟囱的阴线是 AB-BC-CD-DE 四段折线。阴线 AB 和 DE 为铅垂线,其落影在水平投影中均为 45°线,在正面投影中则反映屋面的坡度角 β。阴线 BC 平行于屋脊,也就是平行于屋面,它在屋面上的落影 $B_0C_0(b_0c_0,b_0'c_0')$ 与 $BC(bc,b'c')$ 平行。阴线 CD 是正垂线,其落影在正面投影中为 45°线,而水平投影则反映屋面的坡度角 β。根据以上分析,则不难求出它们的落影。

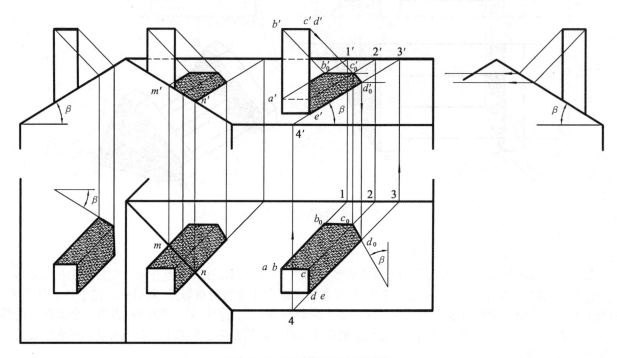

图 11-40 不同位置烟囱的阴影

作图时先求 D 点在屋面落影:在水平投影中过 d 点作 45°光线,它与屋脊、屋檐交于 3、4 两点,由此在正面投影中求得 $3'$、$4'$ 两点,连直线 $3'4'$,过 d' 作 45°光线与 $3'4'$ 相交得交点 d_0',再向下作出水平投影 d_0,即为 D 点的落影。当然 D 点的落影也可由侧面投影求得。

B、C 两点落影作法与 D 点相同:过 b、c 作 45°线,与屋脊交于 1、2 点,由此在正面投影中得 $1'$、$2'$ 点,过 $1'$ 及 $2'$ 作 $3'4'$ 的平行线,再自点 b' 及 c' 作 45°光线与之相交,即可求得落影 b_0'、c_0'、b_0、c_0 各投影。

A、E 两点与屋面相交,落影与自身重合。

连接以上诸影点,得折线 $ab_0c_0d_0e$ 及 $a'b_0'c_0'd_0'e'$,就是烟囱在屋面上的落影。

图 11-40 中最左侧烟囱,落影所在的屋面为正垂面,利用屋面的 V 面投影的积聚性,可直接求得烟囱落影的 H 面投影。中间所示烟囱,它的落影一部分在正垂屋面上,一部分在侧垂屋面上,兼有两边烟囱的特点,作图时注意折影点 M、N 的位置。

11.6 曲面立体的阴影

建筑中常见的曲面立体主要有圆柱、圆锥、圆球和各种回转体,它们的阴影求作有诸多不同方法,本书在此仅讲述最常见圆柱的阴影作法。

11.6.1 圆柱的阴影

1.空间分析

柱面上的阴线是柱面与光平面相切的素线。如图 11-41(a)所示,一系列与柱面相切的光线,在空间形成了光平面。这一系列光线与柱面的切点的集合,正是光平面与柱面相切的直素线,该直素线就是柱面上的阴线。切于圆柱体的光平面有两个,它们是互相平行的。因此,在圆柱上得到两条直素线阴线 AB、CD,这两条阴线将柱面分成大小相等的两部分,阳面与阴面各占一半。圆柱体的上底面为阳面,而下底面为阴面。作为圆柱面阴线的两条素线将上、下底圆周分成两半,各有半圆成为柱体的阴线。这样,整体圆柱的阴线是由两条直素线和两个半圆周组成的封闭线。

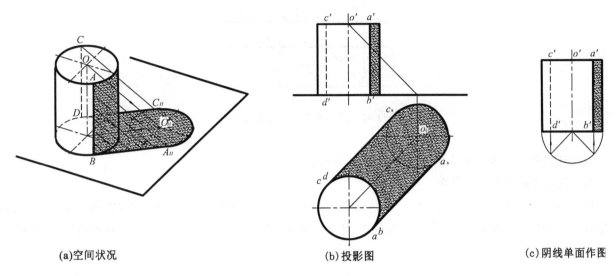

(a)空间状况　　　　　　　　　(b)投影图　　　　　　　　　(c)阴线单面作图

图 11-41　圆柱的阴影

2. 投影作图

图 11-41(b)所示是处于铅垂位置的正圆柱。圆柱的 H 面投影积聚成一圆周。阴线必然是垂直于 H 面的素线,所以与圆柱面相切的光平面必然是铅垂面,其水平投影积聚成 45°直线,且与圆周相切。作图时,首先将圆柱顶面圆周在 H 面上的落影作出,因其整个落于 H 面且与 H 面平行,故作出圆心 O 点落影后,画同样大小的圆,再作两条 45°线,与圆周相切于 b、d 两点,即柱面阴线的水平投影,最后由此求得阴线的正面投影 a'b' 及 c'd'。从水平投影可看出,柱面的左前方一半为阳面,右后方一半为阴面。在正面投影中,a'b' 右侧的一小条为可见的阴面,需将它涂上浅黑色,不可见的阴线 c'd' 画成虚线。

3. 阴线单面作图

根据柱面上阴线位置的特定性,其阴线可以单面作图确定。如图 11-41(c)所示,在圆柱底边作半圆,过圆心引两条不同方向的 45°线,与半圆交于两点,由此交点确定圆柱面上的阴线。

11.6.2　柱面上的落影

当柱面垂直于某投影面时,利用柱面投影的积聚性,可直接求作线段(直线或曲线)在柱面上的落影。对于曲线可在其上取一系列的点,然后将各点落于柱面上的影点作出,再光滑连接起来,即得曲线在柱面上的落影;对于直线也可按此法求作,但若能应用直线落影规律,可使作图大为简化。

1. 矩形盖盘在圆柱面上的落影

如图 11-42 所示为靠于墙面的半圆柱,顶部带有四棱柱盖盘。四棱柱上 AB、BC、CD、DE 为阴线,均为投影面垂直线,它们落影在墙面和圆柱面上。圆柱表面右侧有一条阴线落影在墙面上。

AB 为正垂线,根据直线落影垂直规律,落在墙面、柱面上的影子其正面投影为 45°直线,作图时先求 B 点落影,利用柱面水平投影的积聚性,可求得 B 点在它上面的落影 b_0、b_0'。

BC 为侧垂线,由直线落影垂直规律可知,落在柱面上的影子其正面投影与柱面积聚投影对称,即为一段圆弧,圆心位置可如图 11-42 中箭头方向所示确定,落影在墙面上的部分与 BC 平行且距离等于它到墙面的距离 s。

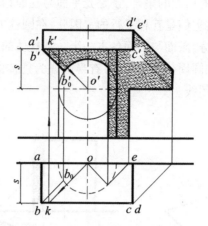

图 11-42 矩形盖盘在柱面上的落影

其余阴线的作图也可按落影规律作出,此处不再赘述。

2.圆盖盘在圆柱面上的落影

图 11-43 是一带有圆盖盘的圆柱。盖盘下底圆弧 $ABCDEF$ 为阴线,其上有一段 $BCDE$ 落影于柱面上,需利用柱面水平投影的积聚性,逐点求出点 B、C、D、E 的落影,再将它们连接光滑起来,即得阴线 $BCDE$ 的落影。

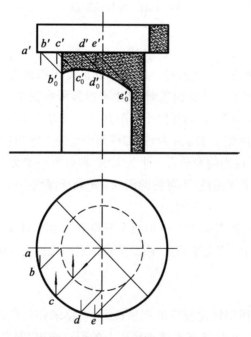

图 11-43 圆盖盘在圆柱面上的落影

作图时,首先应求作一些特殊的影点。在此图中,若通过圆柱轴线作一个光平面,则此形体被该光平面分成互相对称的两个半圆柱体,以此光平面为对称平面。圆盖盘上的阴线及其落在柱面上的影线,也以该光平面为对称平面。于是盖盘阴线上位于对称光平面内的点 C,与其落影 C_0 间的距离最短。因此,在正面投影中,影点 c_0 与阴点 c'_0 的垂直距离也最小。这样,影点 c'_0 就成为影线上的最高点,必须将它画出来。

还有落于圆柱最左轮廓素线上和最前素线上的影点 B_0 和 D_0,由于它们对称于上述的光平面,因此高度相等。当在正面投影中求得 b'_0 后,自 b'_0 作水平线与中心线相交,也可求得 d'_0。

此外,位于圆柱阴线上的影点 E_0 也需要画出。在水平投影中,作 45°线与圆柱相切于点 e_0,而与盖盘圆

周相交于点 e，由点 e 求得点 e'。自点 e' 作 45°线，与引自点 e 的垂线（即圆柱的阴线）相交，即得 e'_0。以光滑曲线连接 b'_0、c'_0、d'_0、e'_0 各点，即得盖盘阴线在柱面上落影的正面投影。

3.内凹半圆柱面上的落影

图 11-44 为内凹的半圆柱面。它的阴线是棱线 AB 和一段圆弧 BCD。D 点的水平投影是 45°光线与圆弧的切点 d。圆弧阴线 BCD 在柱面上的落影是一曲线。点 D 是阴线的端点，其落影即该点自身。B、C 两点的落影 $B_0(b_0、b'_0)$ 和 $C_0(c_0、c'_0)$ 是利用柱面水平投影的积聚性作出。将 b'_0、c'_0 及 d' 用曲线光滑连接，就是圆弧的落影。棱线 AB 落影于地面和柱面，K 点为折影点，AB 落影于地面上为 45°直线 ak_0，在柱面上的落影是与其自身相平行的直线 $b'_0 k'_0$。

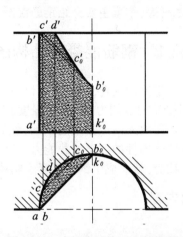

图 11-44 内凹半圆柱面上的落影

第 12 章　建筑结构图

在房屋建筑、水工建筑、道路桥梁建筑等土木工程中,都要由各种受力构件(也称结构构件)组成结构系统,以承担建筑物自重和它上面的各种荷载。常见的结构构件有:板、梁、柱、支撑、桁架、基础等。所用材料有:砖、石、混凝土、钢筋混凝土、钢材、木材等,本章主要介绍钢筋混凝土结构和钢结构图。

12.1　钢筋混凝土结构图

混凝土是由水泥、石子、砂和水,按一定比例配合,经养护硬化后得到的一种坚硬的人工建筑材料。它承受压力的能力(称抗压强度)很高,而承受拉力的能力(称抗拉强度)却很低,容易因受拉而断裂。为了充分利用两种材料的不同特性,在构件的受拉区放入一定数量的钢筋,使其承担拉力,而在受压区混凝土则承担压力,从而大大提高了这种混合材料组成的构件的综合承载能力。这样把混凝土和钢筋两种材料合成一体,使混凝土主要承受压力,钢筋主要承受拉力,就形成了钢筋混凝土结构。

12.1.1　钢筋混凝土构件图的内容

1. 配筋图

把混凝土假想成透明体,显示构件中钢筋配置情况,然后用图线画出,这样的图称为配筋图。配筋图一般包括配筋平面图、配筋立面图和配筋断面图。

钢筋在混凝土中一般是将各号钢筋绑扎或焊接成钢筋骨架或网片。如图 12-1 中的梁,在下部布置有承受拉力的受力筋(其中在接近梁端斜向弯起的弯起筋承受剪力),在上部布置起架立作用的架立筋,各钢筋通过承受剪力的箍筋(一般沿梁的纵向每隔一定距离均匀布置)捆绑在一起而被固定。如图 12-2 中的板,下面是受力筋,在支座处上面是构造筋,这两种钢筋都靠分布筋固定位置。

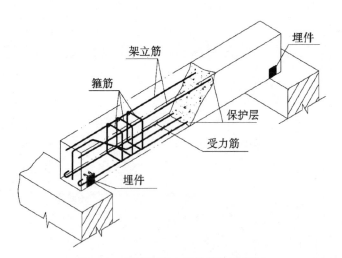

图 12-1　钢筋混凝土梁的结构示意图

配筋图要表达组成骨架的各号钢筋的种类、直径、形状、位置、长度、数量、间距等,是钢筋混凝土构件图中不可缺少的图样,必要时,还要把配筋图中的各号钢筋分别"抽"出来,画成钢筋详图(也称抽筋图),并列出钢筋表(反映钢筋各种情况的汇总表)。

2. 预埋件图

由于构件连接、吊装等需要,制作构件时常将一些铁件预先固定在钢筋骨架上,并使其一部分表面露出在构件外表面,浇筑混凝土时便将其埋在构件之中,这就叫预埋件,如图12-1中的埋件。通常要在配筋图中标明预埋件的位置,预埋件本身也应另画出埋件详图,表明其构造。

12.1.2 配筋图中钢筋的一般表示方法

1. 图线

在配筋图中,为了突出钢筋,构件轮廓线一般用细线绘制,钢筋用单线粗线画出,钢筋的横断面用涂黑的圆点表示,不可见的钢筋用粗虚线、预应力钢筋用粗双点画线画出。

2. 钢筋的编号

为了便于识别,构件内的各种钢筋应予以编号,编号采用阿拉伯数字,写在直径为6mm的细线圆中。编号圆画在引出线的端部(见图12-2和图12-3)。

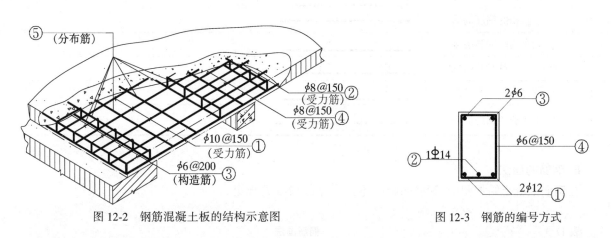

图12-2 钢筋混凝土板的结构示意图　　　　图12-3 钢筋的编号方式

3. 钢筋的种类代号

在编号引出线的文字说明中,应用钢筋的种类代号标明该编号钢筋的种类。常用钢筋的种类代号列于表12-1中。

表12-1　　　　　　　　　　　　　常用钢筋代号

钢筋种类(热轧钢筋)	代　号
HPB235	ϕ
HRB335(20MnSi)	Φ
HRB400(20MnSiV)　20MnSiNb,20MnTi	Φ
RRB400(K20MnSi)	Φ^R

表12-1中HPB235为光圆钢筋,HRB335和HRB400为带肋钢筋,RRB400为热处理钢筋。普通钢筋宜采用HRB400级和HRB335级钢筋,也可采用HPB235级和RRB400级钢筋,当采用本表未列入的冷加工钢筋及其他钢筋时,应符合专门标准的规定。

与钢筋代号写在一起的还有该号钢筋的直径及在该构件中的根数或间距,如 $\frac{1\Phi 14}{}$ ②表示:②号钢筋是一根直径为14mm 的HRB335级钢筋,又如 $\frac{\phi 6}{@150}$ ④表示:④号钢筋是HPB235级钢筋,直径为6mm,每150mm放置一根。其中"@"为间距符号,表示均匀布置。

4. 保护层

钢筋在构件中不能裸露,要有一定厚度的混凝土作为保护层,以保护钢筋不被锈蚀。保护层还可起防火作用及增加混凝土对钢筋的黏结力。一般情况下梁柱保护层厚度25~30mm,板保护层厚度10~15mm,保护层厚度在图上一般不需标注。各种构件混凝土保护层厚度的具体要求可参见钢筋混凝土规范。

5. 钢筋的图例

构件中的钢筋,有直的、弯的、带钩的、不带钩的等,这都需要在图中表达清楚。表 12-2 列出了一般钢筋的常用图例。其他如预应力钢筋、焊接网等可查阅有关标准。

表 12-2　　　　　　　　　　　　　　一般钢筋常用图例

序号	名　　称	图　　例	说　　明
1	钢筋横断面		
2	无弯钩的钢筋端部		下图表示长短钢筋投影重叠时可在短钢筋的端部用45°短画线表示
3	带半圆形弯钩的钢筋端部	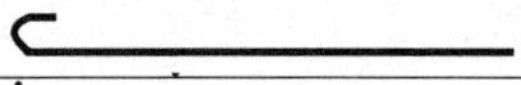	
4	带直钩的钢筋端部	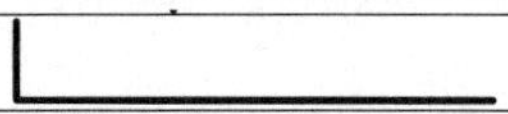	
5	带丝扣的钢筋端部		
6	无弯钩的钢筋搭接		
7	带半圆形弯钩的钢筋搭接		
8	带直钩的钢筋搭接		
9	花篮螺丝钢筋接头	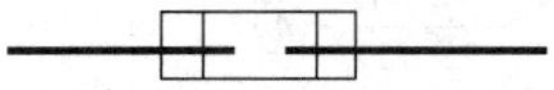	

6. 钢筋的画法

在钢筋混凝土结构图中,钢筋的画法还要符合表 12-3 的规定。

表 12-3　　　　　　　　　　　　　　钢筋画法

序号	说　　明	图　　例
1	在平面图中配置双层钢筋时,底层钢筋弯钩应向上或向左,顶层钢筋则向下或向右	
2	配双层钢筋的墙体,在配筋立面图中,远面钢筋的弯钩应向上或向左,而近面钢筋则向下或向右。(GM—近面,YM—远面)	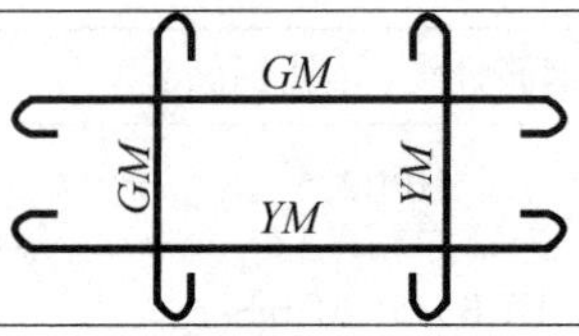
3	如在断面图中不能表示清楚钢筋布置,应在断面图外面增加钢筋大样图	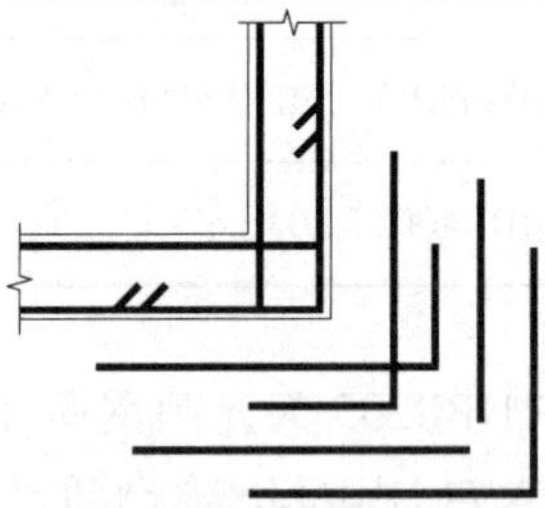
4	图中所示的箍筋、环筋,如布置复杂,应加画钢筋大样图及说明	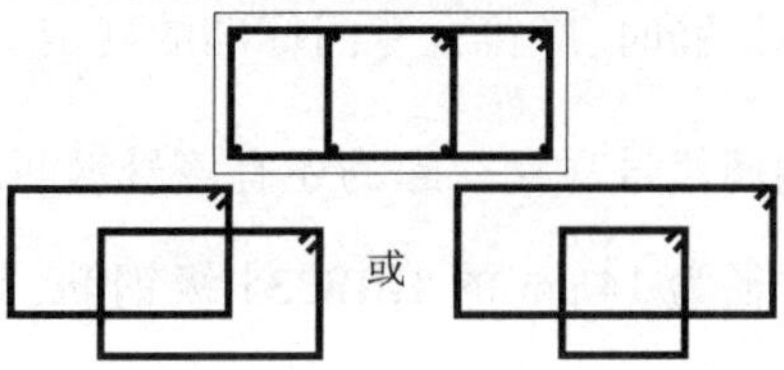
5	每组相同的钢筋、箍筋或环筋,可以用粗实线画出其中一根来表示,同时用横穿的细线表示其余的钢筋、箍筋或环筋,横线的两端带斜短画表示该号钢筋的起止范围	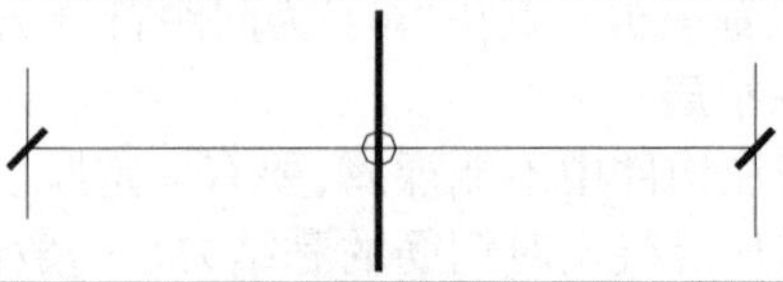

12.1.3 钢筋混凝土构件图举例

1. 现浇混凝土板

如图12-2所示的现浇钢筋混凝土板,纵、横向尺寸都比较大,可只用配筋平面图表达(见图12-4)。其中用中粗虚线表示的是板下支座(墙或梁)的不可见轮廓线。①号钢筋是直径为10mm的HPB235级钢筋,两端带有向上弯起的半圆弯钩,间距是150mm;②号钢筋直径为8mm,间距为150mm;③号钢筋是支座处的构造筋,在板的上层,钢筋端部直钩弯向下,直径为6mm,间距为200mm,伸入支座的部分用尺寸标出来;④号钢筋是中间支座的负弯矩钢筋,布置在板的上层,钢筋端部直钩弯向下,直径为8mm,间距为150mm,跨过支座的长度用尺寸标出来。这些几号钢筋都是HPB235级钢筋。由于分布筋一般是直筋,其作用是固定受力筋和构造筋的位置,施工时根据具体情况按规范放置,一般是 $\phi 4 \sim \phi 6$,@$250 \sim 300$,所以现浇钢筋混凝土板的配筋平面图中,可不画出分布筋。

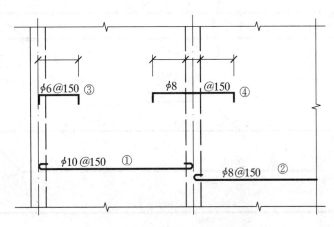

图12-4 现浇钢筋混凝土板配筋平面图

2. 钢筋混凝土梁

对于梁、柱等比较细长的构件,常用配筋立面图并配以若干配筋断面图表达。图12-5是一单跨简支梁 L 的配筋图,其构造示意图如图12-1所示。

图12-5中 $L(150\times250)$ 为该梁的配筋立面图。梁的轮廓用细实线绘制,可表明梁的构造长度。各号钢筋用粗实线画出,箍筋也可用中粗线画出并采用简化画法(只画出其中的几个)。图中同时标出全部钢筋的编号,共有四种钢筋:①号钢筋在梁的下部,是直筋贯穿整个梁,在其端部带有向上弯的半圆形弯钩;②号钢筋是弯起筋,其中间段位于下部,靠近两端时斜向45°弯至上部,到梁端又垂直向下弯至梁底;③号钢筋在梁的上部,是不带弯钩的直筋,也贯穿在整个梁中;④号钢筋是箍筋,沿整个梁均匀排列。

对于梁的截面形状、各钢筋的横向位置和箍筋的形状,用断面图来表示。图12-5中的1—1,2—2是该梁的两个配筋断面图。为了表达更清楚,断面图可以用较立面图大的比例,断面轮廓用细实线画,断面内要显示箍筋形状及截断的钢筋横断面,不画表示混凝土的材料图例。1—1断面表明中间段情况,梁的截面形状是矩形,①号钢筋是两根,在梁下部的两角各有一根;②号钢筋在梁底部的中间,只一根;③号钢筋也是两根,分置在梁上部的两角处;④号钢筋是箍筋,矩形,两端有135°弯钩。2—2断面表达两端段情况,除②号钢筋已弯至上部外,其他没有变化。钢筋的弯起部分不必取断面,因钢筋混凝土设计规范规定,一般弯起钢筋必须处于梁的纵向平面内,它的横向位置在 1—1 和 2—2 中已完全表达清楚。此外,钢筋的种类、直径、根数、间距等,一般也是在断面图的编号引出线上注明。

图12-5中还画出了各号钢筋详图(抽筋图)。一般抽筋图都要画在与立面图(或平面图)相对应的位置,从构件的最上部(或最左侧)的钢筋开始依次排列,并与立(平)面图中的同号钢筋对齐。同一号钢筋只画一根,在钢筋线上面注出钢筋的编号、根数、种类、直径及下料长度 l(下料长度等于各段长度之和)。如③号钢筋因无弯钩,其下料长度为梁的构造长度减去两端保护层,即 $l=3300-(25\times 2)=3200$。②号钢筋为弯起筋,其下料长度为 $l=2300+(200+275+280)\times 2=3810$,其中每段长度都是外包尺寸,如图12-6(a)所示。①号钢筋两端有半圆形的180°弯钩,弯钩长度规定为6.25倍该钢筋直径,所以钢筋的下料总长度为

$l=3250+(6.25\times14)=3400$。④号箍筋详图反映其成型尺寸,箍筋的成型尺寸一般指内缘尺寸如图12-6(b)所示,其下料尺寸 $l=150+200+100+250=700$。

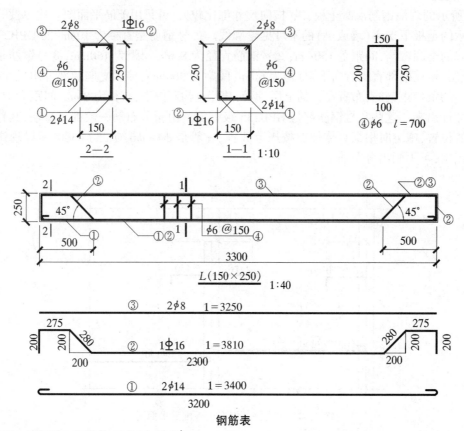

图 12-5 单跨简支梁结构图

编号	规格	简图	单位长度	根数	总长(m)	重量(kg)
①	φ12		3400	2	6.80	7.75
②	Φ16		3810	1	3.81	5.34
③	φ8		3250	2	6.50	1.91
④	φ6		700	24	16.80	3.75

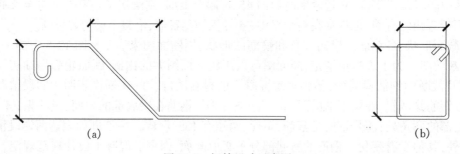

图 12-6 钢筋尺寸示意图

在图中各种弯钩及保护层的大小,都可凭估计画出,不必精确度量。

图12-5中的钢筋表是为了便于统计用料而绘制的,也可以另页写出,并根据需要增加若干项目。

12.2 钢 结 构 图

钢结构是由各种型钢如角钢、工字钢、钢板等经焊接或用螺栓、铆钉连接而成,常用于大跨度、高层建筑及工业厂房中。

12.2.1 常用型钢及表示方法

1. 型钢的图例及标注方法（见表 12-4）

表 12-4　　　　　　　　　　　　　　　型钢的图例及标注

序号	名称	截面	标注	说明
1	等边角钢	∟	∟ $b \times t$	b 为肢宽，t 为肢厚
2	不等边角钢	∟	∟ $B \times b \times t$	B 为长肢宽，b 为短肢宽，t 为肢厚
3	工字钢	I	I N　$Q\ N$	N 为工字钢的型号，轻型工字钢时加注 Q 字
4	槽钢	[	[N　$Q\ N$	N 为槽钢的型号，轻型槽钢时加注 Q 字
5	钢板	—	$\dfrac{-b \times t}{l}$	$\dfrac{宽 \times 厚}{板长}$
6	圆钢	⊘	ϕd	d 为直径
7	钢管	○	$DN \times \times$　$d \times t$	内径　外径×壁厚

2. 连接形式

（1）焊接和焊缝代号。

在焊接钢结构图中，必须把焊缝的位置、形式和尺寸标注清楚。焊缝按规定采用"焊缝代号"来标注。焊缝代号由带箭头的引出线、图形符号、焊缝尺寸和辅助符号组成，如图 12-7 所示。

常用焊缝的图形符号和辅助符号如表 12-5 所示。

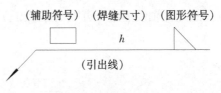

图 12-7　焊缝代号

表 12-5　　　　　　　　　　　常用焊缝的图形符号和辅助符号

焊缝名称	焊缝形式	图形符号	符号名称	焊缝形式	辅助符号	标注符号
V 形		V	三角焊缝符号			h h h h
I 形		‖				
贴角焊		◣	周围焊缝符号			h h
塞焊		◸	现场安装焊缝符号			k

(2)螺栓连接。

螺栓连接操作简单,拆装方便,其连接形式可用简化图例表示,如表12-6所示。

表12-6　　　　　　　　　　　　　　螺栓、螺栓孔图例

序号	名称	图例	说明
1	永久螺栓		
2	安装螺栓		1. 细"+"线表示定位线 2. M 表示螺栓型号 3. φ表示螺栓孔直径
3	圆形螺栓孔		

12.2.2　钢屋架结构图

钢屋架结构图主要有屋架简图、屋架立面图和节点详图。

图12-8是某仓库钢屋架简图用单线图表示,一般用粗(或中粗)实线绘制,采用较小比例(1∶200)绘制。从定位轴线的编号可以知道屋架位于Ⓐ~Ⓒ轴线之间,各杆件几何轴线长度沿杆件直接标出。

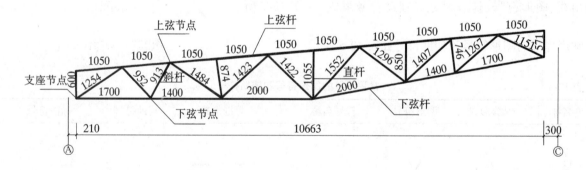

图12-8　钢屋架简图

图12-9是钢屋架局部的立面图,它包含屋架上弦投影图、屋架立面图、下弦投影图三部分。立面图中杆件或节点板轮廓用粗(或中粗)线绘制,其余为细线。由于屋架的跨度和高度尺寸较大,而杆件的截面尺寸较小,所以通常在立面图中采用两种不同的比例绘制,屋架轴线用较小比例,如1∶50;而杆件和节点用较大比例,如1∶25。

从立面图可以看出,屋架的上、下弦分别由若干根杆件通过节点板焊接而成,再用一些直杆和斜杆经节点板将上、下弦相连构成屋架。杆件、节点板应编号并标注定位尺寸。支座节点采用较大比例另绘详图表示,如图中22号节点板。由于钢屋架是对称的,可采用对称画法,即只需画出一半屋架图。

图12-10是钢屋架支座节点详图,采用1∶20的比例绘制,由详图可知,屋架上、下弦的连接方式。1—1剖面表示支座垫板㉓为360×420的矩形板,㉒位于其前后对称面处并用支撑板⑳焊接。㊽是螺帽垫,屋架通过㉓与柱顶焊接再用螺栓固定。2—2剖面表示杆件由两个相同的角钢组成,两角钢之间用塞焊与节点板相连。

218

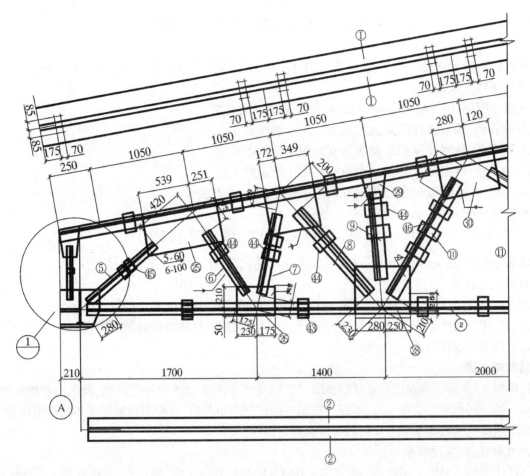

图 12-9 钢屋架立面图

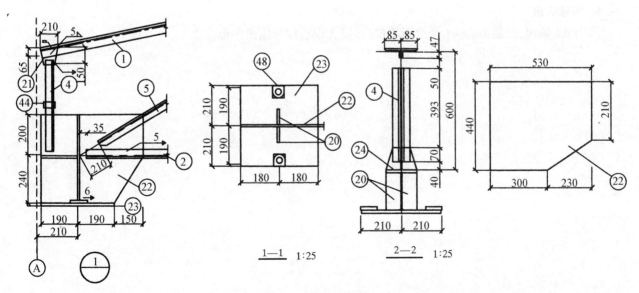

1—1 1:25 2—2 1:25

图 12-10 钢屋架支座节点详图

在钢屋架结构图中一般还附有注明了组成杆件的各型钢的截面规格尺寸、长度、数量和质量等内容的材料表(本书略去),所以在屋架图中只注出各杆件的编号,而不需注出截面尺寸。

12.3　AutoCAD绘制结构图

本节以绘制图12-5简支梁为例,介绍运用AutoCAD二维绘图命令绘制钢筋图的方法和过程。

1. 绘图环境的设置

a. 先建立图层,用于绘制图中不同的线型及其他不同对象

0层:缺省色,线型设为实线,线宽取0.1,用于绘制细实线;

1层:缺省色,线型设为实线,线宽取0.3,用于绘制中实线;

2层:缺省色,线型设为实线,线宽取0.6,用于绘制粗实线;

3层:蓝色,线型设为实线,线宽取0.1,用于标注尺寸,书写文字。

b. 设置字体样式

字样FS:选用"仿宋_GB2312"字体,宽度系数取0.72,用于书写汉字;

字样SZ:选用"gbeict.shx"字体,宽度系数取0.72,用于书写字母、数字及标注尺寸。

c. 设置尺寸样式

样式D1:建立线性标注子样式,设置Scale factor为40,用于标注配筋立面图上的尺寸;

样式D2:建立线性标注子样式,设置Scale factor为10,用于标注各断面图上的尺寸。

将以上设置存盘保存。

2. 绘制钢筋图

首先按照1∶1的比例在已设置好的各图层上按线型绘制图12-5中各立面图、断面图和抽筋图,其中钢筋表暂时不画,各种标注、文字不写;画好后按相应的比例缩小各图,立面图和抽筋图用比例缩放命令缩为0.025,断面图用比例缩放命令缩为0.1,然后再次存盘保存。

3. 尺寸标注、文字说明等

在已按比例缩小的图上用相应的样式D1、D2标注尺寸,注写文字、编号等,完成后再次存盘保存。

4. 完善主图

画出A4图纸的内外边框及标题栏,将以上所绘各图移动至图框内,排好位置,在空白处按适当的比例绘制钢筋表,调整线型比例,取得较好的显示效果,最后再次存盘保存。

5. 图形输出

选用A4幅面,公制1mm=1个绘图单位,预览无误后即可输出图形。

第 13 章 建筑施工图

13.1 概　述

建筑物按照它们的使用性质,通常可以分为生产性建筑物:即工业建筑、农业建筑;非生产性建筑:即民用建筑。而民用建筑根据建筑物的使用功能,又可以分为居住建筑和公共建筑两大类。

13.1.1 房屋的组成及其作用

一幢建筑,一般由构件、配件如基础、墙(柱)、楼板(地坪)层、屋顶、楼梯、门窗等部分组成。

基础是指建筑物与土层直接接触的部分,而地基则是指支承建筑物重量的土层。基础承受房屋的全部荷载,并经它传递给地基。墙是建筑物的承重结构和维护结构,分为外墙和内墙,外墙起着承重、围护(挡风雨雪、保温防寒)作用,内墙起分隔的作用,有的内墙也起承重作用。房屋的第一层,也叫底层,其地面叫底层地面。第二层以上各层叫楼板层,分隔上下层的楼面,还起承受上部的荷载并将其传递到墙或柱上的作用。房屋的最上面是屋顶,也叫屋盖,由女儿墙、屋面板及板上的保温层、防水层等组成,是房屋的上部围护结构。内外墙上的窗,起着采光、通风和围护作用,为防寒,外墙上的窗做成双层。门、走廊和楼梯等,起着沟通房屋内外和上下交通作用。屋顶上做的坡面、雨水管及外墙根部的散水等,组成排水系统。内外墙面做有踢脚、墙裙和勒脚,起保护墙体的作用。此外还有阳台、烟道及通风道等。

如图 13-1 所示是一栋钢筋混凝土构件和砖墙组成承重系统的混合结构建筑。

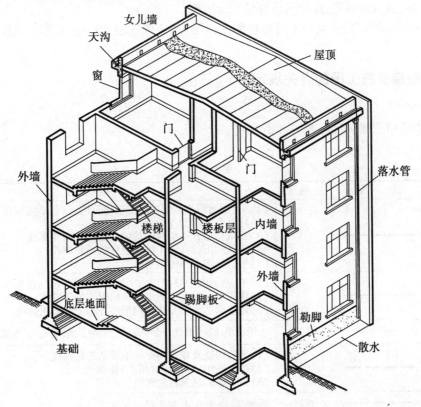

图 13-1　房屋的组成

13.1.2 建筑设计的内容

房屋设计一般包括建筑设计、结构设计和设备设计等几个部分,一般有三个设计阶段。

初步设计是建筑设计的第一阶段,它的主要任务是提出设计方案。初步设计的图纸和设计文件有:建筑总平面图、各层平面及主要剖面、立面图、说明书、建筑概算书。为了反映设计意图,还可画上阴影、透视、配景,或用色彩渲染,或用色纸绘画等,以加强图面效果,表示建筑物竣工后的外貌,以便比较和审查。必要时还可做出小比例的模型来表达。

技术设计是中间阶段。它的主要任务是在初步设计的基础上,进一步确定房屋各工种之间的技术问题。

施工图设计是建筑设计的最后阶段,它的主要任务是满足施工要求,施工图设计的内容包括:确定全部工程尺寸和用料,绘制建筑、结构、设备等全部施工图纸,编制工程说明书、结构计算书和预算数。

一套完整的施工图,根据其专业内容或作用的不同,一般分为:

(1)图纸目录。先列新绘制的图纸,后列所选用的标准图纸或重复利用的图纸。

(2)设计总说明(即首页)。

内容一般应包括施工图的设计依据、本工程项目的设计规模和建筑面积、本项目的相对标高与总图绝对标高的对应关系;室内室外的用料说明,如砖标号、砂浆标号、墙身防潮层、地下室防水、屋面、勒脚、散水、台阶、室内外装修等做法。

(3)建筑施工图(简称建施)。包括总平面图、平面图、立面图、剖面图(简称平、立、剖面图)和构造详图。

(4)结构施工图(简称结施)。包括结构平面布置图和各构件的结构详图。

(5)设备施工图(简称设施)。包括给水排水、采暖通风、电气等设备的布置平面图和详图。

13.1.3 房屋施工图的特点

(1)施工图中的各图样,主要是用正投影法绘制的。房屋形体较大,所以施工图一般都用较小比例绘制,平、立、剖面图可分别单独画出。

(2)由于房屋内各部分构造较复杂,在小比例的平、立、剖面图中无法表达清楚,所以还需要配以大量较大比例的详图。

(3)由于房的构、配件和材料种类较多,为作图简便起见,"国标"规定了一系列的图形符号来代表建筑构配件、卫生设备、建筑材料等,这种图形符号称为图例。

(4)施工图中的不同内容,是采用不同规格的图线绘制,选取规定的线型和线宽,用以表明内容的主次和增加图面效果。

13.1.4 绘制建筑施工图的有关规定

1. 图线

建筑施工图中所用图线应符合表 13-1 的规定。

表 13-1 图　线

图线名称	线　型	线宽	用　途
1. 粗实线	———————	b	(1)平、剖面图中被剖切的主要建筑构造(包括构配件)的轮廓线; (2)建筑立面图的外轮廓线; (3)建筑构造详图中被剖切的主要部分的轮廓线; (4)建筑构配件详图中的构配件的外轮廓线; (5)平、立、剖面图的剖切符号
2. 中粗线	———————	0.7b 0.5b	(1)平、剖面图中被剖切的次要建筑构造(包括构配件)的轮廓线; (2)建筑平、立、剖面图中建筑构配件的轮廓线; (3)建筑构造详图及建筑构配件详图中一般轮廓线
3. 细实线	———————	0.25b	小于 0.5b 的图形线、尺寸界线、图例线、索引符号、标高符号等
4. 中虚线	— — — —	0.5b	(1)建筑构造及建筑构配件不可见的轮廓线; (2)平面图中的起重机(吊车)轮廓线; (3)拟扩建的建筑物轮廓线
5. 细虚线	— — — —	0.25b	图例线、小于 0.5b 的不可见轮廓线

续表

图线名称	线 型	线宽	用 途
6. 粗点画线	—··—··—	b	起重机(吊车)轨道线
7. 细点画线	—·—·—·—	0.25b	中心线、对称线、定位轴线
8. 折断线	⌐⌐	0.5b	不需画全的断开界线
9. 波浪线	～～	0.25b	不需画全的断开界线、构造层次的断开界线

注:在同一张图纸中一般采用三种线宽的组合,线宽比为b:0.5b:0.25b。较简单的图样可采用两种线宽组合,线宽比为b:0.25b。

2. 比例

房屋建筑体形庞大,通常需要缩小后才能画在图纸上。建筑施工图中,各种图样常用比例如表13-2所示。

表13-2　　　　　　　　　　　　　　比　例

图　　名	比　　例
建筑物或构筑物的平、立、剖面图	1:50　1:100　1:150　1:200　1:300
建筑物或构筑物的局部放大图	1:10　1:20　1:25　1:30　1:50
配件及构造详图	1:1　1:2　1:5　1:10　1:20　1:25　1:30　1:50

3. 定位轴线

定位轴线是用来确定建筑物主要结构及构件位置的尺寸基准线。定位轴线用细点画线表示,轴线编号写在细线圆内,圆的直径一般为8mm,详图为10mm,圆内注写编号,如图13-2所示。在建筑平面图上水平方向自左向右用阿拉伯数字(1,2,…,9)编写,垂直向自下而上用大写拉丁字母编写,字母I、O、Z不用,以免与数学1、0、2混淆。定位轴线的编号宜注写在图的下方和左侧。两条轴线之间如有附加轴线时,编号要用分数表示,如1/4,2/A,其中分母表示前一轴线的编号,分子表示附加轴线的编号。各种定位轴线见表13-3所示。

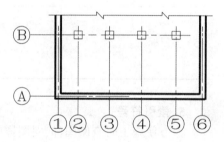

图13-2　平面图上的定位轴线

表13-3　　　　　　　　　　　　　　定 位 轴 线

符　号	用　　途	符　号	用　　途
○	通用详图的编号,只用圆圈,不注写编号	②⑥	表示详图用于两个轴线
①	水平方向轴线编号,用1、2、…、9编写		
Ⓐ	垂直向轴线编号,用A、B、…、Z编写	①2、4…	表示详图用于三个或三个以上
附加轴线 1/4	表示4号轴线以后附加的第一根轴线		
附加轴线 2/A	表示A号轴线以后附加的第二根轴线	①～⑬	表示详图用于三个以上连续编号的轴线

4. 尺寸及标高符号

建筑施工图上的尺寸可分为定形尺寸、定位尺寸和总体尺寸。定形尺寸表示各部位构造的大小,定位尺寸表示各部位构造之间的相互位置,总体尺寸应等于各分尺寸之和。尺寸除了总平面图及标高尺寸以米(m)为单位外,其余一律以毫米(mm)为单位,注写尺寸时,应注意使长、宽尺寸与相邻的定位轴线相联系。

在总平面图、平面图、立面图和剖面图上,经常用标高符号表示某一部位的高度。各图上所用标高符号以细实线绘制的等腰直角三角形表示。标高数值以米为单位,一般注至小数点后三位数(总平面图中为两位数)。在"建施"图中的标高数字表示其完成面的数值。如标高数字前有"-"号的,表示该处完成面低于零点标高,如数字前没有符号的,则表示高于零点标高。在总平面图中,室外地坪标高符号宜用涂黑的三角形表示,标高数值书写在标高符号横线上。各种标高符号的画法见表13-4。

表 13-4　　　　　　　　　　　　　标高符号的画法

内　容	符号画法
(1) 标高符号的画法	
(2) 室外地坪标高符	
(3) 平面图上楼地面标高符号	
(4) 立面图上的标高符号	
(5) 多层标注	

5. 索引符号

为方便施工时查阅图样,对图样中的某一局部或构件,如需另见详图时,常常用索引符号注明所画详图的位置、详图的编号以及详图所在的图纸编号。按"国标"规定,索引符号用一引出线指出要画详图的地方,在线的另一端画一细实线圆,其直径为 10 mm。当索引符号用于索引剖面详图时,应在被剖切的部位绘制剖切位置线。引出线所在一侧应为剖视方向。

引出线应对准圆心,圆内过圆心画一水平线,上半圆中用阿拉伯数字注明该详图的编号,下半圆中用阿拉伯数字注明该详图所在图纸的图纸号。如详图与被索引的图样同在一张图纸内,则在下半圆中间画一水平细实线。索引出的详图,如采用标准图,应在索引符号水平直径的延长线上加注该标准图册的编号,如图 13-3 和图 13-4 中的 J103 即为标准图册的编号。

图 13-3　索引符号　　　　　　　　　　　图 13-4　用于索引剖面详图的索引符号

6. 详图符号

详图符号表示详图的位置和编号,它用一粗实线圆绘制,直径为 14 mm。详图与被索引的图样同在一张图纸内时,应在符号内用阿拉伯数字注明详图编号。如不在同一张图纸内,可用细实线在符号内画一水平直径,在上半圆中注明详图编号,在下半圆中注明被索引图纸号,也可不注被索引图纸的图纸号,如图 13-5 所示。

7. 指北针

指北针用来表示建筑物的朝向。指北针用细实线圆绘制,圆的直径为 24 mm。指针尖为北向,指针尾部宽度宜为 3 mm,指针头部应注"北"或"N"字。需用较大直径绘指北针时,指针尾部宽度宜为直径的 1/8,如图 13-6 所示。

图 13-5　详图符号　　　　　　　　图 13-6　指北针

13.2　建筑总平面图

13.2.1　图示方法

将新建建筑物四周一定范围内的原有和拆除的建筑物、构筑物连同其周围的地形地物状况,用水平投影方法和相应的图例所画出的图样,称为建筑总平面图(或称总平面布置图),简称为总平面图或总图。总平面图表示出新建房屋的平面形状、位置、朝向及与周围地形、地物的关系等。总平面图是新建房屋定位、施工放线、土方施工及有关专业管线布置和施工总平面布置的依据。

13.2.2　图示特点

(1)总平面图因包括的地方范围较大,所以绘制时都用较小的比例,如 1∶2000,1∶1000,1∶500 等。

(2)总平面图上标注的尺寸,一律以米为单位。

(3)由于比例较小,总平面图上的内容一般按图例绘制,所以总图中使用的图例符号较多。常用图例符号如表 13-5 所示。在较复杂的总平面图中,若用到一些"国标"没有规定的图例,必须在图中另加说明。

表 13-5　　　　　　　　　　常用图例符号(详见 GB/T50103—2010)

名　称	图　例	说　明	名　称	图　例	说　明
新建建筑物		1.需要时,可用▲表示出入口,可在图形内右上角用点或数字表示层数 2.建筑物外形(一般以±0.00 高度处的外墙定位轴线或外墙面线为准)用粗实线表示。需要时,地面以上建筑用中粗实线表示,地面以下建筑用细虚线表示	新建的道路		"R=8.00"表示道路转弯半径为 8 m,"50.00"为路面中心控制点标高,"5"表示 5%,为纵向坡度,"45.00"表示变坡点间距离
原有的建筑物		用细实线表示	原有的道路		
计划扩建的预留地或建筑物		用中粗虚线表示	计划扩建的道路		
拆除的建筑物		用细实线表示	拆除的道路		

名　称	图　例	说　明	名　称	图　例	说　明
坐标	X115.00 / Y300.00	表示测量坐标	桥梁		(1) 上图表示铁路桥,下图表示公路桥; (2) 用于旱桥时应注明
	A135.50 / B255.75	表示建筑坐标			
围墙及大门		上图表示实体性质的围墙,下图表示通透性质的围墙,如仅表示围墙时不画大门	护坡		(1) 边坡较长时,可在一端或两端局部表示; (2) 下边线为虚线时,表示填方
			填挖边坡		
台阶		箭头指向表示向下	挡土墙		被挡的土在"突出"的一侧
铺砌场地			挡土墙上设围墙		

13.2.3　图示内容及读图方法

以图 13-7 所示某大学拟建学生公寓楼的总平面图为例,一般总平面图包括下列基本内容。
（1）新建筑物。

图 13-7 是按 1∶500 的比例绘制的总平面图,拟建房屋,用粗实线框表示,并在线框内,用数字表示建筑

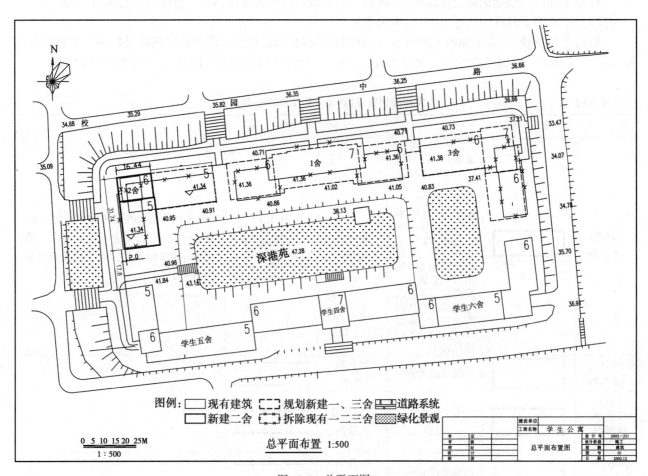

图 13-7　总平面图

层数。

(2) 新建建筑物的定位。

总平面图的主要任务是确定新建建筑物的位置,通常是利用原有建筑物、道路等来定位的。在图13-7中,拟建学生公寓楼二舍距原学生五舍楼北墙面 17.8 m,距西墙面 2 m。

(3) 新建建筑物的室内外标高。

我国把青岛市外的黄海海平面作为零点所测定的高度尺寸,称为绝对标高。在总平面图中,用绝对标高表示高度数值,单位为 m。在图13-7中,拟建住宅楼底层地面的绝对标高是 41.34 m。

(4) 相邻有关建筑、拆除建筑的位置或范围。

原有建筑用细实线框表示,并在线框内,也用数字表示建筑层数。要拆除的建筑物用虚线表示。从图13-6可以看出,新建宿舍是把原有老宿舍拆除后修建的。

(5) 附近的地形地物,如等高线、道路、水沟、河流、池塘、土坡等。

(6) 指北针和风向频率玫瑰图。

在总平面图中应画出的指北针或风向频率玫瑰图来表示建筑物的朝向。指北针的画法如图13-8所示,风向频率玫瑰图一般画出十六个方向的长短线来表示该地区常年的风向频率,有箭头的方向为北向。从图13-7中的指北针和风向频率玫瑰图可知该地区常年多为东北风。

(7) 绿化规划、管道布置。

(8) 道路(或铁路)和明沟等的起点、变坡点、转折点、终点的标高与坡向箭头。

以上内容并不是在所有总平面图上都是必需的,可根据具体情况加以选择。

图 13-8 风向玫瑰图

在阅读总平面图时应首先阅读标题栏,以了解新建建筑工程的名称,再看指北针和风向频率玫瑰图,了解新建建筑的地理位置、朝向和常年风向,最后了解新建建筑物的形状、层数、室内外标高及其定位,以及道路、绿化和原有建筑物等周边环境。

13.3 建筑平面图

13.3.1 建筑平面图的形成和作用

1. 建筑平面图的形成

假想用一个水平剖切平面沿房屋的门窗洞口的位置把房屋切开,移去上部之后,再将切面以下部分向下投影画出的水平剖面图,称为建筑平面图,简称平面图。

一般情况下,应按房屋的层次绘制建筑平面图。沿底层门窗洞口切开后得到的平面图,称为底层平面图,沿二层门窗洞口切开后得到的平面图,称为二层平面图,依次可以得到三层、四层的平面图。当某些楼层平面相同时,可以只画出其中一个平面图,称其为标准层平面图。屋面需要专门绘制其水平投影图,称为屋顶平面图。

如果建筑平面图左右对称,也可将两层平面绘在同一个图上,左边画出一层的一半,右边画出另一层的一半,中间用一对称符号作分界线,并在图的下方分别注明图名。

在同一张图纸上绘制多于一层的平面图时,各层平面图宜按层数的顺序从左至右或从下至上布置。平面较大的建筑物,可分区绘制平面图,但应绘制组合示意图。

顶棚平面图如用直接投影法不易表达清楚,可用镜像投影法绘制,但应在图名后加注"镜像"二字。

2. 作用

建筑平面图是建筑施工图中最基本的图样之一。主要表示建筑物的平面形状、大小、房屋布局、门窗位置、楼梯、走道安排、墙体厚度及承重构件的尺寸等。它是施工放线、砌筑、安装门窗、作室内外装修以及编制预算、备料等工作的依据。房屋的建筑平面图一般比较详细,通常采用较大的比例,如 1∶100,1∶50,并标出实际的详细尺寸。

13.3.2 平面图的图示特点和要求

1. 比例

常用比例是 1∶200,1∶100,1∶50 等,必要时可用比例是 1∶150,1∶300 等。

2. 定位轴线

定位轴线是标定房屋中的墙、柱等承重构件位置的线,它是施工时定位放线及构件安装的依据。它反映开间、进深的标志尺寸,常与上部构件的支承长度相吻合。具体画法如表 13-3 所示。

3. 图线

被剖切到的墙柱轮廓线画粗实线(b),没有剖切到的可见轮廓线如窗台、台阶、楼梯等画中实线(0.5b),尺寸线、标高符号、轴线用细线(0.25b)画出,如果需要表示高窗、通气孔、槽、地沟及起重机等不可见部分,则应以虚线绘制,定位轴线和中心线用细点画线。

4. 代号和图例

在平面图中,门窗、卫生设施及建筑材料均应按规定的图例绘制。并在图例旁注写它们的代号和编号,代号"M"用来表示门,"C"表示窗,编号可用阿拉伯数字顺序编写,如 $M_1,M_2,\cdots$ 和 $C_1,C_2,\cdots$,也可直接采用标准图上的编号。虽然门、窗用图例表示,但门窗洞的大小及其型式都应按投影关系画出。如窗洞有凸出的窗台,应在窗的图例上画出窗台的投影。门及其开启方向用 45°方向倾斜的中实线线段表示,用两条平行的细实线表示窗框及窗扇的位置。常用建筑图例如表 13-6 所示。

钢筋混凝土断面可涂黑表示,砖墙一般不画图例(或可在描图纸背面涂红)。

表 13-6　　　　　　　　　构造及配件图例(详见 GB/T 50104—2010)

名　称	图　例	说　明
楼梯	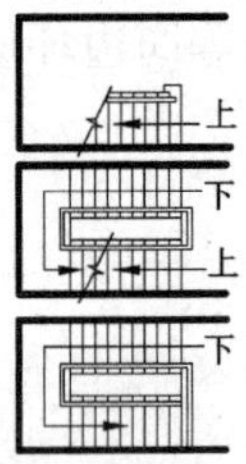	(1) 上图为底层楼梯平面;中图为中间层楼梯平面;下图为顶层楼梯平面; (2) 楼梯及栏杆扶手的形式和梯段踏步数应按实际情况绘制
单扇门(包括平开或单面弹簧)	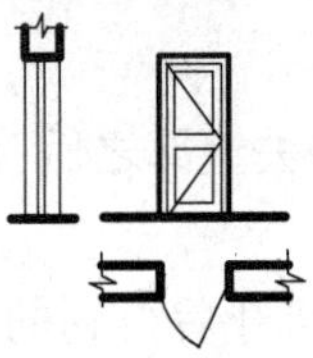	(1) 门的代号用 M 表示; (2) 立面图上开启方向线交角一侧为安装合页的一侧,实线为外开,虚线为内开; (3) 平面图上门线应 90°或 45°开启,开启弧线宜绘出; (4) 立面图上开启方向线在一般设计图上不需表示,仅在制作图上表示; (5) 立面形式应按实际情况绘制
双扇门(包括平开或单面弹簧)	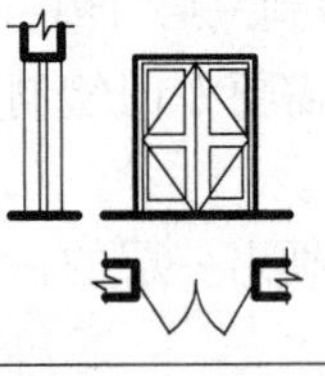	
单层外开平开窗	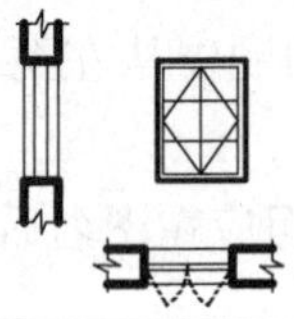	(1) 窗的名称代号用 C 表示; (2) 立面图中斜线表示开关方向,实线为外开,虚线为内开,开启方向线交角的一侧为安装合页的一侧一般设计图中可不表示; (3) 平、剖面图上的虚线仅说明开关方式,在设计图上不需表示; (4) 窗的立面形式应按实际情况绘制
单层固定窗	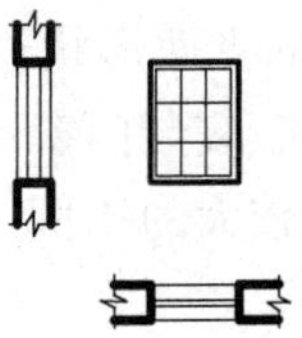	

5. 尺寸标注

平面图上的尺寸分为外部和内部两类尺寸。从各尺寸标注可了解各房间的开间、进深、外墙与门窗及室内设备的大小和位置。外部尺寸主要有三道：

第一道尺寸，表示外轮廓的总尺寸。是从一端外墙到另一端外墙边的总长和总宽（外包尺寸）。

第二道尺寸，为轴线间尺寸，它是承重构件的定位尺寸，一般也是房间的"开间"和"进深"尺寸。

第三道尺寸，是细部尺寸，表明门、窗洞、洞间墙的尺寸等。这道尺寸应与轴线相关联。

如果房屋前后或左右不对称，则平面图上四边都应注写三道尺寸。

内部尺寸表示房间的净空大小和室内的门窗洞、孔洞、墙厚和固定设备（厕所、盥洗室、工作台、搁板等）的大小与位置。

从图13-9一层平面图可以看出，学生公寓的总长为31.74 m，总宽为16.44 m；图中纵向轴线间的距离3600、4200、2400、5100等尺寸便是开间尺寸；横向轴线间的距离1800、5100等则是进深尺寸；最里一道是表示门、窗洞口宽、墙垛宽等细部尺寸。

在平面图上，除注出各部长度和宽度方向的尺寸之外，还要注出楼地面等的相对标高，以表明各房间的楼地面对标高零点的相对高度。如室类标高 0.00 m、室外标高 -0.6 m。

6. 投影要求

一般来说，各层平面图按投影方向能看到的部分均应画出，但通常是将重复之处省略，如散水、明沟、台阶等只在底层平面图中表示，而其他层次平面图则不画出，雨篷也只在二层平面图中表示。必要时在平面图中还应画出卫生器具、水池、橱、柜、隔断等。

在平面图中，如果某些局部平面因设备多或因内部组合复杂、比例小而表达不清楚时，可画出较大比例的局部平面图或详图。

7. 屋顶平面图

屋顶平面图是直接从房屋上方向下投影所得，由于内容比较简单，可以用较小比例绘制。它主要表示屋面排水的情况（用箭头、坡度表示），以及天沟、雨水管、水箱等的位置。

图13-12是通过轴线①至⑥第六层的平面图，从此平面图可知学生公寓楼轴线⑥至⑪的屋面坡向、坡度、天沟、分水线及雨水管的位置等。从图13-13屋顶平面图可知轴线①至⑥屋顶平面形状和楼梯—梯间小屋面的平面形状及尺寸。

13.3.3 建筑平面图的阅读

一个建筑物有多个平面图，应逐层阅读，注意各层的联系和区别。阅读步骤如下：

（1）阅读图名、比例，明确平面图表达的楼层。图13-9～13-13所示分别为某校学生公寓楼的底层平面图、二层平面图、三～五层平面图、六层平面图和屋顶平面图，绘图比例为1∶100。

（2）看指北针，了解房屋的朝向。从图中的指北针可以看出，房屋的朝向为坐东朝西。

（3）分析总体情况：包括建筑物的平面形状、总长、总宽、各房间的位置和用途。本例公寓楼建筑层数为五层，局部层数为六层，出入口有两处，主要出入口朝西。底层有一间控制室、一间活动室和九间宿舍，二层到五层分别有十间宿舍和一间活动室。每间宿舍带有独立的卫生间，每层带有公共卫生间。宿舍楼总长31.74米，总宽16.44米，屋顶高22.5米。

（4）分析定位轴线，了解各房间的进深、开间，墙柱的位置及尺寸。了解各层楼或地面以及室外地坪、其他平台、板面的标高。本例宿舍楼横向定位轴线①～⑪分别表示横向外墙及房间隔墙的位置。竖向定位轴线Ⓐ～Ⓚ表示纵向外墙及房间隔墙的位置。每间宿舍的开间为3.6 m，进深为5.1 m。

（5）阅读细部，详细了解建筑构配件及各种设施的位置及尺寸，各楼面、地面等处的标高，并查看索引符号。从图13-9可知一层室内标高±0.00，相当绝对标高41.34 m，室外标高-0.6 m。其他各层标高可从Ⅰ—Ⅰ和Ⅱ—Ⅱ剖面图中得知。

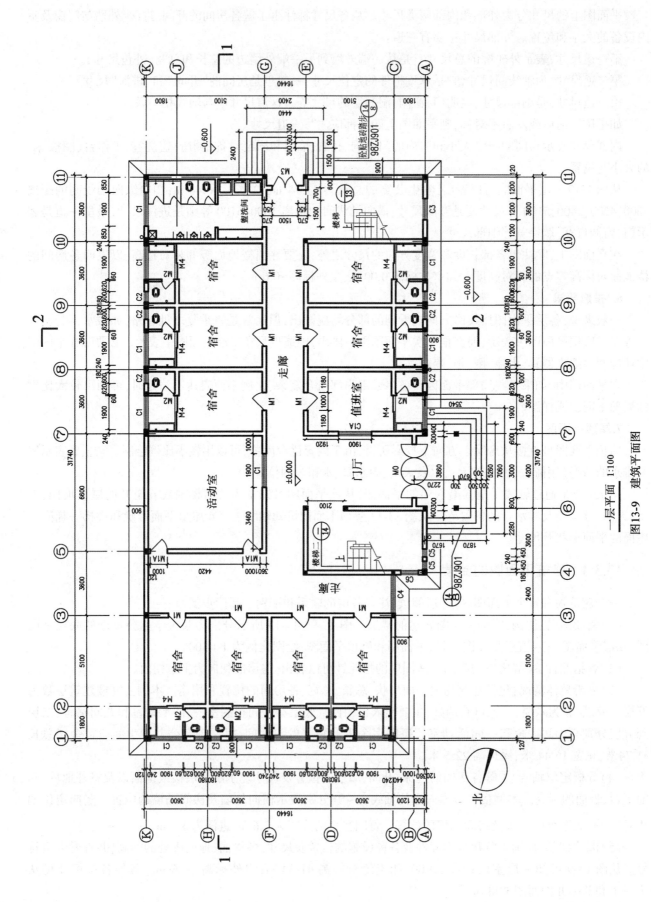

图13-9 建筑平面图

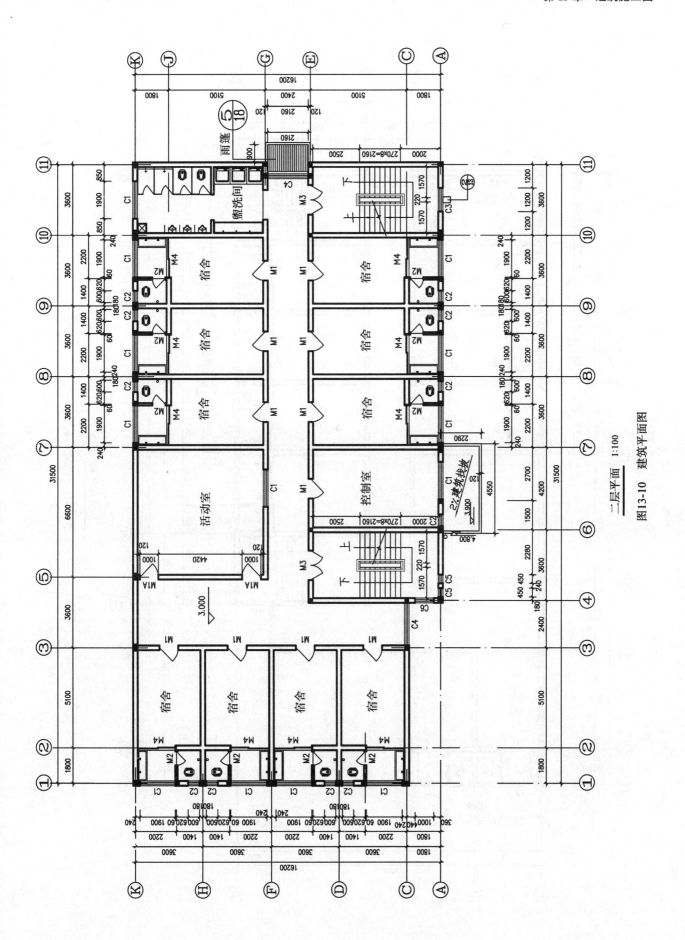

图13-10 建筑平面图

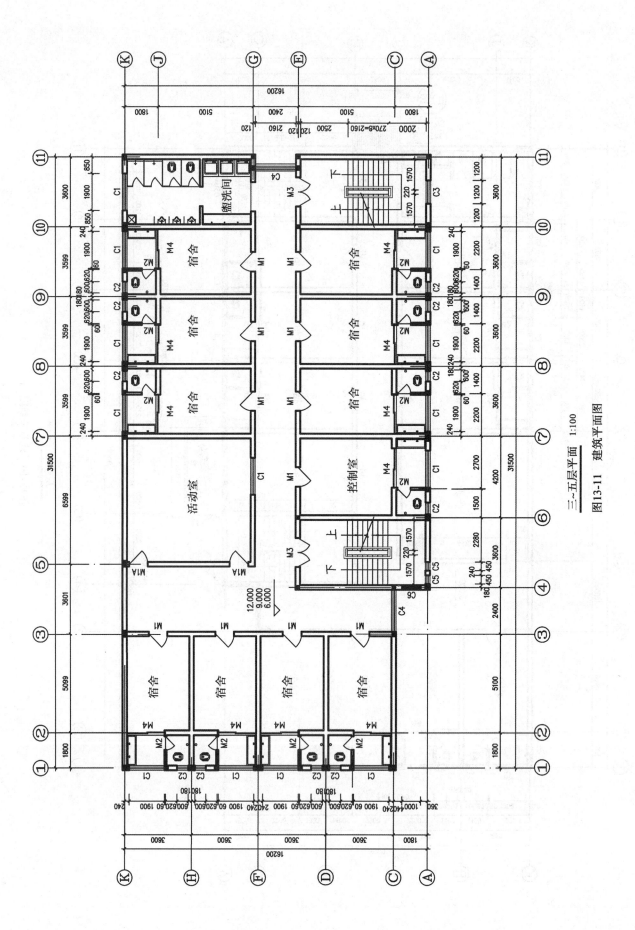

图13-11 建筑平面图 三~五层平面 1:100

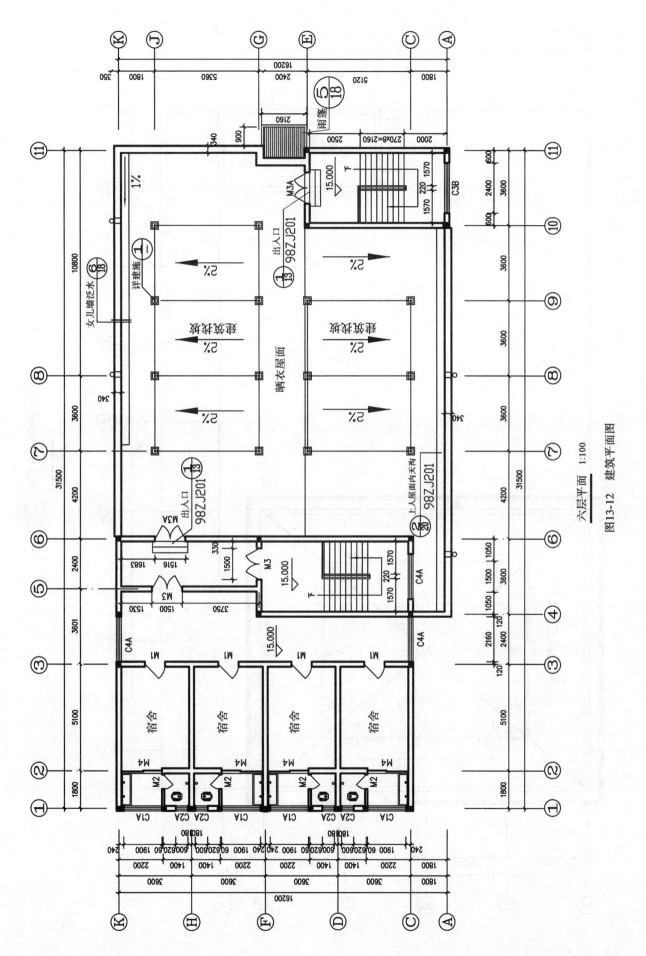

图13-12 建筑平面图

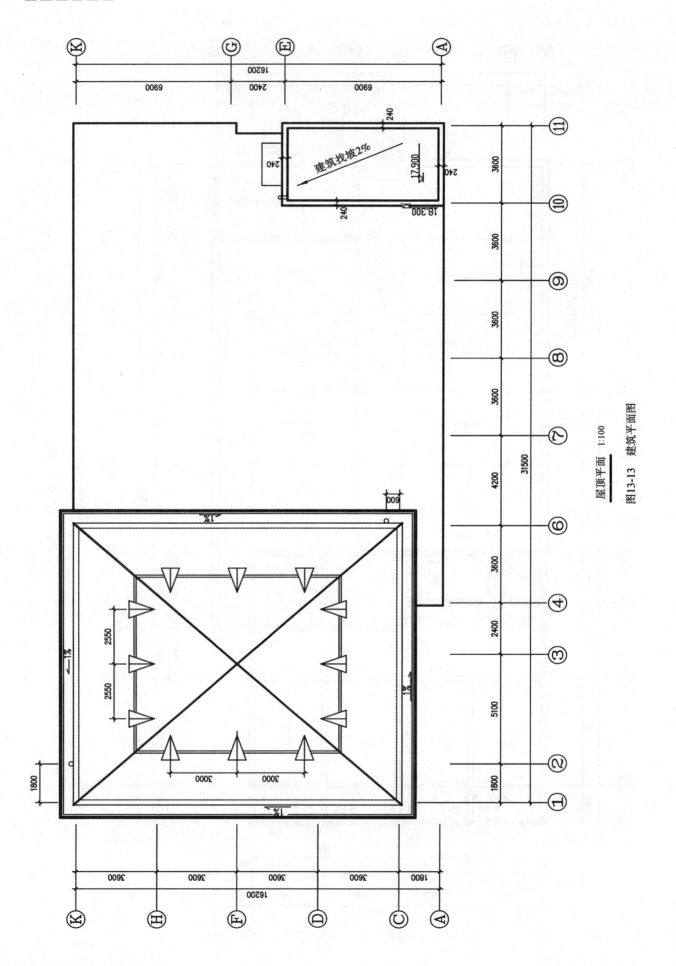

图13-13 建筑平面图

(6)查看剖面图的剖切标注符号

图中标注了Ⅰ—Ⅰ和Ⅱ—Ⅱ剖面图的剖切位置及投影方向。

13.4 建筑立面图

13.4.1 图示方法和内容

建筑立面图是房屋不同方向的立面正投影图。通常一个房屋有四个朝向,立面图可根据房屋的朝向来命名,如东立面、西立面、北立面等。也可以根据主要入口来命名,如正立面、左侧立面、右侧立面。还可以根据立面图两端轴线的编号来命名,如图 13-14、图 13-15 所示 Ⓐ ~ Ⓚ 立面图和 ① ~ ⑪ 立面图。

建筑立面图主要表明建筑物的体型和外貌,以及外墙面的面层材料、色彩,女儿墙的形式,线脚、腰线、勒脚等饰面做法,阳台的形式及门窗布置,雨水管位置等。

建筑立面图应画出可见的建筑外轮廓线,建筑构造和构配件的投影,并注写墙面作法及必要的尺寸和标高。

较简单的对称的建筑物或对称的构配件,在不影响构造处理和施工的情况下,立面图可绘制一半,并在对称线处画上对称符号。

13.4.2 建筑立面图的画法特点及要求

1. 比例

立面图的比例通常与平面图相同。

2. 定位轴线

一般立面图只画出两端的轴线及编号以便与平面图对照。其编号应与平面图一致。如图 13-14、图 13-15 所示的立面图中,只标出轴线 Ⓐ 和 Ⓚ,① 和 ⑪。

3. 图线

为增加图面层次,画图时常采用不同的线型:立面图的最外边的外形轮廓用粗实线表示;室外地坪线用 1.4 倍的加粗实线(线宽为粗实线的 1.4 倍左右)表示;门窗洞口、檐口、阳台、雨篷、台阶等用中实线表示;其余的,如墙面分隔线、门窗格子、雨水管以及引出线等均用细实线表示。

4. 投影要求

建筑立面图中,只画出按投影方向可见的部分,不可见的部分一律不表示。

5. 图例

由于比例小,按投影很难将所有细部都表达清楚,如门、窗等都是用图例来绘制的,且只画出主要轮廓线及分格线,注意门窗框用双线画。

6. 尺寸注法

高度尺寸用标高的形式标注,主要包括建筑物室内外地坪,出入口地面,窗台、门窗洞顶部、檐口、阳台底部、女儿墙压顶及水箱顶部、进口平台面及雨篷底面等处的标高。各标高注写在立面图的左侧或右侧且排列整齐。

7. 外墙装修做法

外墙面根据设计要求可选用不同的材料及做法,在图面上,多选用带有指引线的文字说明。

13.4.3 建筑立面图的阅读

(1)读立面图的名称和比例,可与平面图对照以明确立面图表达的是房屋哪个方向的立面。如图 13-14 表示 Ⓐ ~ Ⓚ 立面图,图 13-15 表示 ① ~ ⑪ 立面图。绘图比例均为 1∶100。

(2)分析立面图图形外轮廓,了解建筑物的立面形状。读标高,了解建筑物的总高、室外地坪、门窗洞口,挑檐等有关部位的标高。

从图 13-12 和 13-15 可知，公寓楼建筑层数从轴线⑥到⑪为五层的上人平屋顶，屋面标高为 15.0 m，女儿墙顶标高 16.4 m，局部层数从轴线①到⑥为六层的坡屋顶，屋顶标高 22.5 m，轴线⑩到⑪楼梯间为小屋面，屋顶标高 18.3 m。

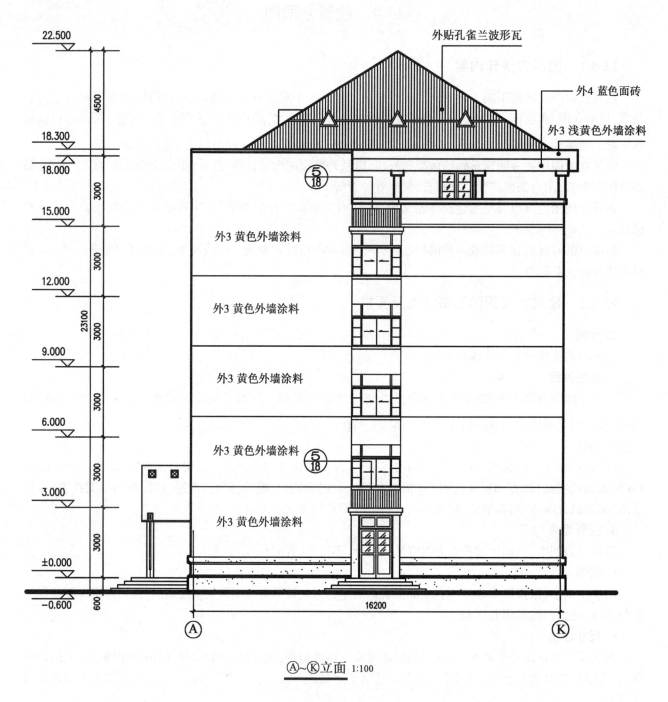

图 13-14　建筑立面图

（3）参照平面图及门窗表，综合分析外墙上门窗的种类、形式、数量和位置。

（4）了解立面上的细部构造，如台阶、雨篷、阳台等。

（5）阅读立面图上的文字说明和符号，了解外装修材料和做法，了解索引符号的标注及其部位，以便配合相应的详图阅读。

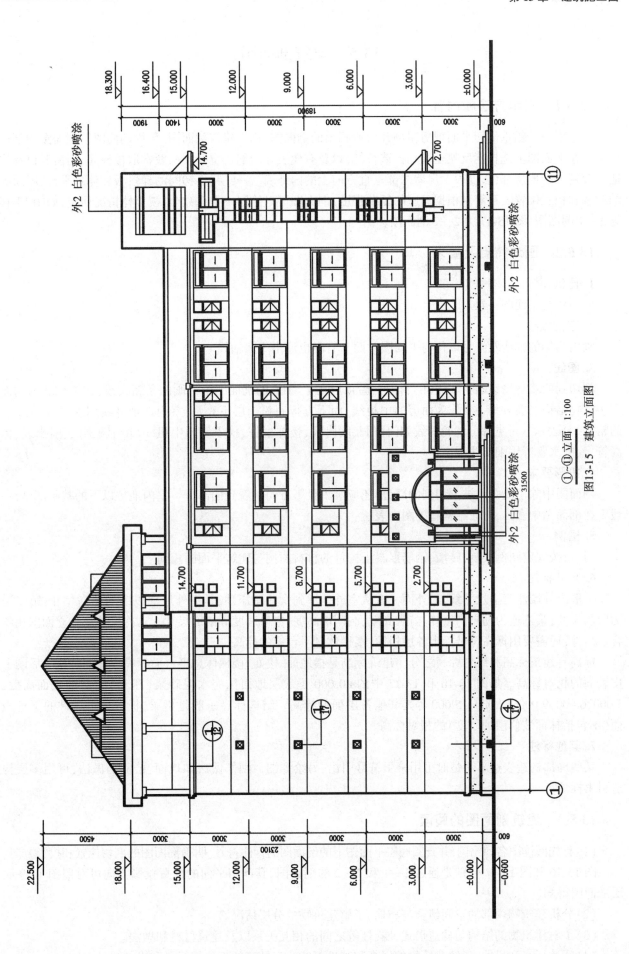

图13-15 建筑立面图

13.5 建筑剖面图

13.5.1 图示方法和内容

假想用一个铅垂剖切平面把房屋剖开后所画出的剖面图,称为建筑剖面图,简称剖面图。剖面图的剖切位置应在平面图上选择能反映全貌和构造特征,以及有代表性的剖切位置。一般常取楼梯间、门窗洞口及构造比较复杂的典型部位,以表示房屋内部垂直方向上的内外墙、各楼层、楼梯间的梯段板和休息平台、屋面等的构造和相互位置关系等。根据房屋的复杂程度,剖面图可以绘制一个或数个,视具体情况而定,如图13-16为1—1剖面图,图13-17为2—2剖面图。

13.5.2 画法特点及要求

1. 比例

应与建筑平面图一致。

2. 定位轴线

画出两端的轴线及编号以便与平面图对照。有时也注出中间轴线。

3. 图线

剖切到的墙身轮廓画粗实线(b);楼层、屋顶层在1∶100的剖面图中只画两条粗实线,在1∶50的剖面图中宜在结构层上方画一条作为面层的中粗线,而下方板底粉刷层不表示;室内外地坪线用加粗线(1.4倍的粗实线)表示。可见部分的轮廓线如门窗洞、踢脚线、楼梯栏杆、扶手等画中粗线(b);图例线、引出线、标高符号、雨水管等用细实线画出。

4. 投影要求

剖面图中除了要画出被剖切到的部分,还应画出投影方向能看到的部分。室内地坪以下的基础部分,一般不在剖面图中表示,而在结构施工图中表达。

5. 图例

门、窗按规定图例绘制,砖墙、钢筋混凝土构件的材料图例与建筑平面图相同。

6. 尺寸标注

一般沿外墙注三道尺寸线,最外面一道从室外地坪到女儿墙压顶,是室外地面以上的总高尺寸;第二道为层高尺寸;第三道为勒脚高度、门窗洞高度、洞间墙高度、檐口厚度等细部尺寸。这些尺寸应与立面图相吻合。另外,还需要用标高符号标出各层楼面、楼梯休息平台等的标高。

标高有建筑标高和结构标高之分。建筑标高是指地面、楼面、楼梯休息平台面等完成抹面装修之后的上皮表面的相对标高。如图13-16和13-17中的±0.000是底层地面抹完水泥砂浆(压光)之后的表面高度,3.000,6.000,9.000,12.000,15.000等是其他各层面的标高。结构标高一般是指梁、板等承重构件的下皮表面(不包括抹面装修层的厚度)的相对标高。

7. 其他标注

某些局部构造表达不清楚时可用索引符号引出,另绘详图。细部做法如地面、楼面的做法,可用多层构造引出标注。

13.5.3 建筑剖面图的阅读

(1)首先阅读图名和比例,并查阅底层平面图上的剖面图的标注符号,明确剖面图的剖切位置和投影方向。图13-16和图13-17分别是通过1—1和2—2的剖面图,其剖切平面的位置投影方向可对照图13-9底层平面图得知。

(2)分析建筑物内部的空间组合与布局,了解建筑物的分层情况。

(3)了解建筑物的结构与构造形式,墙、柱等之间的相互关系以及建筑材料和做法。

(4)阅读标高和尺寸,了解建筑物的层高和楼地面的标高及其他部位的标高和有关尺寸。

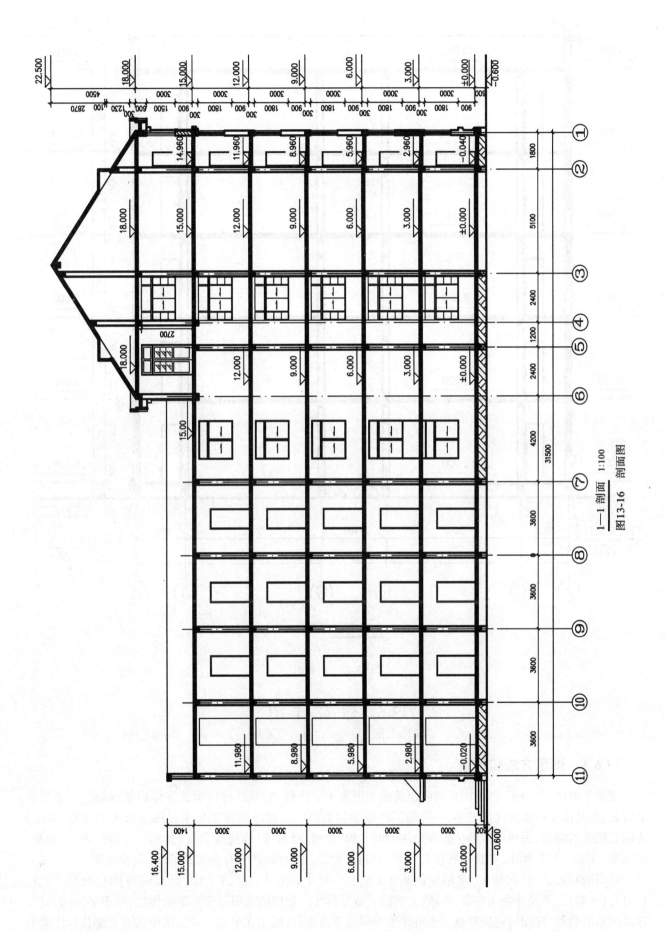

图13-16 1—1剖面 1:100 剖面图

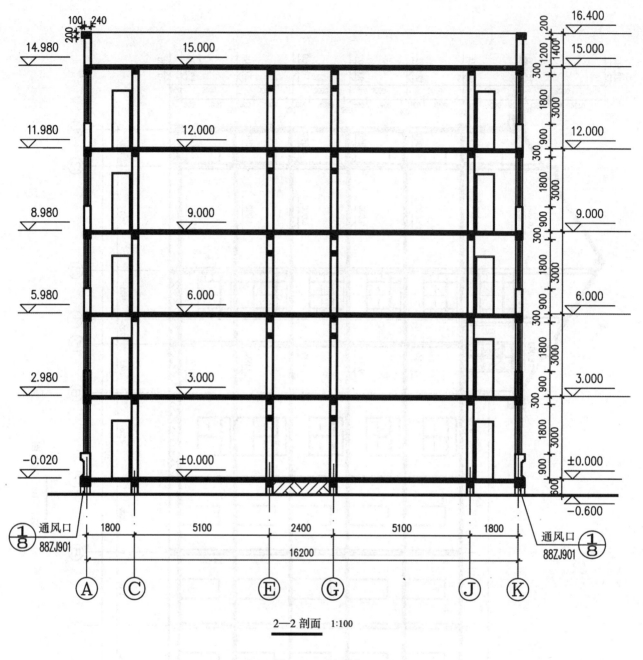

图 13-17 剖面图

13.6 建 筑 详 图

13.6.1 图示方法和特点

建筑平面图、立面图、剖面图是房屋建筑施工图的主要图样,它们已将房屋的整体形状、结构、尺寸等表示清楚,但是由于画图的比例较小,一些局部的详细构造、尺寸、做法及施工要求在图上都无法注写、画出。为满足施工的需要,另将这些部位的构配件(如门、窗、楼梯、墙身等)或构造节点(如檐口、窗台、窗顶、勒脚、散水等)用较大比例画出,并详细标注其尺寸、材料及做法。这样的图样称为建筑详图,简称详图。

详图的特点,一是比例大,常用比例是 1∶5,1∶10,1∶20,1∶25,1∶50,必要时可用比例是 1∶3,1∶15,1∶30;二是尺寸标注齐全、准确,文字说明清楚具体。如详图采用通用图集的做法,则不必另画,只需注出图集的名称、详图所在的页数。建筑详图所画的节点部位,除了在平、立、剖面图中的有关部位标注索引符号外,还应在所画详图上绘制详图符号,以便对照查阅。

13.6.2 详图的分类

常用的详图基本上可分为三类:节点详图、房间详图和构配件详图。

1. 节点详图

用来详细表达某一节点部位的构造、尺寸、做法、材料、施工要求等。最常见的节点详图是外墙身剖面详图,它是将外墙的檐口、屋顶、窗过梁、窗台、楼地面、勒脚、散水等部位,按其位置集中画在一起构成的局部剖面图。

2. 房间详图

将某一房间用更大的比例绘制出来的图样,如楼梯间详图、厨房详图、浴室详图、厕所详图等。一般说来这些房间的构造或固定设施都比较复杂,均需用详图表达。

3. 构配件详图

表达某一构配件的形式、构造、尺寸、材料、做法的图样,如门窗详图、雨篷详图、阳台详图、壁柜详图等。

为了提高绘图效率,国家和某些地区编制了建筑构造和构配件的标准图集,如果选用这些标准图集中的详图,在图纸中用索引符号注明,不再另绘详图。

13.6.3 外墙身剖面详图

外墙身详图实际上是建筑剖面图的局部放大图,它表达房屋的屋面、楼层、地面和檐口构造、楼板与墙的连接、门窗顶、窗台和勒脚、散水等处构造的情况,是施工的重要依据。

多层房屋中,若各层的情况一样时,可只画底层、顶层或加一个中间层来表示。画图时,往往在窗洞中间处断开,成为几个节点详图的组合。有时,也可不画整个墙身的详图,而是把各个节点的详图分别单独绘制。详图的线型要求与剖面图一样。

在详图中,一般应注出各部位的标高、高度方向和墙身细部的大小尺寸。图中标高注写有两个数字时,有括号的数字表示在高一层的标高。从图中有关图例或文字说明,可知墙身内外表面装修的断面形式、厚度及所用的材料等。

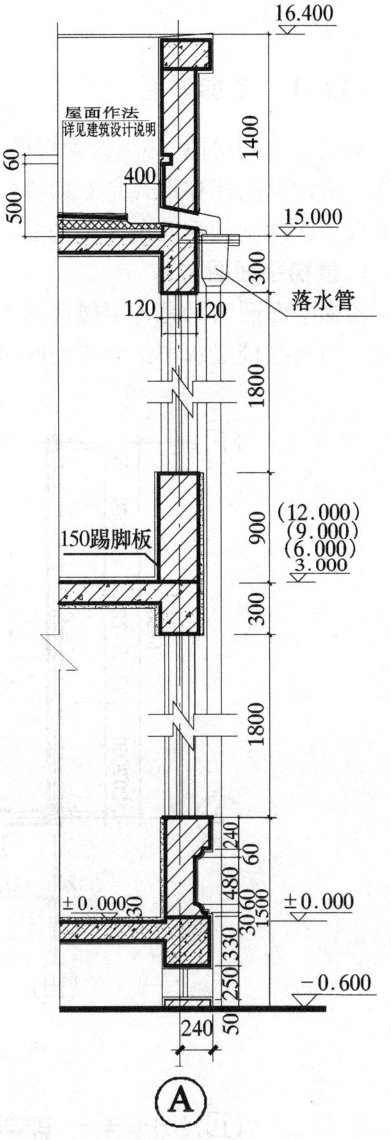

图 13-18 所示为外墙身详图,最上部分为屋顶、女儿墙节点图,中间分别为标高为 3.0,6.0,9.0,12.0 高程的楼面、窗台窗顶的构造节点详图,最下部分为地面、勒脚、散水的构造节点详图。

根据剖面图的编号,对照平面图上相应的剖切符号,可知该剖面图的剖切位置和投影方向。图中注上轴线的编号,表示这个详图适用于Ⓐ号轴线的墙身。也就是说,在轴线④—⑪的范围内,Ⓐ号轴线的任何地方,墙身各相应部分的构造情况都相同。

从檐口部分,可了解屋面的承重层,女儿墙、防水、保温及排水的构造。

在本详图中,屋面的承重层是现浇钢筋混凝土板,按2%的珍珠岩保温层找坡。屋面为有组织排水,天沟设置在女儿墙内(内排水),并通过女儿墙所留孔洞(雨水口兼通风口),使雨水沿雨水管集中排流到地面。雨水管的位置和数量可从立面图或平面图中查阅。

在详图中,对屋面、楼层和地面的构造,采用多层构造说明方法来表示和在建筑设计总说明中进行说明。

从楼板与墙身连接部分,可了解各层楼板(或梁)的构造及与墙身的关系。

如本详图,楼层板为现浇钢筋混凝土,在每层的室内墙脚处做一高 150 mm 细石混凝土踢脚板,以保护墙壁,从图中的说明可看到其构造做法。踢脚板的厚度可等于或大于内墙面的粉刷层。如厚度一样时,在

①详图 1:25

图 13-18 外墙身详图

其立面投影中可不画出其分界线。

从勒脚部分,可知房屋在-0.600处作50 mm厚防水砂浆防潮层。底层与地面之间架空,并设有高250 mm的通风口。

13.6.4 楼梯详图

两层以上的房屋,必须设置楼梯。一般楼梯由楼梯段、休息平台(包括平台板和梁)和栏杆(或栏板)等组成。最常见的楼梯形式是双梯段的并列楼梯,又称双跑式楼梯或双折式楼梯。在一般住宅楼的设计中,多采用现浇或预制的钢筋混凝土楼梯。楼梯详图一般由楼梯平面图、剖面图和节点详图组成。

1. 楼梯平面图

楼梯平面图实际是各层楼梯的水平剖面图,水平剖切平面应通过每层上行第一梯段及门窗洞口的任一位置。当某些楼层水平剖面图相同时,可以只画出其中一个平面图,称其为标准层平面图。

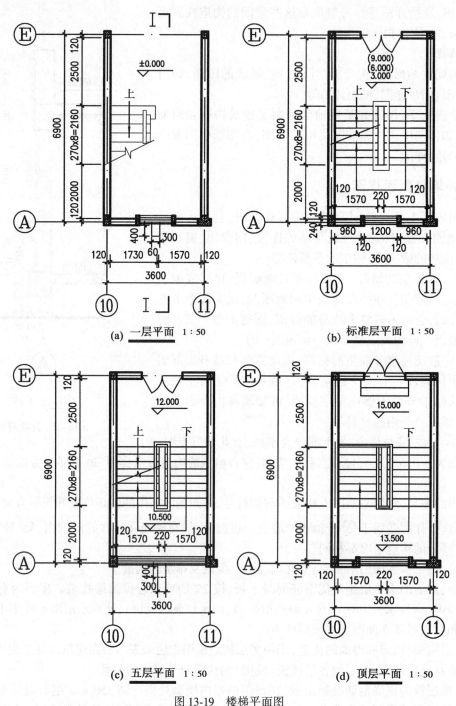

图 13-19 楼梯平面图

(1)底层平面图。

当水平剖切平面沿底层上行第一梯段及单元入口门洞的某一位置切开时,便可以得到底层平面图或一层平面图,如图 13-19(a)所示。

(2)标准层平面图。

由于二到四层水平剖切平面相同,所以只需画其中一层的水平剖面图。将水平剖切平面沿二层上行第一梯段及梯间窗洞口的某一位置切开,便可得到如图 13-19(b)所示的二层平面图。

(3)五层平面图和顶层平面图。

当水平剖切沿五层和顶层门窗洞口的某一位置切开时,便可得到如图 13-19(c),(d)中所示的五层平面和顶层平面图。

在底层平面图中,还应注出楼梯剖面图的剖切位置和投影方向。

2. 楼梯剖面图

图 13-20 所示为 1-1 楼梯剖面图。它的剖切位置和投影方向已表示在图 13-19(a)的底层平面图之中。该剖面图主要表明各梯段、休息平台的形式和构造。由图可以看出,这是一个现浇钢筋混凝土板式楼梯,每层有两个梯段。

在楼梯平面图中,每梯段踏步面的个数均比楼梯剖面图中对应的踏步个数少一个,这是因为平面图中梯段的最上面一个踏步面与楼面平齐。

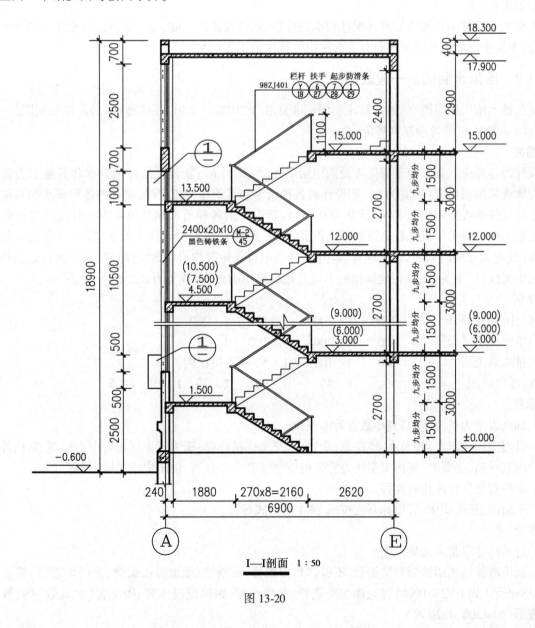

图 13-20

第 14 章 建筑设备图

设备施工图包括给排水施工图、供暖通风施工图和电器施工图。

14.1 给水排水施工图

14.1.1 简介

给排水工程是现代城市建设的重要基础设施之一,它包括给水工程和排水工程两个方面。给水工程是指水源取水、水质净化、净水输送、配水使用等工程。排水工程是指污水排除、污水处理、处理后的污水排入江河湖泊等工程。

给水排水工程都由各种管道及其配件和水的处理、贮存设备等组成,分为室内给排水施工图和室外给排水施工图,本章重点介绍与房屋建筑有关的室内给排水施工图。

14.1.2 给排水制图的一般规定

绘制给排水施工图应遵守《给水排水制图标准》GB/T 50106—2001,还应遵守《房屋建筑制图统一标准》GB/T 50001—2001 中的各项基本规定。

1. 图线

新设计的各种排水和其他重力流管线采用粗实线(线宽为 b);新设计的各种排水和其他重力流管线的不可见轮廓线采用粗虚线(线宽为 b);新设计的各种给水和其他压力流管线,原有的各种排水和其他重力流管线的不可见轮廓线采用中粗实线(线宽为 $0.75b$);新设计的各种给水和其他压力流管线及原有的各种排水和其他重力流管线的不可见轮廓线采用中粗虚线(线宽为 $0.75b$);给水排水设备、零(附)件的可见轮廓线用中实线(线宽为 $0.50b$);给水排水设备、零(附)件的不可见轮廓线用中虚线(线宽为 $0.50b$);建筑物的可见轮廓线用细实线(线宽为 $0.25b$);建筑物的不可见轮廓线用细虚线(线宽为 $0.25b$)。

2. 比例

厂区(小区)平面图	1:2000	1:1000	1:500	1:200	
室内给水排水平面图	1:300	1:200	1:100	1:50	
给水排水系统图	1:200	1:100	1:50 或不按比例		
部件、零件详图	1:50	1:40	1:30	1:20	1:10 1:5

3. 标高

(1) 标高以米为单位,注写到小数点后第三位。

(2) 管道应标注起点、转角点、连接点、变坡点、交叉点的标高;压力管道标注管中心标高;室内外重力管道标注管内底标高;必要时,室内架空压力管道可以标注管中心标高,但图中应加以说明。

(3) 室内管道应标注相对高程。

(4) 平面图、系统图中,管道标高应按图 14-1 的方式标注。

4. 管径

(1) 管径尺寸以毫米为单位。

(2) 低压流体输送用镀锌焊接钢管、不镀锌焊接钢管、铸铁管、硬聚氯乙烯管、聚丙烯管等,管径应以公称直径 DN 表示(如 DN25,DN40 等);耐酸陶瓷管、混凝土管、钢筋混凝土管、陶土管(缸瓦管)等,管径应以内径 d 表示(如 d300,d220 等)。

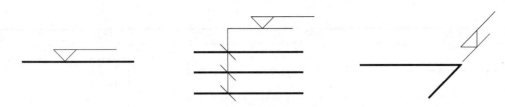

图 14-1 平面图、系统图中管道标高

(3) 焊接钢管、无缝钢管等,管径应以外径 $D×$壁厚表示(如 D100×4、D132×6 等)。
(4) 单管的管径标注如图 14-2(a)所示,多管的管径标注如图 14-2(b)所示。

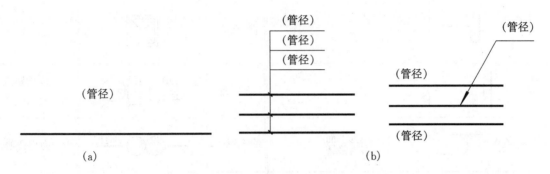

图 14-2 单管及多管的管径标注

5. 编号

当建筑物的给水进口、排水出口的数量多于一个时,一般应系统编号。标注方式如图 14-3 所示。建筑物内穿过楼层的立管,其数量多于一个时,宜用阿拉伯数字编号。标注方式如图 14-4 所示。

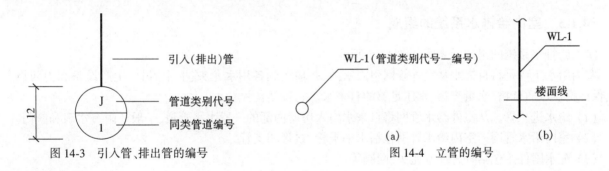

图 14-3 引入管、排出管的编号   图 14-4 立管的编号

6. 图例

建筑给水排水施工图中最常用的图例见表 14-1。

表 14-1　　　　　　　　　　　　　　　给排水图例

名称	图例	说明	名称	图例	说明
管道	——J—— ——RJ—— ——RH—— ——W—— ——YW—— ——T—— ——Y——	用汉语拼音字头表示管道类别 生活给水管 热水给水管 热水回水管 污水管 压力污水管 通气管 雨水管	自动冲洗水箱		
			截止阀	$DN \geqslant 50$　$DN<50$	
			放水龙头		左为平面 右为系统
			室外消火栓		

245

续表

名称	图例	说明	名称	图例	说明
管道固定支架		支架按实际位置画	洗涤盆	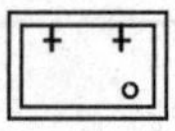	水龙头数量按实际绘制
多孔管			台式洗脸盆	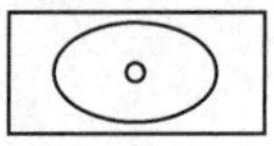	
排水明沟	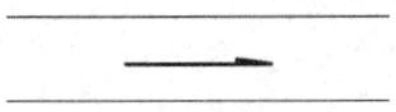	箭头指向下坡	浴盆	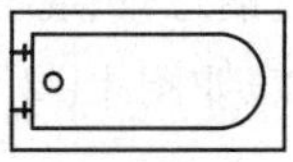	
存水弯	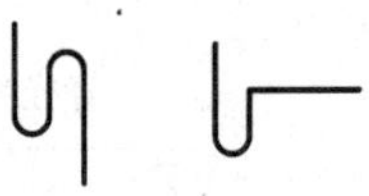		污水池		
立管检查口			大便器	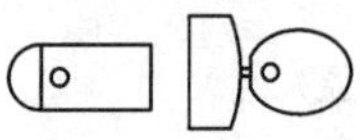	左为蹲式 右为坐式
清扫口		左为平面 右为系统	圆形化粪池		HC 为化粪池代号
通气帽	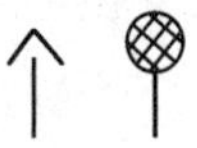	左为伞罩 右为网罩	水表井		
圆形地漏	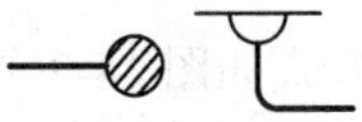	左为平面 右为立面	阀门井检查井		左为圆形 右为矩形

14.1.3 室内给排水系统的组成

室内给排水系统的组成示意图如图 14-5 所示。

室内给水工程是将自来水从室外管网引入室内,并输送到各用水龙头、卫生器具、生产设备和消防设备处,保证提供水质合格、水量充裕、水压足够的自来水。它包括:

(1) 给水进户管。从室外给水管网将自来水引入房屋内部的一段水平管道,一般还附有水表和阀门。

(2) 室内给水管网。室内给水管网包括水平干管、立管和支管。

(3) 配水附件。包括各种配水龙头、闸阀等。

(4) 升压设备。当用水量大、水量不足时,需要安装水泵、水箱等设备。

布置室内给水管网时,给水立管应靠近用水量大的房间和用水点;管系选择应使管道最短,并便于检修;根据室外供水情况(水量和水压等)和用水对象,以及消防对给水要求,室内给水管网可布置成环状或树枝状,一般民用房屋常采用树枝状管网。

室内排水工程是将房屋内的生活污水、生产废水等尽快畅通无阻地排至室外管渠中去,保证室内不停积与漫漏污水,不逸入臭气,不污染环境。它包括:

(1) 排水横管。连接卫生器具和大便器的水平管段称为排水横管。为防止堵塞,连接大便器的水平横管的管径不小于100,且流向立管方向有2%的坡度。

(2) 排水立管。使污水向下排至底层。一般情况下管径为100,但不能小于50或小于所连接的横管管径。立管在底层和顶层应有检查口。

(3) 排出管。将室内排水立管的污水排入检查井的水平管段称为排出管。其管径应大于或等于100,向检查井方向应有1%~2%的坡度。

(4) 通气管。在顶层检查口以上的一段立管称为通气管。通气管使室内污水管道与大气相通,既可排

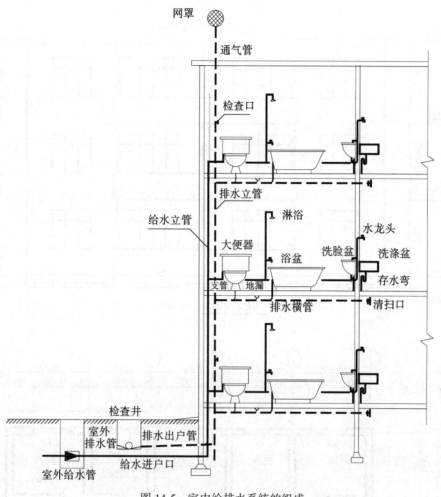

图 14-5 室内给排水系统的组成

除有害气体,又可防止管道内产生负压。

(5) 排水附件。包括存水弯、地漏、检查口等。

(6) 卫生器具。常用的卫生器具有:大便器、小便器、浴盆、水池等。

布置室内排水管网,立管应尽量靠近污物、杂质最多的卫生设备(如大便器、污水池),横管应有坡度,并斜向立管;立管布置要便于安装和检修;排出管应选最短途径与室外管道连接,连接处应设检查井。

14.1.4 给水排水施工图的图示内容及图示方法

室内给水排水施工图包括室内给排水平面图、给排水系统图、详图及施工说明等。现以某单位一幢住宅为例。如图 14-6 所示该房屋为三层砖混建筑,南北朝向,每层楼梯的东西侧各有一住户,该房屋内只有厕所和厨房是用水房间,需要安装给水排水设施。

1. 给水排水平面图

给水排水平面图表示房屋内给水排水管道及用水设备的平面布置情况,主要表达出:给水管网及排水管网的各个干管、立管、支管的平面位置、走向、立管编号和管道的安装方式(明装或暗装);各种用水设备、管道器材设备(如阀门、地漏、清扫口、消水栓等)的平面位置;管道及设备安装的预留洞位置、预埋井、管沟等方面对土建的要求。

画图时用细实线画出建筑平面图(标明轴线编号),与用水设备无关的细部,如窗、门等省略不画。且只标注轴线尺寸及室内外地面、楼面标高。图中的管道,设备及配件一般采用图例符号表示,不必标注尺寸。暗装的管道和明装管道一样画在墙外,只需说明哪部分要暗装即可。卫生设备比较简单时,可将给水与排水

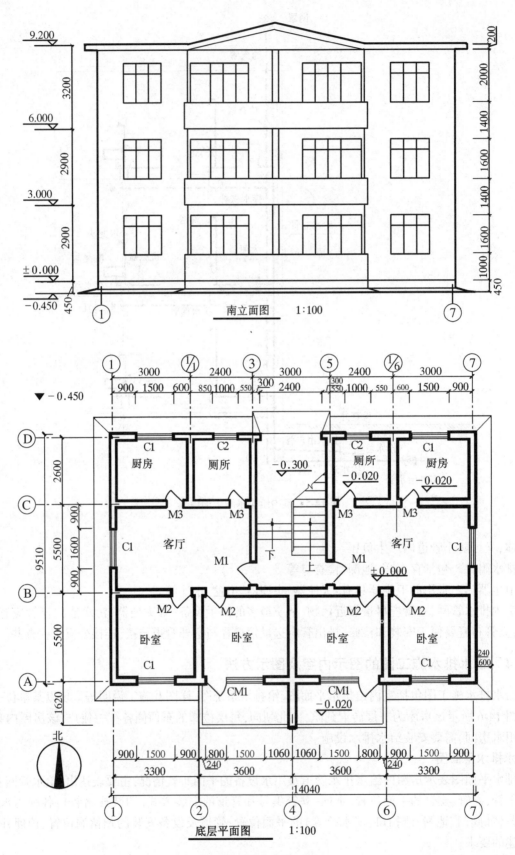

图 14-6 某住宅施工图

两个系统画在一个平面图中,如果比较复杂,则应将两者分别用不同的平面图表示。

图 14-7 为该房屋底层的厕所和厨房局部给排水平面图,为了表达清楚,用较大比例绘制。在厕所内设浴盆、大便器、洗脸盆各一个,并预留了一水嘴,厨房内设洗涤盆和污水池。底层厕所和厨房的地面标高均为 −0.020 m。由于以上各层布置相同,在这里略去二、三层平面图。从底层平面图标注的系统编号可知道,给水系统有 J/1,排水系统有 W/1 和 W/2。

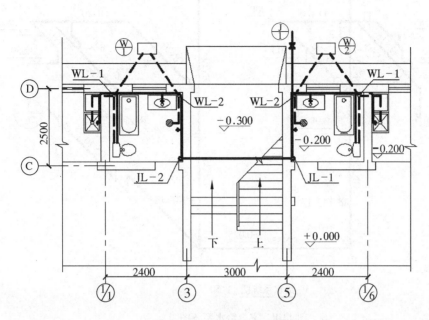

图 14-7 底层给排水平面图

2. 给水排水系统图

给水排水系统图表明建筑给水管网和排水管网上下、左右、前后之间的空间关系。一般采用"正面斜等轴测图"表示,y 轴与水平线成 45°角,三个轴向伸缩系数为 1,当 y 轴与水平线在 45°角出现过多的前后投影重叠交叉的管线时,可改用 30°或 60°角绘制。绘图比例与给水排水平面图相同,如管道系统比较复杂时可放大比例。图中标注各管径尺寸、立管编号、管道标高的坡度,并标明各种器材在管道系统中的位置。

图 14-8 为室内给水管道系统 J/1 的轴测图。给水进户管 DN40 上装有一闸阀,管中心标高为 −1.000 m,沿轴线⑤穿外墙进入室内后,向上升至标高 0.250 m,继续向前延伸,到达轴线⑤处 J/1 处分为两路,一路 DN32 转弯向西,从地面下通过楼梯间至轴线③处,穿出地面后向上形成立管 JL-2;另一路 DN32 直接穿过地面后垂直向上形成立管 JL-1。这两根给水立管位于厕所间的门后墙处,由下向上依次供水给一、二、三层。各立管在标高 0.900 m 处,分出第一层用户支管 DN20 后,立管管径缩小为 DN25,在标高 3.900 m 处分出第二层用户支管 DN20,立管再次变径为 DN20;在标高 6.900 m 处,立管水平折向北,变径为第三层用户支管。各条用户支管的始端均安装有控制阀门及串接水表。系统图中只详细绘制了第二层的配水管网,第一层和第三层与第二层相同可省去不画,只在立管的分支处断开注明"同二层"。

在二层东侧住户配水管网中,用户支管标高为 3.900 m 且水平布置,支管沿墙水平北延伸并在洗漱台、大便器等需要处安装水嘴和阀门;墙角处分出一支 DN15 穿墙至厨房,在洗涤盆和污水池上方分别接水嘴。各水嘴和阀门标高在图中标出。

图 14-9 为室内排水管道系统 W/1 的轴测图,W/2 与之布置是对称且相同的,此处省去不画。

W/1 系统有两根排水立管 WL-1 和 WL-2。立管 WL-1 位于厕所间轴线 1/1 和 D 处。每层有两条横管与此立管相连接,一条横管 DN100 沿轴线 1/1 布置,排出大便器和浴盆污水,另一条横管 DN50 穿墙至厨房内的水池下,排出洗涤盆和污水池内的废水。污水、废水通过 S 形存水弯流向横管,然后排向立管。立管 WL-1 的管径为 DN100,上部通气管的管径缩为 DN75,通气管穿过屋顶后在顶端标高为 9.700m 处设网罩通气帽,立管的底端标高 −0.600 m 处接出户管 DN150,以 2%的坡度通向检查井。

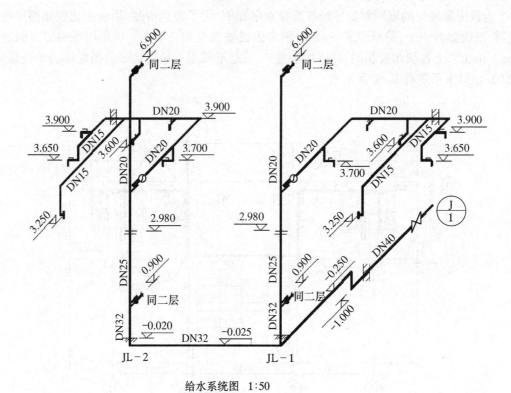

图 14-8 室内给水系统图

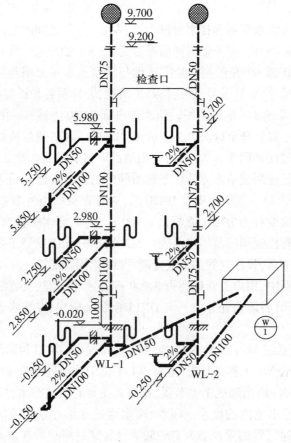

图 14-9 室内排水系统图（比例 1∶50）

立管 WL-2 位于厕所间轴线③和 D 处。每层有一条沿轴线③布置的横管 DN50 与此立管相连接,洗漱盆和地漏的废水排入此横管,横管以 2%的坡度斜向立管。立管的直径为 DN750,上端通气管为 DN50,底端接出户管 DN150,坡度为 2%,通向室外检查井。

两根立管在第二层和第三层均有离地面(或楼面)高度为 1000 mm 的检查口,各层楼地面的标高和横管的标高均在图中标出。

14.1.5 室外给排水施工图简介

室外给排水工程的任务是将房屋内外的排水的设施和管网连接起来,一方面向用户提供净水,另一方面将用户产生的污水输送至污水处理厂或排入自然水体。

室外给排水工程的范围可大可小,可以是一个城市完整的市政工程,或一个小区给排水工程,也可以只是为几幢建筑服务的局部范围。

室外给排水施工图主要是平面图,表明室内与室外的给水管网、排水管网的连接关系,给水管道和排水管道的房屋周围的布置形式,各段管道的管径、坡度、流向,以及附属设施如阀门井、检查井、消火栓、化粪池等的位置。

14.2 室内采暖通风施工图

为了满足人们生活和工作的需要,常在建筑物中安装采暖和通风设施。

采暖工程是将热能通过热力管网从热源(锅炉房等)输送到各个房间,并在室内安装散热器,使房屋内在寒冷的天气下仍能保持所需的温度。

通风工程是通过一系列的设备和装置(空气处理器、风管、风口等),将室内污浊的有害气体排至室外,并将新鲜的或经处理的空气送入室内。能使房屋内部的空气保持恒定的温度、湿度、清洁度的全面通风系统称为空气调节。

14.2.1 采暖通风制图的一般规定

采暖通风制图应遵守《暖通空调制图标准》(GB/T 50114—2001)中的有关规定。

1. 图线

采暖通风制图中常用图线在 $0.35b\sim b$ 之间,根据用途线宽组 $b=0.18\sim1.0$ mm。

2. 比例

采暖通风制图中的比例可以按如下要求选用。

总平面图:1∶500　1∶1000

总图中管道断面图:1∶50　1∶100　1∶200

平、剖面图及放大图:1∶20　1∶50　1∶100

详图:1∶1　1∶2　1∶5　1∶10　1∶20

3. 图例

常用水、汽管道宜用如下代号表示:

R　(供暖、生活、工艺用)热水管;

G　补给水管;

N　凝结水管;

LR　空调冷/热水管;

Z　蒸汽管;

X　泄水管;

L　空调冷水管;

LQ　空调冷却水管。

采暖通风制图中常用图例见表 14-2。

表 14-2　采暖通风施工图的常用图例

名称	图例	说明	名称	图例	说明
供水(汽)管	——	用粗实线、粗虚线区分供水、回水时，可省略代号	砌筑风、烟道		其余均为
回(凝结)水管	- - -		检查孔测量孔		
绝热管	～～				
弧形补偿器	⌒		矩形三通		
止回阀	▷|	箭头表示允许流通方向			
阀门(通用)、截止阀	⋈		风口(通用)		
固定支架	* ✳	左为单管右为多管			
疏水器	▭		矩形散流器		
散热器及手动放气阀	15 15	左为平面右为立面			散流器为可见时虚线改为实线
板式换热器	⊠		圆形散流器		
水泵	▷	左侧为进水，右侧为出水			

14.2.2 室内采暖施工图

1. 室内采暖工程的组成

(1) 室内采暖管网。

室内采暖管网分供热管和回水(凝结水)管网两部分。

供热管网又包括有：供热总管(与室外管网相连接并把热媒引入室内)、供热干管(从总管分支出来水平输送热媒)、供热立管(楼层间垂直输送热媒)、供热支管(从立管分支出来连通到各散热器)。

回水管网包括：回水支管(将回水从散热器排至立管)、回水立管(将回水从顶层垂直向下排至底层)、回水干管(汇集回水至总管)、回水总管(连接室外管道,回水至锅炉房)。

(2) 散热器。

使热媒中所含的热量散发到室内。常用的有铸铁翼型散热器和柱型散热器，以及钢制排管(光管)散热器和串片散热器等。

(3) 辅助装置。

采暖管道装有各种辅助装置,如为消除因水受热膨胀而产生超压的膨胀水箱、排除管网中空气并防止堵塞的集气罐、防止管道热胀冷缩而产生过大应力的伸缩器、阻止蒸汽逸漏并排出凝结水的疏水器等。

(4) 管道配件。

采暖管道系统中还安装有各种管道配件,如各种类型的阀门,起着开启、关闭、调节、逆止等作用。

2. 采暖图样画法

采暖平面图和系统图是采暖施工图中的主要图样,图 14-10 和图 14-11 为住宅的采暖平面图和系统图,该工程为热水采暖系统,管道布置形式为上行下给单管同程式。

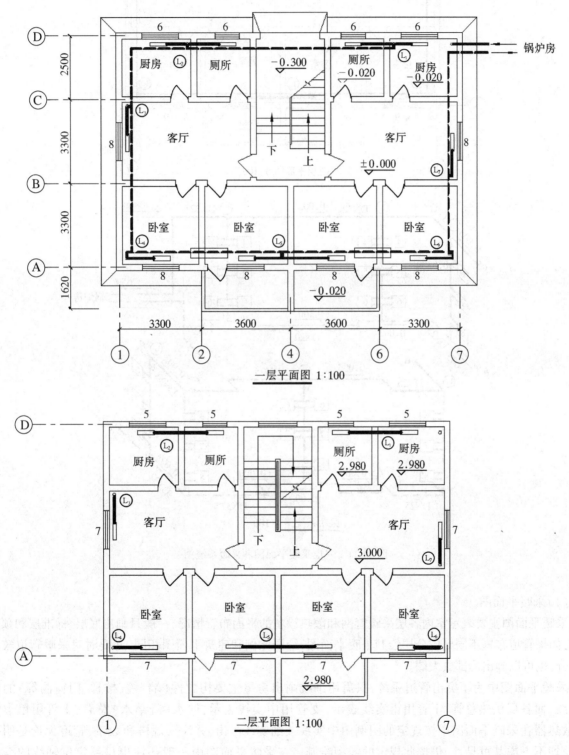

图 14-10　一、二层采暖平面图

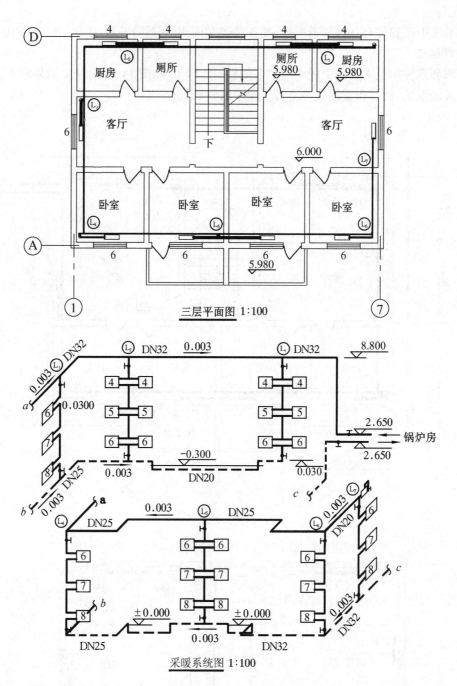

图 14-11 三层采暖平面图和采暖系统图

(1) 采暖平面图。

采暖平面图主要表示室内各层采暖管网和散热设备的平面布置情况,一般只画出底层、标准层和顶层平面图,如果管道布置不同则应分层绘制采暖平面图,绘图比例和建筑平面图相同,必要时对采暖管道较复杂的部分,也可以画出局部放大图。

采暖平面图中为了突出管道系统,只需用细线画出房屋主要构配件(墙、柱、楼梯、门窗洞等)的轮廓和轴线,而各层供热总管、干管用粗实线表示,支管用中实线表示,回水(凝结水)总管、干管用粗虚线表示,散热器在采暖平面图中按规定的图例用中实线或细实线画出,并注写规格和数量,管道无论是明装或暗装,均不考虑其可见性,仍按此规定的线型绘制。在采暖平面图中一般还注出房屋定位轴线的编号和尺寸,以及各楼地面的标高等,管道的安装和连接方式可在施工说明中写清楚,一般在平面图中不予表示。

254

所示为一层和二层的采暖平面图,在一层平面图中表示了供热总管由房屋的东北角架空进入室内,标高为 2.650 m,在轴线⑦和 D 的墙角处竖直上行,穿过两层楼面至标高为 8.800 m 处,然后沿外墙内侧布置,形成水平供热干管,干管的坡度为 0.003,在最高处设一卧式集气罐。在各采暖处共设七根立管,依次编号为 L1,L2,…,L7,各立管通向下面两层,支管从立管分出再与散热器相连,由散热器释放出热量。回水从支管依次经 L1 到 L7 立管流到底层回水干管,最后沿⑦轴线通至房屋东北角,然后抬头向上在标高 2.650 m 处通向室外。

从图 14-10 和图 14-11 的一至三层采暖平面图中,可以看出各楼层房间内散热器的数量和位置。在第三层平面图中用粗实线画出供热干管的布置,以及干管与立管的连接情况,在二层平面图中,既没有供热干管也没有回水干管,只表示了立管通过支管与散热器的连接情况,在第一层平面图中用粗虚线画出回水支管的布置,以及支管与立管的连接情况。为了更清楚地表示散热器与管道的连接关系,还需绘制采暖系统图,各段管道的直径一般在平面图中不标注,而在系统图中标注出来。

(2)采暖系统图。

采暖系统图一般按正面斜等测绘制。为了与平面图相对应,便于阅读与绘制,OX 轴与平面图的横向一致,OY 轴画成 45°方向斜线与平面图的纵横向一致,OZ 轴表达管道和设备的安装高度尺寸。有时为了避免管道的重叠,可不严格按比例画,适当将管道伸长或缩短。

管道的线型选用和平面图一样,供热管用粗实线表示,回水管用粗虚线表示。当空间交叉的管道在图中相交时,在相交处应将被遮挡的管线断开,若有的地方管道密集投影重叠,这时可在管道的位置断开,然后引出绘制在图纸其他位置。散热器用中实线或细实线按其立面图例绘制,散热器的规格数量应标注在图中。

各管段均需标注出管径,如 DN32,DN15,无缝钢管应用"外径×壁厚"表示,如 D114×5。横管需标注坡度,如 $i=0.003$。在立管的上方或下方注写立管编号,必要时在入口处注写系统编号。除此以外,还需标注出各层楼面和地面的标高。

在图 14-11 所示系统图中,总管为 DN32,干管依次为 DN32,DN25,DN20,立管均为 DN20,支管均为 DN15(一般图中可不注而在施工说明中写出)。管道上各阀门的位置也在图中表示出来,如在采暖出入口处,供热总管和回水总管上都设有总控阀门,每根立管的两端均设有阀门,集气罐排气管的末端也设有阀门。本系统图在绘制时,前后两部分采用了断开画法,以避免投影重叠表示不清。供热干管在 a 处断开,回水干管在 b 处和 c 处断开,将前半部分下移后绘制。

通过采暖平面图和系统图,可以了解房屋内整个采暖系统的空间布置情况,对于某些局部的具体施工做法,还需要绘制有关的施工详图。

14.2.3 通风施工图

1. 通风工程的组成

(1)风机。用于输送气体的电机,常用的有离心式风机和轴流式风机。

(2)送风管和排风管。用于输送气体的管道,常用薄钢或塑料板制成,一般为圆形或矩形,断面尺寸较大,也可用砖砌成风道。

(3)空气处理设备。各种类型的空调器,可对空气进行过滤、除尘、净化、加热、制冷、加湿、减湿等处理。

(4)阀门。通风系统上安装有各种阀门,用来调节通风量的大小。

(5)附件。在通风管上还安装有风口、散流器、吸风罩、排风帽等附件。

2. 通风施工图的画法

通风施工图一般包括平面图、剖面图、系统图和详图。

图 14-12 为某房屋的通风平面图和剖面图,图 14-13 为系统图。该房屋是单层建筑,有四个房间,由通风系统负责送风。空调器设在走廊的左边尽头,进风口在室外①轴线墙的屋檐下,标高为 2.500 m,空气经过处理后由风管进入室内再向下通至空调器。从空调器出来的送风总管向上到标高为 3.000 m 处,进入屋面顶棚内,风管拐弯后由左向右沿隔墙内侧布置,形成送风干管,干管再与四根支管相连,分别通至各房间中部,然后向下与散流器相连,散流器把新鲜的空气均匀吹向室内,房屋通过门窗自然排风。

(1)通风平面图。

通风平面图主要表示通风管道和设备的平面布置情况,一般采用和建筑平面图相同的比例,为了把风管的布置表示得更清楚,也可采用较大的比例。

绘图时房屋建筑的主要轮廓,如有关的墙、梁、柱、门、窗、平台等构配件用细线,图中注出相应的定位轴线和房间名称。通风管道一般采用双线画法,外轮廓线用粗实线绘制,风管法兰盘用中实线表示,对于圆形风管用细点画线画出其中心线。风管上的异径管、三通管弯头等也应画出。在较小比例的图中或系统图中,风管可用单线画法。主要的工艺设备如空调器、风机等的轮廓用中实线绘制,其他部件和附件如除尘器、散流器、吸风罩等用细实线绘制。

通风平面图中风管应标注其中心线与轴线间的距离,还需注出各段的断面尺寸,如矩形风管的断面尺寸在平面图中表示为"宽×高",在剖面图中表示为"高×宽",对于各设备和部件要标注编号。

多根风管在视图上重叠时,可根据需要将上面(或前面)的风管断开,以显露出下面(或后面)的部分,断开处必须用文字说明。在空间交叉的两根风管,视图中的相交处不可见的风管轮廓线可画成虚线或省略不画。

当建筑物有多个送风、排风或空调系统时应标注编号进行区分,编号宜采用系统名称的汉语拼音首字母加阿拉伯数字表示,如送风系统的编号为 S-1,S-2,S-3,…。

(2)通风剖面图。

通风剖面图主要表示管道和设备在高度方向的布置,它实质上是通风系统的立面图。如图 14-12 所示,1—1 采用的是阶梯剖面图。

剖面图表达内容与平面图相同,故其画法规定与平面图相同,绘图比例也一致。在剖面图中要标注设

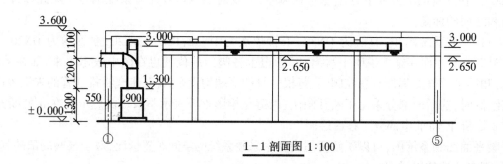

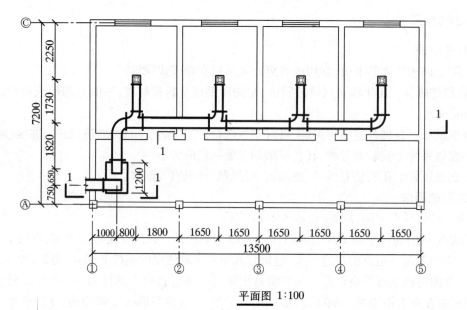

图 14-12 通风平面图和剖面图

备、管道中心(或管底)的标高,必要时还要标注这些部位距该层楼面(或地面)的高度尺寸。房屋的屋面、楼面、地面等的标高一般也需标出。

(3)通风系统图。

系统图表示出该通风系统的整体布置情况,一般是采用45°的斜等测绘制的轴测图,绘图比例一般与剖面图一致,风管采用单线画法,用粗实线绘制,主要设备用中或细实线按外形轮廓绘制,各部件用中或细实线按图例绘制。在系统图中需注出风管各段的断面尺寸,要标注主要部位的标高、设备标高、楼地面标高等,以及标注各设备和部件的编号。

从图14-13中可以看出通风工程部分的主要尺寸,空调器外形为900×1200×1200,顶面标高为1.300 m。通风管的断面形状为矩形,进风管为500×500,送风管的断面高度不变而宽度逐段变化,总管、干管、支管分别为(宽×高)500×300,400×300,300×300,进风口处标高为2.500 m,水平送风干管标高为3.000 m,送风口标高2.650 m。在系统图中通风管各部分的定位尺寸也进行了详细标注。

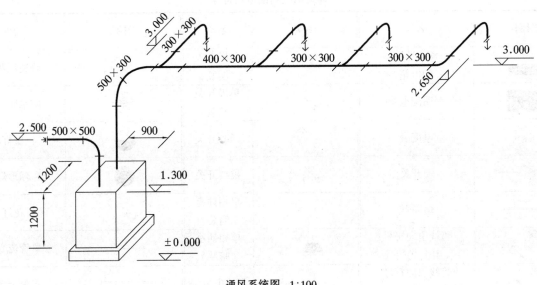

通风系统图 1:100

图14-13 通风系统图

14.3 建筑电气施工图

房屋建筑内需要安装各种电气设备,如家用电器、照明灯具、电源插座、动力设备等,将这些电气设施的布置、安装方式、连接关系和配电情况表示在图纸上,就是建筑电气施工图。一套完整的建筑电气施工图包括首页图、电气系统图、动力与照明平面图、设备材料表等,绘图时按工程需要适当选择。本章主要介绍最常用的室内电力照明施工图。

14.3.1 电气施工图的一般规定

绘制建筑电气施工图应同时遵守《房屋建筑统一制图标准》和《电气制图标准》中的有关规定。

1. 导线的表示法

在电气图中每一根导线画一条线表示,如图14-14(a)所示,当导线很多时可用单线表示,在单线上同时加画相应数量的斜短线或注写数字表示导线的根数,如图14-14(b),(c)所示,这种画法由于简便,所以最常用。

2. 电气图形符号

电气线路中有各种元器件、装置、设备等,它们都用电气图形符号表示以简化绘图。建筑电气施工图中

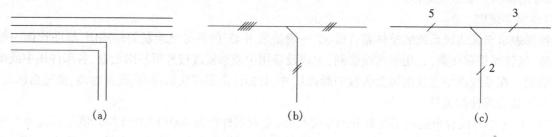

图 14-14 导线的基本表示法

常用的图形符号见表 14-3。

表 14-3 建筑电气制图常用符号

图例	名称	图例	名称	图例	说明
▬	动力照明配电箱	╱	单极开关（明装）	⊗	普通照明灯
▬	照明配电箱	╱	单极开关（暗装）	⊙	防水防尘灯
KWH	电度表	╱	延时开关	◐	壁灯
╱	刀开关	╱	拉线开关	●	球形灯
▭	熔断器	∩	单相插座（明装）	⊗	花灯
╱	管线引向符号（引上、引下）	⌒	单相插座（暗装）	⊢─⊣	单管荧光灯
╱	管线引向符号（由上引来、由下引来）	✈	吊式电风扇	═══	双管荧光灯

3. 电气文字符号及标注

电气图中还常用文字代号注明元器件、装置、设备等的名称、性能、状态、位置和安装方式等。如"L"表示相线，"PE"表示保护接地等。线路和照明灯具的标注形式也有具体规定。由于篇幅所限，此处省略。具体规定参见有关标准。

14.3.2 室内电力照明平面图

室内照明平面图是电力照明施工图中的基本图样，主要表达室内供电线路的敷设位置和方式，导线的规格和根数，灯具、插座等各种设备的数量、型号及平面布置情况。照明平面图中的建筑部分采用与房屋的建筑平面图相同的比例绘制，其中电气部分（如各种设备）采用统一图形符号绘制，线路、设备在空间的距离可不完全按比例绘制，而在设计说明中表明。

照明平面图中房屋的平面形状和主要构配件（如墙柱、门窗等）用细线简要画出，并标注定位轴线的编号和尺寸。配电箱、照明灯具、开关、插座等均按图例绘制，供电线路采用单线表示不考虑其可见性，均用粗实线（或中粗实线）绘制。在同一层有关的电气设施（包括线路）不管位置高低，均绘制在该平面图中。对于多层房屋，如果各层照明布置相同可只画标准层照明平面图，如果有区别则应分层绘制照明平面图。在照明平面图中还应该按规定对所有的灯具、供电线路（如进户线、干线和支线）等进行标注。

图 14-15 为住宅的一层照明平面图，电源进户线由楼梯间地下引入，总配电箱 XRM401 暗装于楼梯间轴线③的墙内，从总配电箱出来的一层供电干线沿墙敷设至东西两家用户分配电箱 XRM203，分配电箱暗装于

楼梯间墙内。楼梯间安装有一盏25 W玻璃球形吸顶灯,并由墙上的延时开关控制。两路用户电源线分别穿墙进入各户室内,在客厅装有一盏双管日光灯,由门边开关控制;两个卧室各装有一盏白炽灯,也由门边开关控制;厨房有一盏白炽灯,用拉线开关控制;厕所装有一盏防水灯吸顶灯,由门边开关控制。各房间内均安装有单相电源插座,厨房、厕所内为明装,其余为暗装。其他两层照明布置与此相同,故省略。

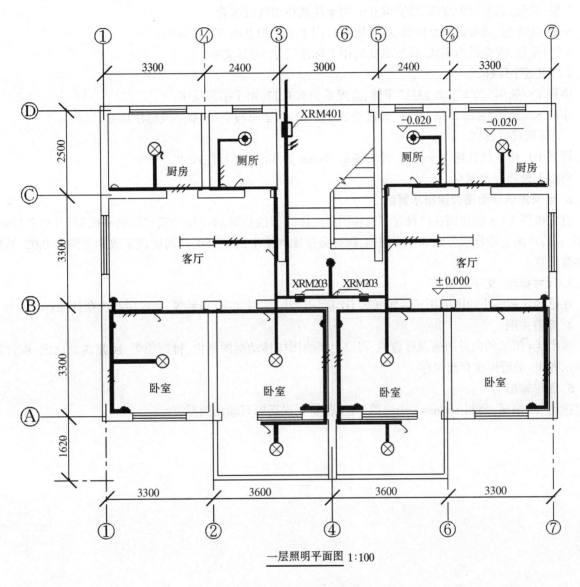

图 14-15　一层照明平面图

一般的房屋除了绘制电力照明平面图外,还需要画出配电系统图,来表示整个照明供电线路的全貌和连接关系。配电系统图是由各种电气图形符号用线条连接起来,并加注文字代号而形成的一种简图,它不表明电气设施的具体安装位置,所以它不是投影图,也不按比例绘制。各种配电装置都是按规定的图例绘制。由于篇幅和专业所限,此处略去。

14.4　AutoCAD绘制设施图

本节以绘制图14-7底层给排水平面图为例,介绍运用AutoCAD二维绘图命令绘制给排水平面图的方法和过程。

1. 绘图环境的设置

(1)首先建立图层,用于绘制图中不同的线型及其他不同对象。

0层:缺省色,线型设为实线,线宽取 0.1,用于绘制细实线;

1层:缺省色,线型设为实线,线宽取 0.3,用于绘制中实线;

2层:红色,线型设为实线,线宽取 0.6,用于绘制粗实线给水管;

3层:黄色,线型设为虚线,线宽取 0.6,用于绘制粗虚线排水管;

4层:缺省色,线型设为点画线,线宽取 0.1,用于绘制细点画线定位轴线;

5层:蓝色,线型设为实线,线宽取 0.1,用于标注尺寸,书写文字。

(2)设置字体样式。

字样 FS:选用"仿宋_GB 2312"字体,宽度系数取 0.72,用于书写汉字;

字样 SZ:选用"gbeict.shx"字体,宽度系数取 0.72,用于书写字母、数字及标注尺寸。

(3)设置尺寸样式。

样式 D1:建立线性标注子样式,设置 Scale factor 为 50,用于标注尺寸。

将以上设置存盘保存。

2. 绘制建筑平面图和给排水管线

首先按照 1∶1 的比例在已设置好的各图层上按线型绘制图 14-7 中建筑房屋的平面图,其中各种标注、文字不写;再画上给排水管道和相应图例,画好后按比例缩小到 1∶50,即用比例缩放命令缩为 0.02,然后再次存盘保存。

3. 尺寸标注、文字说明等

在已按比例缩小的图上用相应的样式 D1 标注尺寸、注写文字、编号等,完成后再次存盘保存。

4. 完善主图

画出 A4 图纸的内外边框及标题栏,将以上所绘图样移动至图框内,排好位置,调整线型比例,取得较好的显示效果,最后再次存盘保存。

5. 图形输出

选用 A4 幅面,公制 1 mm=1 个绘图单位,预览无误后即可输出图形。

第 15 章　路、桥工程图

绘制道路及桥梁工程图时,应遵守《道路工程制图标准》(GB 50162—92)中的有关规定。

15.1　道路路线工程图

道路可分为城市道路和公路。位于城市范围以内的道路称为城市道路,位于城市郊区和城市以外的道路称为公路。道路沿长度方向的行车中心线称为道路路线。道路的位置和开头与所在地区的地形、地貌、地物以及地质有很密切的关系。由于道路路线有竖向高度变化(上坡、下坡、竖曲线)和平面弯曲(左向、右向、平曲线)变化,所以从整体来看道路路线是一条空间曲线。道路路线工程图的图示方法与一般的工程图图样不同,路线工程主要是用路线平面图,路线纵断面图和路线断面图来表达的。

15.1.1　路线平面图

1. 图示方法

路线平面图是从上向下投影所得到的水平投影图,也就是用标高投影法所绘制的道路沿线周围区域的地形图。由于公路是修筑在大地表面上,其竖向坡度和平面弯曲情况都与地形紧密联系,因此,路线平面图是在地形图上进行设计和绘制的。

2. 画法特点和表达内容

现以图 15-1 为例说明公路路线平面图的读图要点和绘制方法。

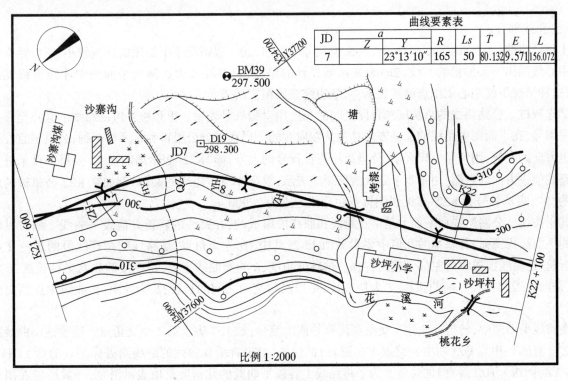

图 15-1　公路路线平面图

(1)地形部分。

①比例。公路路线平面图一般采用较小比例绘制,通常在城镇区为 1∶500 或 1∶1000,山岭区为 1∶2000,丘陵区和平原区为 1∶5000 或 1∶10000。

②方向。在路线平面图中要指明公路在该地区的方位与走向,所以应画出指北针或测量坐标网。

③地形。平面图中地形主要是用等高线表示,一般每隔若干条等高线画出一条粗的计曲线,并标注相应的高程数字。根据图中等高线的疏密可以看出,东北方和西南方各有一座小山丘,西北方和东南方地势较平坦,有一条花溪河从东南流向西北。

④地貌地物。河流、房屋、公路、桥梁、电力线、植被等地貌地物,在平面图中按规定图例绘制。常见的地形图图例如表 15-1 所示。对照图例可知,东北面和西南的两座小山丘上种有果树,靠山脚处有旱田。东南面有一条大路和小桥连接沙坪村和桃花乡,河边有些菜地。西偏北有大片稻田。图中还表示了村庄、工厂、学校、小路、水塘的位置。

表 15-1　　　　　　　　　　　　　线路平面图中的常用图例

名称	符号	名称	符号	名称	符号	名称	符号
路线中心线	— — —	房屋		涵洞		水稻田	
水准点	BM 编号/高程	大车路		桥梁		草地	
导线点	编号/高程	小路		菜地		经济林	
转角点	JD 编号	堤坝		旱田		用材林	松
通讯线		河流		沙滩		人工开挖	

(2)路线部分。

①设计路线。公路的宽度相对于长度来说尺寸小很多,而一般情况下平面图的比例较小,所以通常是沿公路中心线画出一条加粗的实线(2b)来表示新设计的路线,只有在较大比例的平面图中才能将路宽画清楚,在这种情况下路中心用细点画线表示,路基边缘线用粗实线表示。

②里程桩。公路路线的总长度和各段之间的长度用里程桩号表示。里程桩号应从路线的起点至终点依次顺序编号,在平面图中路线的前进方向总是从左向右的。里程桩分公里桩和百米桩两种,公里桩宜注在路线前进方向的左侧,用符号"φ"表示,公里数注写在符号的上方,如"K22"表示离起点 22 公里。百米桩宜标注在路线前进方向的右侧,用垂直于路线的细短线表示,数字注写在短线的端部,例如在 K22 公里桩的后方注写的"9",表示桩号为 K22+900,说明该点距路线起点为 22900 m。

③平曲线。公路路线在平面上是由直线段和曲线段组成的,在路线的转折处应设平曲线。最常见的较简单的平曲线为圆弧,其基本的几何中要素见图 15-2,其中 JD 为交角点,是路线的两直线段的理论交点;a 为转折角,是路线前进时向左(a_z)或向右(a_y)偏转的角度;R 为圆曲线半径,是连接圆弧的半径长度;L 为曲线长,是圆曲线两切点之间的弧长;T 为切线长,是切点与交角之间的长度;E 为外距,是曲线中点到交角的距离。

在路线平面图中,转折处应注写交角点代号并依次编号,如 JD7 表示第 7 个交角点。还要注出曲线段的起点 ZY(直圆)、中点 QZ(曲中)、终点 YZ(圆直)的位置,对带有缓和曲线的路线则需标 ZH(直缓)、HY(缓圆)和 YZ(圆缓)、HZ(缓直)的位置。为了将路线上各段平曲线的几何要素值表示清楚,一般还应在图中的适当位置列出平曲线要素表。

④水准点。用以控制标高的水准点用符号"$\frac{BM39}{297.500}$"表示,图 15-1 中的 BM39 表示第 39 号水准点,

基本标高为 297.500 m。

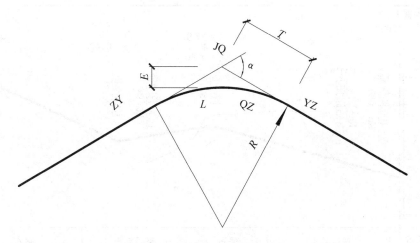

图 15-2 平面线几何要素

⑤导线点。用以导线测量的导线点用符号"$\boxed{\bullet\ \dfrac{D19}{298.300}}$"表示,图 15-1 中的 D19 表示第 19 号导线点,其标高为 298.300。

3. 平面图的拼接

一般情况下公路很长,不可能在同一张图纸内将整个路线平面图画出,通常采用分段绘制的办法,使用时再将各张图纸拼接起来。每张图纸的右上角应画有角标,角标内应注明该张图纸的序号和总张数。平面图中路线的分段宜在整数里程桩处断开,并垂直于路线画出细点画线作为接图线,相邻图纸拼接时,路线中心对齐,相接图线重合,并以正北方向为准,如图 15-3 所示。

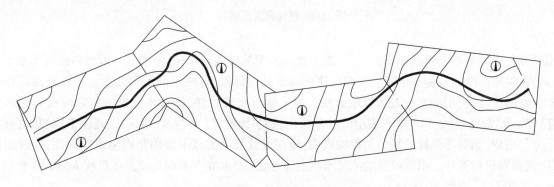

图 15-3 路线平面图的拼接

15.1.2 路线纵断面图

1. 图示方法

由于公路路线是由直线和曲线组合而成,当用假想的铅垂剖切面沿公路中心线纵向剖切时,剖切面既有平面又有柱面,为了清楚地表达路线的纵断面情况,绘图时将此纵断面拉直展开绘制在图纸上,这就形成了路线纵断面图。

2. 画法特点和表达内容

路线纵断面图主要表达公路的纵向设计线形以及沿线地面的高低起伏状况,包括图样和资料表两部分,一般图样画在图纸的上部,资料表布置在图纸的下部。每张纵断面图的右上角画有一圆圈,注明该张图纸的序号(分子)和纵断面图的总张数(分母)。图 15-4 所示为某公路从 K6 至 K7+600 段的纵断面图。

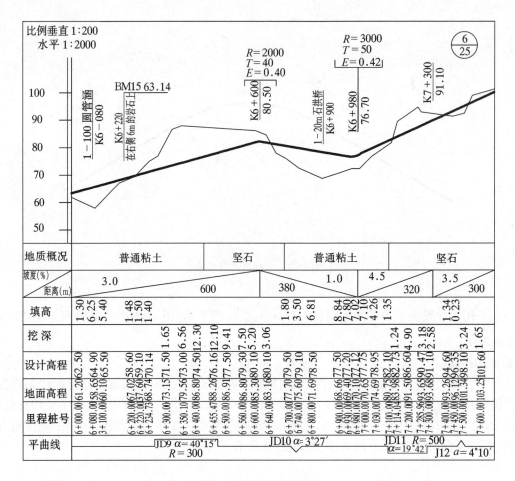

图 15-4 路线纵断面图

在图样部分要标明所绘纵断面图的比例,为了把高差明显地表示出来,绘图时一般竖向比例比水平比例放大 10 倍,在纵断面图的左侧一般还应按竖向比例画出高程标尺,以便于画图和读图。在纵断面图中用粗实线表示公路的设计线,用细实线表示原地面线。为了便于车辆行驶,按技术标准的规定应设置圆弧竖曲线,用"⊤"表示凸形竖曲线,用"⊥"表示凹形竖曲线,竖曲线要素(半径 R、切线长、外距 E)的数值标注在水平线上方。桥梁、涵洞等公路沿线的工程构筑物,应在设计线上方或下方用竖直引出线标注,并注出构筑物的名称、规格和里程桩号。沿线设置的测量水准点应标注,如水准点 BM16 设置在里程 K6+240 处的右侧距离为 6 m 的岩石上,高程为 63.14 m。

资料表和图样应上下对齐布置,以便阅读。资料表中要表示出,沿线各段的地质情况,标注设计各段的纵向坡度和水平长度距离,如图中第一格的标注"3.0/600",表示此段路线是上坡,坡度为3.0%,路线长度为 600 m。表中还应表示设计线的地面线上里程桩号,标注各桩号的高程和挖填高度。通常在表中还应画出平曲线的示意图,用水平线表示直线段,公路左转弯用"⌐⌐"凹折线表示,右转弯用"⌐⌐"凸折线表示,用"∨"表示左转弯,"∧"表示右转弯。

15.1.3 路线横断面图

1. 图示方法

路线横断面图是用假想的剖切平面,垂直于路中心线剖切而得到的图形。

在横断面图中。路面线、路肩线、边坡线、护坡线均用粗实线表示,路面厚度用中粗实线表示,原有地面线用细实线表示,路中心线用细点画线表示。

横断面图的水平方向和高度方向宜采用相同比例,一般比例为 1∶200,1∶100 或 1∶50。

2. 路基横断面图

用一铅垂面在路线中心桩处垂直路线中心线剖切公路,则得到路基横断面图。路基横断面图的作用是表达各中心桩横向地面情况,以及设计路基横断面形状。工程上要求在每一中心桩处,根据测量资料和设计要求依次画出每一个路基横断面图,用来计算公路的土石方量和作为路基施工的依据。

(1) 路基横断面形式。

路基横断面形式有三种:挖方路基(路堑)、填方路基(路堤)、半填半挖方路基。这三种路基的典型断面图形如图15-5所示。

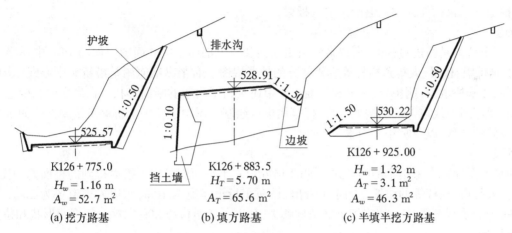

图 15-5 路基横断面的基本形式

(2) 里程桩号。

在断面处下方标注有里程桩号。

(3) 填挖高度与面积。

在路线中心处,其填、挖方高度分别用 H_T(填方高度)、H_w(挖方高度)表示;填挖方面积分别用 A_T(填方面积)、A_w(挖方面积)表示。高度单位为米,面积单位为平方米。半填半挖路基是上述两种路基的综合。

3. 路基横断面图的绘制方法和步骤

(1) 路基横断面图的布置顺序为:按桩号从下到上,从左到右布置。

(2) 地面线用细实线绘制,路面线(包括路肩线)、边坡线、护坡线、排水沟等用粗线绘制。

(3) 每张图纸右上应有角标,注明图纸的序号和总张数。

(4) 路基横断面图常用透明方格纸绘制,既利于计算断面的填挖面积,又给施工放样带来方便。若用计算机绘制则很方便,可不用方格纸。

15.2 桥梁工程图

桥梁是道路路线上常见的工程结构物,用来跨越河流、山谷和低洼地带,以保证车辆行驶和宣泻水流,并考虑船只通行。桥梁由上部结构(主梁或主拱圈和桥面)、下部结构(基础、桥墩和桥台)、附属结构三部分组成。

桥梁的种类很多,按结构形式分有梁桥、拱桥、刚架桥、桁架桥、悬索桥、斜拉桥等,按建筑材料分有钢桥、钢筋混凝土桥、石桥、木桥等。其中以钢筋混凝土梁桥应用最为广泛。

桥梁工程图是桥梁施工的主要依据。它主要包括:桥位平面图、桥位地质断面图、桥梁总体布置图、构件结构图和大样图等。

下面着重介绍桥梁总体布置图和构件结构图。

15.2.1 桥梁总体布置图

一座桥梁主要可分为上部结构和下部结构两部分。上部结构由主梁或主拱圈、桥面铺装层、人行道、栏杆等组成，其作用是供车辆和行人安全通过。梁桥上部结构的承重构件为主梁，常用形式有 T 梁、箱梁、板梁等。下部结构由桥墩、桥台、基础等组成，其作用是支承上部结构，并将荷载传给地基。桥墩的两边均支承着上部结构，桥台的一边支承上部结构，另一边与路堤相连接。每座桥梁均有两个桥台、桥墩可有多个或没有。在桥台的两侧为了保护路堤填土，常用石块砌成锥形护坡。

桥梁总体布置图主要表明桥梁的型式、跨径、净空高度、孔数、桥墩和桥台的型式、桥梁总体尺寸、各种主要构件的相互位置关系以及各部分的标高等情况，作为施工时确定墩台位置、安装构件和控制标高的依据。

图 15-6 为清水河桥的总体布置图，采用 1∶200 比例绘制，该桥为三孔钢筋混凝土空心板简支梁桥，总长度 34.90 m，总宽度 14 m，桥中设有两个柱式桥墩，两端为重力式混凝土桥台，桥台和桥墩的基础均采用钢筋混凝土，桥上部承重构件为钢筋混凝土空心板梁。

1. 立面图

一般情况下桥梁是两边对称的，所以常常由半立面和半纵剖面合成立面图。如图 15-6 中左半立面图为左侧桥台、1 号桥墩、板梁、人行道栏杆等主要部分的外形视图。右半纵剖面图是沿桥梁中心线纵向剖开，而按剖开绘制的 2 号桥墩、右侧桥台、板梁和桥面。图中还画出了河床的断面形状。在半立面图中地下的结构均画为实线，河床断面线以下的结构如桥台、桩等用虚线绘制。图中还注出了桥梁各重要部位如桥面、梁底、桥墩、桥台等处的高程，以及常年平均水位。

2. 平面图

桥梁的平面图同样常采用半剖的形式。如图 15-6 中左半平面图是向下投射得到的桥面俯视图，主要画出了车行道、人行道、栏杆等的位置。图中可看出，桥面车行道净宽为 10m，两边人行道各为 2m。右半部采用剖切画法（或分层揭开画法），假想把上部结构移去，画出了 2 号桥墩和右侧桥台的平面形状和位置。

3. 横剖面图

剖切位置在立面图中标注，A—A 剖面在中跨位置剖切，B—B 剖面在边跨位置剖切，由左半部 A—A 剖面和右半部 B—B 剖面拼合成桥梁的横剖面图。桥梁中跨和边跨部分的上部结构相同，是由钢筋混凝土空心板拼接而成，因断面形状太小，可不画其材料符号，桥面总宽度为 14 m。在 A—A 剖面图中画出了墩帽、立柱、承台等桥墩各部分的投影，在 B—B 剖面图中画出了台帽、台身、承台等桥台各部分的投影。

15.2.2 构件结构图

总体布置图的比例较小，不能将桥梁各种构件都详细地表示清楚，还必须用较大的比例画出各构件的形状大小和钢筋构造，构件图常用的比例为 1∶10~1∶50，某些局部详细图可采用更大的比例，如 1∶2~1∶5。下面介绍桥梁中两种常见的构件图的画法特点。

1. 桥墩图

图 15-7 为桥墩构造图，主要表达桥墩各部分的形状和尺寸。该桥墩由墩帽、立柱、承台和基桩组成，是左右对称的，故立面图和剖面图均只画出一半。这里绘制了桥墩的立面图、侧面图和 I—I 剖面图。图中立柱上面的墩帽，全长为 1650 cm，宽为 160 cm，高度在中部为 116 cm，两端为 110 cm，使桥面形成 1.5% 的横坡。墩帽的两端各有一个 20 cm×30 cm 的抗震挡块，以防止空心板移动。

桥墩的各部分均是钢筋混凝土结构，应按照本教材第 12 章中有关钢筋混凝土结构图的画法来绘制钢筋布置图，由于篇幅所限，配筋图略。

2. 桥台图

桥台属于桥梁的下部结构，主是要是支承上部的板梁，并承受路堤填土的水平推力。图 15-8 为重力式混凝土桥台的构造图，用剖面图、平面图和侧面图表示。该桥台由台帽、台身、侧墙、承台的基桩组成。这里桥台的立面图用 I—I 剖面图代替，既可表示出桥台的内部构造，又可画出材料符号。该桥台的台身和侧墙均用 C30 混凝土浇筑而成，台帽和承台的材料为钢筋混凝土。桥的长度为 280 cm，高度为 493 cm，宽度为 1470 cm。由于桥台对称，所以平面图只画出了一半。侧面图由台前和台后两个方向的视图各取一半拼成，台前是指桥台面对河流的一侧，台后则是桥台面对路堤填土的一侧。为了节省图幅，平面图和侧面图中采用了断开画法。

以上介绍了桥梁中一些主要构件的画法，实际上绘制的构件图和详图还有许多，但表示方法基本相同，故不赘述。

第 15 章 路、桥工程图

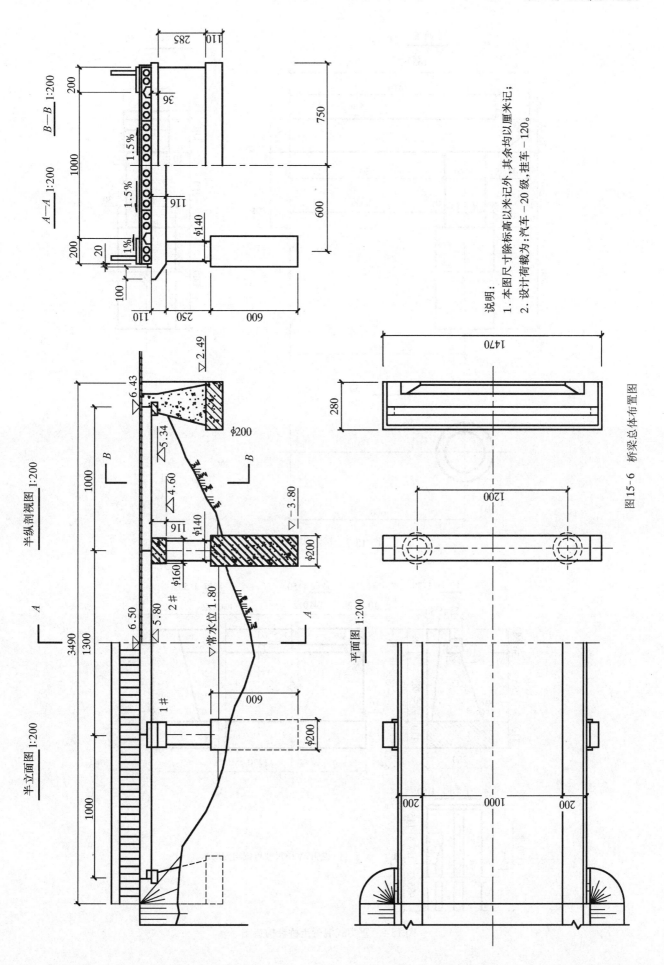

图 15-6 桥梁总体布置图

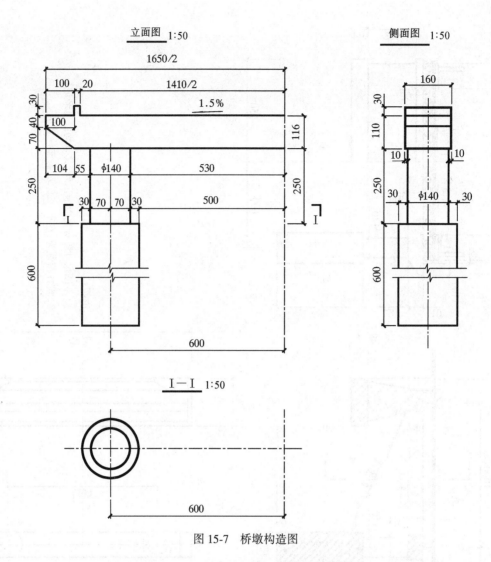

图 15-7 桥墩构造图

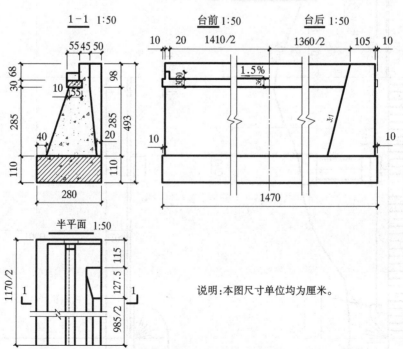

说明:本图尺寸单位均为厘米。

图 15-8 重力式混凝土桥台构造图

15.3 AutoCAD 绘制路、桥工程图

以绘制图 15-6 清水河桥的总体布置图为例,介绍运用 AutoCAD 二维绘图命令绘制路、桥工程图的方法和过程。

1. 绘图环境的设置

(1)首先建立图层,用于绘制图中不同的线型及其他不同对象。

0 层:缺省色,线型设为实线,线宽取 0.1,用于绘制细实线;

1 层:缺省色,线型设为实线,线宽取 0.3,用于绘制中实线;

2 层:缺省色,线型设为实线,线宽取 0.6,用于绘制粗实线;

3 层:蓝色,线型设为实线,线宽取 0.1,用于标注尺寸,书写文字。

(2)设置字体样式。

字样 FS:选用"仿宋_GB 2312"字体,宽度系数取 0.72,用于书写汉字;

字样 SZ:选用"gbeict.shx"字体,宽度系数取 0.72,用于书写字母、数字及标注尺寸。

(3)设置尺寸样式。

设置样式 D1,建立线性标注子样式,设置 Scale factor 为 200,用于标注各图上的尺寸,将以上设置存盘保存。

2. 绘制各图

首先按照 1∶1 的比例在已设置好的各图层上按线型绘制图 15-6 中立面图、平面图和横剖面图,其中各种标注、文字不写;画好后按相应的比例缩小各图,本图的比例为 1∶200,因此用比例缩放命令缩为 0.005,然后再次存盘保存。图中剖面的材料符号,可在缩小后再用填充命令进行填充。

3. 尺寸标注、文字说明等

在已按比例缩小的图上用相应的样式 D1 标注尺寸,注写文字、编号等,图中标高符号这时按制图标准画出,完成后再次存盘保存。

4. 完善主图

根据所选比例选用 A3 幅面,画出图框及标题栏(图 15-6 中略),将以上所绘各图移动至图框内排好位置,并调整线型比例,取得较好的显示效果,最后再次存盘保存。

5. 图形输出

选用 A3 幅面,公制 1 mm=1 个绘图单位,预览无误后即可输出图形。

第16章 水利工程图

表达水利工程建筑的图样称为水利工程图,简称水工图。水工图的图样类型随工程进展产生,它是反映设计思想、指导施工、竣工验收和安全监测的重要技术资料。

本章讨论水工图的分类、水工图的表达方法和水工图的阅读方法。

16.1 水工图的分类

1. 区域工程规划图

区域工程规划图是规划区域工程功能的图样。工程规划图包括灌区规划图、流域开发规划图等。规划图主要表示区域内已建工程、在建工程和计划建工程,以及与工程功能相关的内容。

图 16-1 是南水北调工程规划图,图中用粗虚线表示西、中、东三条调水线路经过的省区、河流,以及与调水相关的主要城市等。

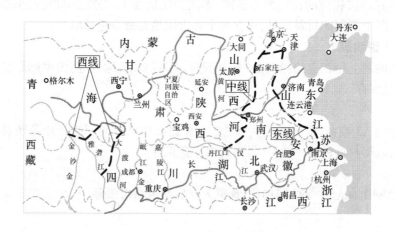

图 16-1 南水北调规划图

2. 工程位置图

工程位置图主要表示工程的地理位置、流域位置、库区位置,以及主要居民点等。工程位置图常采用图例表示工程所处的位置。

图 16-2 是三峡工程库区位置图。

3. 枢纽布置图

枢纽布置图主要表示水利工程所在的地形与地理方位、河流与流向、建筑物的相互位置与主要尺寸等。

三峡工程枢纽布置的立体图如图 16-3 所示,多面正投影如图 16-4 所示。

4. 建筑物结构图

结构图是表达枢纽中某一建筑物结构形状的工程图样,结构图表示建筑物的工作条件(如设计水位等)、形状、尺寸和建筑材料,建筑物与建筑物之间以及建筑物与地基之间的连接方式,还有非水工设计的设备位置等。

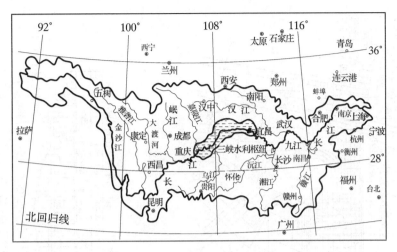

图 16-2 三峡工程库区位置图

图 16-3 三峡工程枢纽布置立体图

图 16-5 表示变形监测用的设备基座结构。图 16-6(a) 为埋设设备基座的标墩结构图,图 16-6(b) 表示在混凝土大坝上为埋设标墩所设计的预留坑。

5. 建筑物施工图

施工图是表达枢纽建筑过程中的施工组织(如施工流程、施工调度、施工场地布置等)和基础开挖、河水导流、混凝土分期浇筑的技术要求等施工方法的工程图样。施工图表达的内容详细,具有明显的可操作性。

图 16-6(b)表达了在混凝土坝坝面上标墩预留坑结构以及施工要求。

6. 建筑物竣工图

根据建筑物建成以后绘制的图样称建筑物竣工图。

上述图样类型是常见的,随着科学技术的发展,水利工程将会不断出现新型结构和新的施工方法,也必将会出现新的工程图样类型,以满足工程建筑的需要。

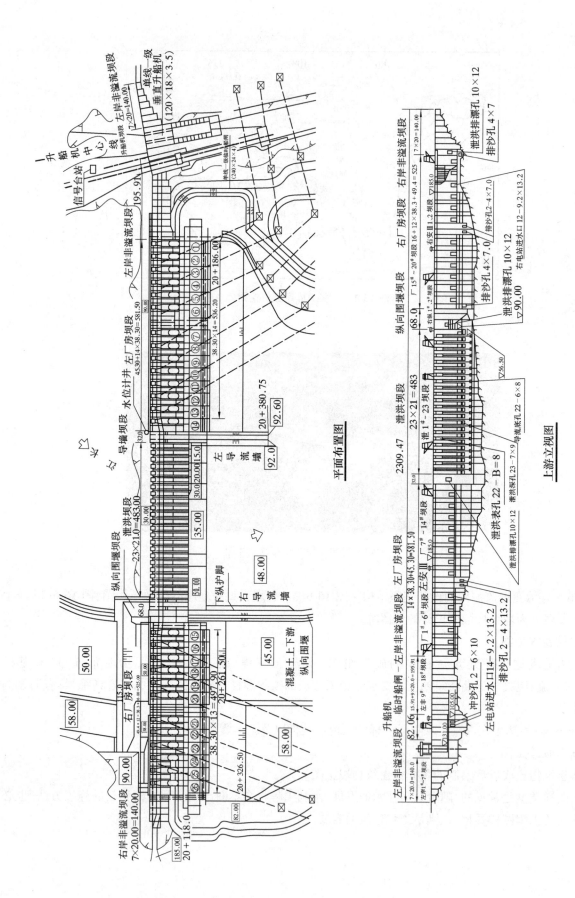

图 16-4 三峡水利枢纽总布置

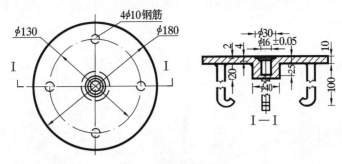

图 16-5　设备基座

(a)标墩结构　(b)标墩预留坑

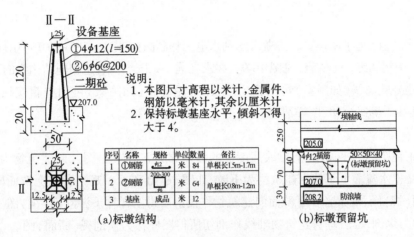

图 16-6　标墩、预留坑结构

16.2　水工图的表达方法

表达水利工程的图样，除了遵循前述制图标准和表达方法以外，还常常采用一些适合水利工程特点的表达方法。

16.2.1　水工图的图示特点

1. 图样比例

水利工程规划图、工程位置图、枢纽布置图中要表示的地理范围大，绘图的比例就很小，常用比例为 1∶5 000~1∶100 000，甚至更小。建筑物细部构造要表示的范围小，绘图比例就相对大，一般比例为 1∶5~1∶200，甚至更大。

2. 视图配置

前面介绍的六个基本视图中，各视图位置固定，强调正视图的特征性。在水工建筑中，有的建筑物俯视图更能表达枢纽内各建筑物的相互位置，因此，允许正视图与俯视图的位置对换。

图 16-4 中表达三峡水利枢纽总布置时，将俯视图画在了正视图的上方。

3. 水工符号

(1)水流符号。

水工图中用箭头表示水流方向，并要求将箭头绘制在主河道位置。水流符号画法见图 16-7 所示。

(a)　(b)　(c)

图 16-7　水流符号

(2)指北针符号。

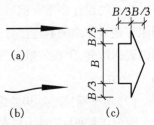

水工图中用指北针表示枢纽的地理方位。要求将指北针符号绘制在图样左上角或其他较显著位置。指北针符号的画法见图 16-8。在选用指北针符号时,应考虑指北针符号的大小与工程图样的大小相适配。

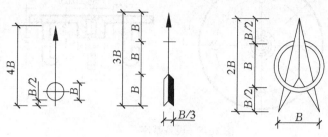

图 16-8　指北针符号

4. 图线

水工建筑物结构线多,为了图样更趋清晰,《水利水电工程制图标准》(SL 73—2013)中规定实线、虚线和点画线的线宽分为粗、中粗和细三个等级(见图 16-9),要求在同一张图纸上表达相同结构线的图线宽度应一致。

绘图时,建筑物外轮廓线(如闸室)可用粗实线,局部轮廓线(如闸墩)可用中粗实线,细部构造轮廓线(如闸门)用细粗实线。等级分明,图样清晰。

5. 视图名称

在水工图中,俯视图称为平面图,能反映高度值的图样称为立面(视)图。以建筑物为界,顺水流而下至挡水建筑物为上游,逆水流而上至挡水建筑物为下游,如图 16-10 所示。观察者在上游面向建筑物作投射所得图样称上游立面(视)图,观察者在下游面向建筑物作投射所得图样称下游立面(视)图。平行建筑物轴线作剖切所得图样称为纵剖视图,垂直建筑物轴线作剖切所得图样称为横剖视(断面)图。

观察者视线顺水流方向,位于观察者左边称为左岸,位于右边称为右岸。绘图布置时,习惯让水流自左向右平行 V 面。

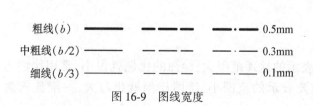

图 16-9　图线宽度

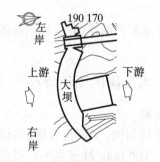

图 16-10　上下游、左右岸表示

6. 一般规定

(1) 水工建筑中的各种缝线。

建筑物设计中常有沉陷缝、温度伸缩缝和材料分界线、地基岩性分界线、分期施工界线等多种缝线,来处理相邻建筑体之间的连接方式或反映建筑物基础状况或反映施工过程,它们在较大比例的图样上(如详图)可以表达清楚,但在一般比例图样(如建筑物结构图)上规定按建筑体轮廓线处理,即画一条粗实线,如图 16-11 所示。

(2) 薄壁与实心结构的纵向剖切。

当剖切面通过构件上的支撑板、筋板等薄壁结构对称面或剖切面通过墩、柱、桩、梁等实心结构对称面时,水工图中对这些结构按不剖处理,即在剖切区域内不画建筑材料符号。如图 16-11 的纵剖视中,闸墩按不剖绘制。

(3)多层布置的细部构造。

在相邻建筑物的衔接处或建筑物与地基的连接处等细部构造部位,常有不同材料的多层结构。在结构图中由于绘图比例关系,不容易表达细部构造。为此可采用简化画法,即用垂直于多层结构层面的引出线引出,尺寸数字按层次注写,并用文字加以说明。

图 16-12 是洪湖高潭口抽水站消力池底板布置图,图中按此项规定表达了消力池底板下部反滤层。注写的第一层是卵石,设计粒径为 2~4 cm,层厚 20 cm;第二层也为卵石,设计要求粒径为 0.5~2 cm,层厚15 cm;第三层是粗砂,要求层厚为 15 cm。

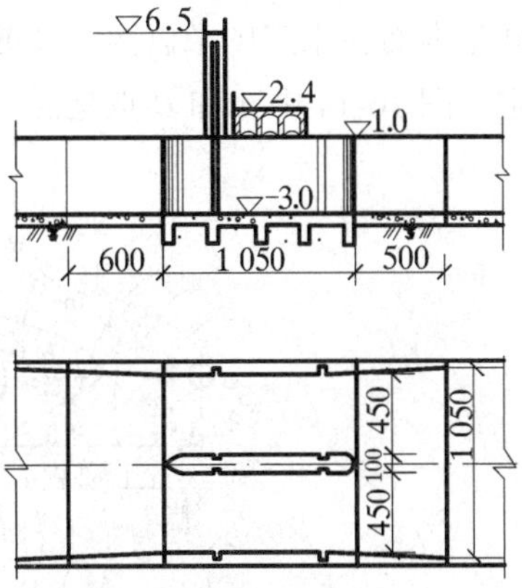

(4)构造相同均匀布置的细部结构。

水工图中,对于构造相同且均匀布置的细部结构,在结构图上画出细部结构的少数投影,其余可以用符号"+"表示细部结构的中心位置,这样既能减少绘图工作量,又能提高图样的可读性。

图 16-11 缝线与实心结构剖切表示

图 16-12 所示的排水孔,是按此项规定表达。平面图中只画出了两个圆,标注圆直径为 50 mm,其余用符号"+"表示出圆心位置。可以看出排水孔是均匀分布,间距为 1 000 mm。

(5)曲面表示。

为了增强图样的可读性,水工图中的曲面应画出若干条素线,对水平面倾斜的平面也应画出若干条示坡线。素线和示坡线用细实线画出。示坡线长短相间,长度视平面投影大小确定,一般长示坡线超过平面范围的三分之二,短示坡线超过长示坡线的三分之二为宜。

图 16-13 是广东斗门西安排涝抽水站进水口。这段建筑两侧各有三个曲面,即螺旋面、扭曲面和椭圆柱面,分别画上了各自的素线。扭曲面的正面投影一般不画素线,书写"扭曲面"表示;进水底板为正垂面,它对水平面有倾角,图中画上了示坡线。若画出侧立面图,曲面范围内也应画出素线。

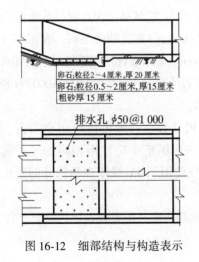

图 16-12 细部结构与构造表示

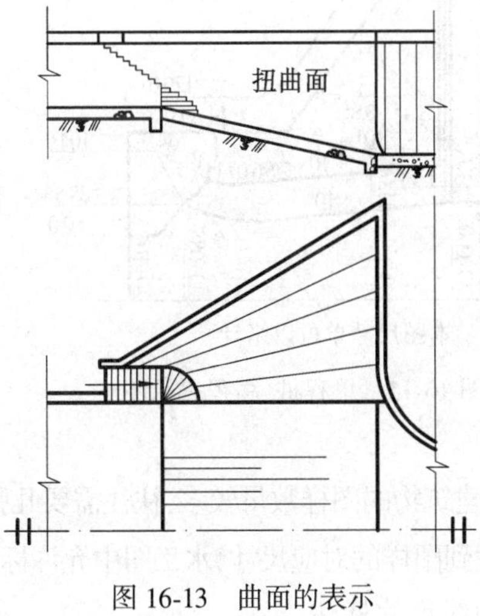

图 16-13 曲面的表示

(6)尺寸标注。

① 尺寸基准。

水利工程的施工基准通常由测量坐标系来建立。施工坐标系也是由三个相互垂直的平面组成的。三个坐标面的交线是建筑物所用的坐标轴。

水平面通过水准零点,称为高度基准面,国家统一制定的有吴淞口零点、黄河零点、塘沽零点、珠江零点、青海零点等。不同地区可采用邻近的水准零点。水工设计绘图时,要说明工程所采用的水准零点名。

正立面垂直高度基准面,称为设计基准面。挡水建筑物的设计基准面一般通过建筑物轴线,过水建筑物的设计基准面通过建筑物对称线。侧立面与高度基准面和设计基准面垂直。

设计基准面在水工图中以两个基准点表示,它们是设计、施工和安全监测的控制点,其坐标值由测量坐标系确定。图 16-14 中 A 和 B 点是混合坝的基准点。另外两个基准面隐含在其中。

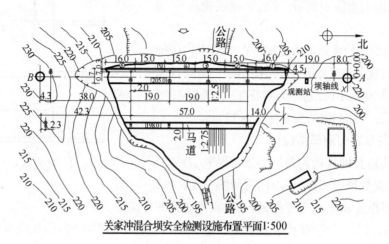

图 16-14　建筑物基准点

② 尺寸单位。

在水工图中标注的尺寸单位,除标高、桩号及规划图、总布置图的尺寸以米为单位外,其余图样中的尺寸以毫米为单位,图中不必说明。

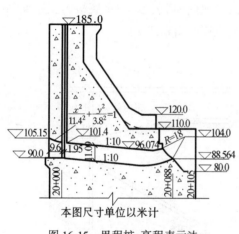

图 16-15　里程桩、高程表示法

绘图时,若采用其他尺寸单位,在图纸中必须加以说明。

图 16-15 表达某工程的混凝土坝段,图中用文字说明了尺寸以米为单位。高程符号"▽"高为 3 mm,长为 5 mm,是一等腰三角形,顶点在被标注高度(或引出)线上。

桩号一般沿轴线长度标注,从被标注点画一条垂直于建筑物轴线的引出线,桩号数字(km±m)垂直轴线书写。在图 16-15 中沿水流方向标注桩号"20+000",表示被标注点距桩号起点"0+000"有 20 km,而"20+088"桩号可表示被标注点距桩号"20+000"有 88 m。

③ 尺寸起止符号。

水工图中的线性尺寸起止符号可以使用全箭头、半箭头或 45°线段。但是,在同一张图纸中应使用相同的尺寸起止符号。图 16-14 中线性尺寸仅使用了 45°线段表示尺寸的起止位置。

④ 重复尺寸。

表达建筑物的图样数量较多,往往需要几张图纸联合阅读;建筑细部构造又需要放大比例绘制。为了读图方便,容易找到图样的对应尺寸,水工图中允许标注重复尺寸。

⑤ 曲线尺寸标注。

水工图中对曲线的尺寸标注有多种方式,如数学表达式、数学表达式与列表相结合和展开曲线标注尺寸方式等。

图 16-15 中某工程进水口椭圆曲线采用了数学表达式方式标注。

图 16-16 是武汉罗家路抽水站进水流道的上游段,图中用数学表达式与坐标列表相结合方式标注进水口曲线。

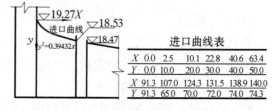

图 16-16　数学表达式与列表结合方式

图 16-17(a)是用列表法确定该抽水站导水锥曲线。图 16-17(b)是以展开方式标注该抽水站蜗壳曲线。

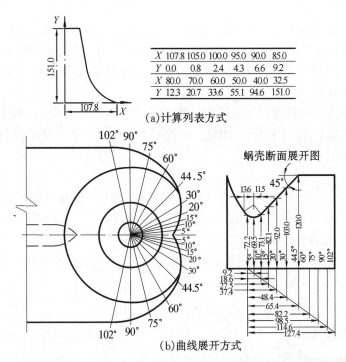

图 16-17 坐标方式与展开方式标注曲线尺寸

16.2.2 水利工程图样画法

1. 合成画法

在绘制水工图时,为了减少图纸幅面,节省绘图工作量,对结构对称的建筑物,当投射方向相反时,可采用以对称线为界,视图各画一半,分别注写视图名称,合成一个图样的合成画法。

这种表达方法应用普遍,在平面图或立面图中对视图、剖视图或断面图都可合成。

图 16-18 表示一渠道出水口,由平面图看出,该建筑物前后对称。要表达扭曲面的进水口与出水口结构形状时,采用在 B 处作剖切向下游看,在 A 处作剖切向上游看,将两个断面图各画一半,合成一个图样。

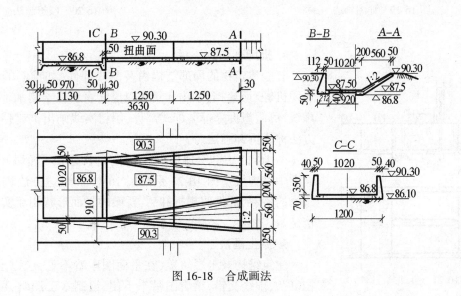

图 16-18 合成画法

2. 详图画法

由于绘图比例关系,不易清楚表达建筑物的细部构造时,可采用局部放大比例方法画出。放大比例画出的图样称为详图。

绘制详图一般与索引标注相结合。在原图(相对详图)细部结构处用细实线画一个圆,并从圆周画引出线,在引出线端点画索引符并注写索引号(见图 16-19(a)),索引"序号"是指详图的顺序编号,索引"图号"是指详图所在的图纸编号;详图图名要与索引"序号"相同,并用粗实线圆圈住"序号",旁边注写绘图比例。若详图与原图在同一张图纸时,"图号"用符号"—"代替。

图 16-19(b) 是梅溪水库大坝防渗墙 1 号详图。图中采用局部放大和不同材料多层结构的表达方法,详图与原图绘制在同一张图纸上,原图中索引"图号"用符号"—"代替。2 号详图绘制在第 5 张图纸上,如果需要,可查阅第 5 张图纸。

3. 假想画法

水利工程设计中,为了给运动部件(如水电站厂房中发电机转子、水轮机的吊装高度和吊运范围,挡水建筑物中闸门的开启高度,升船机的升起高度等等)留有可以活动的空间,绘图时用双点画线画出运动部件的活动边界,这种表达方法称为假想画法。

图 16-20 是葛洲坝水利工程二江泄水闸及启闭机布置图。图中弧形闸门关闭时用实线绘制,假想弧形闸门开启后的高度位置用双点画线绘制。

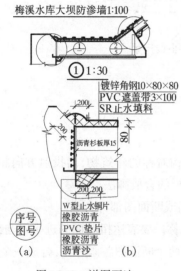

图 16-19 详图画法

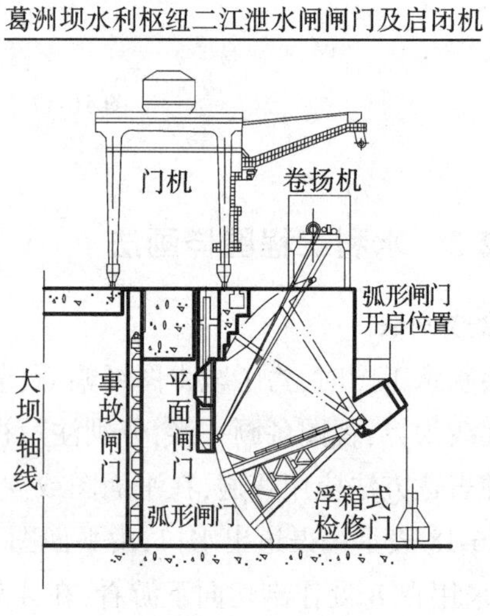

图 16-20 假想画法

4. 拆卸画法

有些建筑物的局部结构由装配式部件(如预制的桥板,闸门上的启闭机等)所遮挡,图中建筑物以虚线表示。绘制水工图时,为了减少虚线,可假想拆除掉装配式部件,用粗实线画出被遮挡结构,这种表达方法称为拆卸画法。

图 16-11 中的交通桥、节制闸等部件遮挡了桥墩和底板,桥墩的平面图中有虚线。图 16-21 是对图 16-11 的表达方法进行了改进,将建筑物的桥、闸部件假想拆卸后,桥墩的平面形状用粗实线画出,以表达清楚。

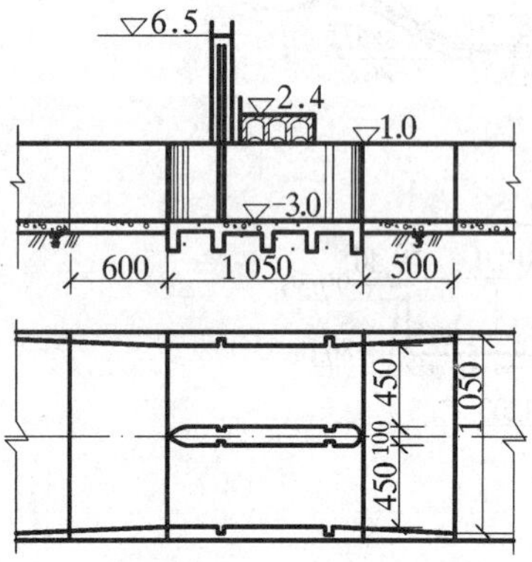

图 16-21 拆卸画法

5. 掀土画法

建筑结构被土层覆盖,在平面图中看不见,应以虚线表示。若结构复杂,虚线交错,给看图带来不便,绘制水工图时,可以假想的将土层掀开,用实线画出被土层覆盖的结构,看图就比较容易。这种表达方法称为掀土画法,工程中经常采用。

图 16-22 是湖北公安曹嘴抽水站出水涵洞布置图。为了清楚表达公路下的进水口、过水涵管和出水口结构,平面图中采用了掀土画法。掀土后,进水口方圆渐变段顶部,涵管和出水口翼墙形状都用粗实线表示。图中还采用了拆卸画法,未画出工作桥的平面投影。

6. 分层画法

水工建筑物或某部分结构有层次,在绘制水工图时,可按其层次分层绘制,相邻层用波浪线分界,并注写结构名称。当建筑物相邻层具有明显分界线(如沉陷缝、施工缝、对称线等)时,可不画波浪线。这种表达方法称为分层画法。

水工建筑中采用的真空模板,常采用图 16-23 所示的分层画法。

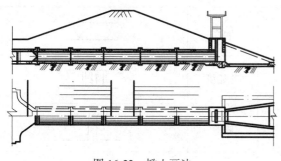

图 16-22 掀土画法

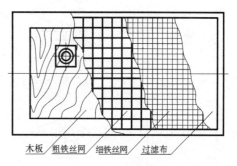

图 16-23 分层画法

7. 展开画法

当建筑物的轴线是曲线或折线,在绘制水工图时,可以假想将曲线或折线展开成平行于投影面的直线后,再绘制成视图、剖视图或断面图,但要求在图名后注写"展开"或"展视图"。这种表达方法称为展开画法。

图 16-24 是湖北清江隔河岩大坝第 23~30 坝段的布置图。第 23~26 坝段轴线是圆弧(参见图16-25),27~30 坝段轴线是折线,为了在立面图中表达坝段实际宽度,假想将曲线、折线展开成平行于 V 面的直线,

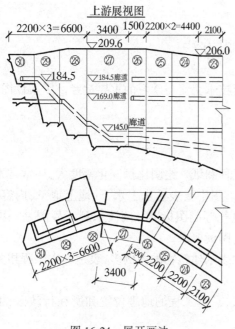

图 16-24 展开画法

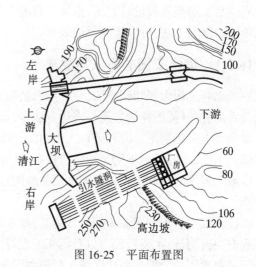

图 16-25 平面布置图

使各坝段的分缝线垂直V面后,再向V面作投射,得到的上游展视图反映了各坝段的实际宽度。

8. 图例

在工程规划图、工程位置图以及总平面布置图中,建筑物细部结构难以表示清楚,常采用如表16-1所列的图例。

隔河岩水利枢纽平面布置见图16-25,图中用图例表达了升船机、电站等建筑物。

表 16-1　　　　　　　　　　　　　　　水工建筑物图例

序号	名称	图例	序号	名称	图例
1	水库	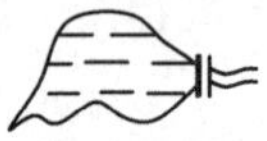	9	水闸	
2	渡槽	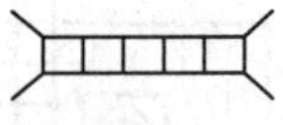	10	船闸	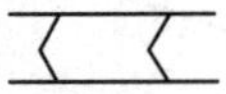
3	混凝土坝	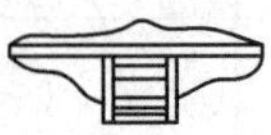	11	升船机	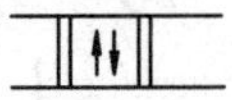
4	土坝	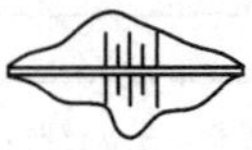	12	码头	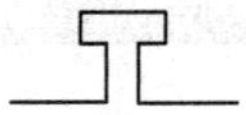
5	溢洪道	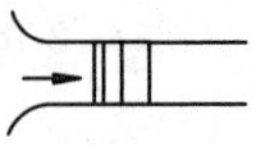	13	涵洞	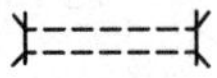
6	水电站	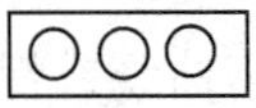	14	铁路桥	
7	变电站	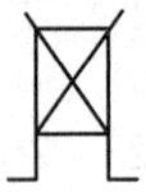	15	公路桥	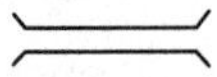
8	水文站		16	运河	

16.3　水工图的读图方法

阅读水工图是理解设计意图,指导工程施工与验收或进行技术交流与学习的重要途径。了解读图要求,掌握读图步骤和方法,可以提高读图效率。

16.3.1　读水工图的方法与要求

一项水利工程由规划到竣工,要产生大量的工程文件和工程图纸。绘图比例变化幅度大,还常常不能按视图关系配置图样,图样的数量与表达方法多,尺寸标注复杂。图中要表达水上水下、地上地下,内容广泛。涉及水利水电工程制图标准和港口工程制图标准以及机械、电气等制图标准。阅读水利工程图是一项复杂且仔细的工作。因此,对不同类型的图样有不同的阅读方法与阅读要求。

区域工程规划图和工程位置图常用的绘图比例小,图样中表示建筑物的图例多,表达与本工程相关的信息。

阅读区域工程规划图和工程位置图时,要求理解图例含义,了解工程的地理位置和所在行政区,了解与本工程有关的河流、主要居民点以及相邻工程等内容。

枢纽布置图的绘图比例比区域工程规划图和工程位置图的绘图比例大,图样中主要表达本枢纽工程各建筑物的布置与相邻近工程的有关信息。建筑物只画出外形轮廓线或用图例、符号表示。

阅读枢纽布置图时，要求读图人员要研读枢纽布置说明书。经过图文对照，达到进一步了解工程及各建筑物的功能、规模以及枢纽中各建筑物的相互位置与主要尺寸，建筑物与地面的交线，枢纽所处的地形，枢纽邻近的主要居民点等内容。

结构图主要包括水工建筑物体形结构设计图、钢筋混凝土（及钢、木）结构图等；施工图主要包括施工布置图、开挖图和钢筋混凝土浇筑图等。这类图的图样数量大，绘图比例的选用以能清楚表示结构形状为宜。对建筑物细部结构，按要求还常常用详图表达。

详图，表达对象常是建筑物局部的组合体或简单体，绘图比例大，尺寸标注详尽，施工要求具体。

阅读结构图时，要求读图人员应从标题栏入手，从建筑物总体入手，逐步阅读到细部结构；先读主要结构，再读其他结构；应理解各种表达方法，应用形体分析和线面分析法，结合文字说明，逐步深入。了解建筑物结构形状、建筑材料与结构尺寸，建筑物的工作条件，建筑物与地面的交线及填、挖方坡度，相邻建筑物的连接方式，建筑物与地基的连接方式，施工流程和要求等内容。

在阅读水利工程图的过程中，每读一个建筑物图样，都要进行文字与图形的融合，形状与尺寸的统一，建筑材料与施工要求的协调等，不断地归纳整理，想象出图样的空间实体以及与相邻建筑物的连接方式，切实理解设计意图。当读完一套水工图后，应对整个枢纽的布置、工作条件、各建筑物的功能、形状特征、大小、建筑材料和施工要求、施工技术等，能有完整和清晰的了解。

在学习过程中，通过对水工图的阅读，可以学习他人的图样表达方法和图样数量的确定与绘图比例的选取等图示经验。

16.3.2 水利工程图阅读举例

阅读水利工程图一般按总体了解、深入阅读和归纳想象三个步骤进行。

【例 16-1】 阅读泄洪坝段结构图

混凝土重力坝在水利枢纽中是挡水建筑物，在坝面泄洪具有明显的优越性。北京密云红门川河沙厂水库选用宽缝重力坝坝型，宽缝部分用废弃的风化石料添筑，以减少宽缝处混凝土面的温度变化幅度，避免坝体产生裂缝。图 16-26 为该水库大坝中泄洪坝段结构图。

(1) 总体了解。图中说明 1 明确了该图尺寸单位为厘米。泄洪坝剖视图主要表达溢流坝的断面形状和挡水墙形状，以及宽缝、闸墩、工作桥、交通桥的布置等，坝高 51.3 m；平面图和上、下游立面图表示出泄洪坝宽 30 m，由两块溢流坝段构成。正常蓄水位高程为 168.8 m。

泄洪坝共选用了五个工程图样。正视图为剖视图，闸墩按不剖规定处理，画出了上、下游柱面素线。平面图采取了拆卸画法和对称图形的简化画法，未画出工作桥和交通桥。上、下游立面图采用了合成画法。A、B 是宽缝最高、最低处断面图，采取了对称图形的合并，并由 A 断面索引出①号详图。

(2) 深入阅读。对泄洪坝各部分结构仔细阅读。

① 溢流坝。

由剖视图中看出，溢流坝堰顶高程为 162.5 m，溢流面主要由柱面、平面、克-奥面组成。采用挑流消能，挑流鼻坎高程为 136.75 m，圆弧端高程为 140.48 m，圆弧半径为 10 m，圆心角为 79.6°，圆心高程为 146 m，圆心距鼻坎端为 4.93 m，挑射角为 23.1°。坝体上游侧设置有混凝土防渗墙，墙面下游及溢流面下 0.5 m 处布置有止水，坝体内设有宽缝。说明 3 明确了坝体用 100 号水泥砂浆并埋有块石。

防渗墙墙面在高程 148.80 m 以上平行坝轴线，以下倾斜坝轴线，坡度为 1∶0.05，墙体中布置有塑料止水和钢板止水，墙体下游面平行坝轴线，且相距 0.5 m。说明 3 明确了高程在 150 m 以上选用水泥为 150 号 S_6。以下为 200 号 S_8。

平面图清楚表示，宽缝是以两块坝段的分缝线为对称设置，结合剖视图联合想象，宽缝由两个铅垂面和一个正平面构成。A 断面表示宽缝最高（高程为150 m）处的形状及结构尺寸，B 断面表示宽缝最低（高程为 123 m）处的形状及结构尺寸，说明 4 明确宽缝部分用废弃的风化石料填筑。

止水由 A 断面引出详图①，由详图看出，防腐油木板布设在坝块分缝线，浸入预制混凝土块中，塑料止水距预制块上游面 0.55 m，止水钢板厚 3 mm，成型宽度 0.4 m，上游侧距塑料止水 0.3 m，中间 90°转折长 0.1 m。

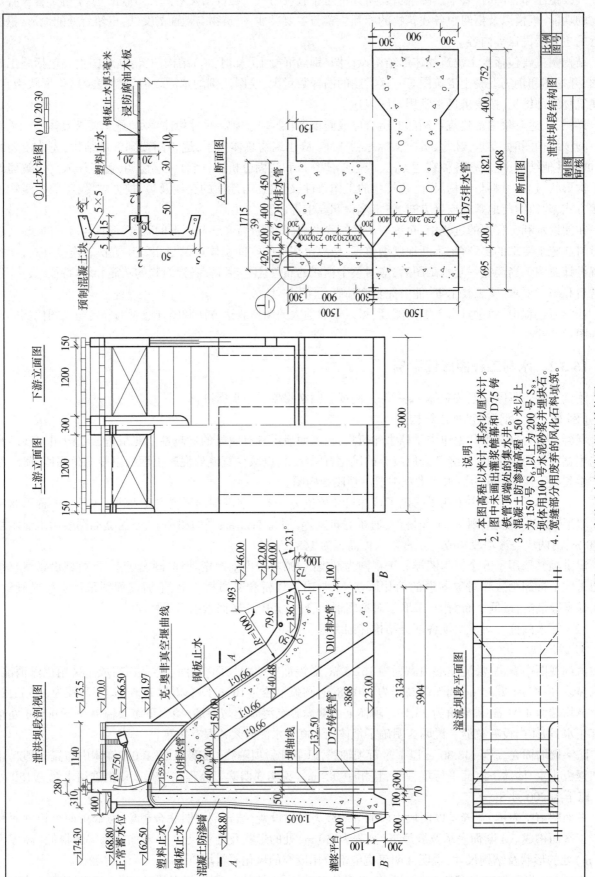

图 16-26 宽缝重力坝泄洪坝段结构图

剖视图中还表示,坝内排水管两竖一横布置。竖向 D10 排水管每块坝段有 6 根(见 A 断面),管轴线距坝轴线 1.11 m,顶端高程 159.9 m;D75 铸铁排水管每块坝段有 4 根(见 B 断面),管轴线距坝轴线 3 m,顶端高程 132.5 m;D10 水平管位于 D75 铸铁管顶端,与 D10 竖管相接,通向坝段下游面。

② 闸墩。

从立面图可见,闸墩宽为 3 m,上、下游端部都是柱面。在闸墩上部布置有交通桥(桥面高程为 170 m,宽 4 m)和工作桥(桥面高程为 173.5 m,宽 2.8 m)。在上游立面图中表示了闸墩柱面与溢流坝堰顶柱面的相贯线,在下游立面图中表示了闸墩柱面与克-奥曲面的相贯线。

③ 挡水墙。

由剖视图、平面图和立面图联合看出,挡水墙布置在泄洪坝两边,宽 1.5 m,与闸墩同高。挡水墙由正平面、水平面和正垂面组成,在高程 161.97 m 处垂直升高到高程 170 m,与交通桥桥面同高,此段挡水墙上游端为柱面(见上游立面图),下游端为侧平面。高程 170 m 以上与闸墩共同架起工作桥。

④ 其他。

水库大坝的工作条件,除正常蓄水位外,还有设计洪水位、校核洪水位。

泄洪坝与地基的连接方式,是在灌浆平台处进行帷幕灌浆,图中说明 2 明确,与集水井一样未画出。

水平排水管 D10,图中仅画出了管轴线,但未有水平布置。

泄洪坝内有的细部结构尺寸不齐全,如交通桥、工作桥的桥墩尺寸,桥面的围墙与栏杆尺寸等。

所缺少的细部结构及尺寸应查找相关图纸。

(3) 归纳想象。经过阅读加以归纳,想象出泄洪坝段如图 16-27 所示。

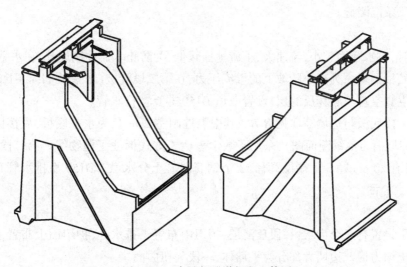

图 16-27 宽缝坝泄洪坝段立体图

【例 16-2】 阅读泄水闸结构布置图

水闸是在引水、灌溉、排涝、防洪等方面应用很广的水工建筑物。常布置有上游段、闸室段和下游段。通过水闸闸门的启闭可发挥泄水或挡水作用,改变闸门的开启高度可控制过闸流量。

(1) 总体了解。安徽新民坝泄水闸的图纸共两张。图 16-28(a)主要表达水闸的结构布置,以及翼墙的典型断面形状。图 16-28(b)主要表达闸室结构和消能结构,另外给出了钢筋混凝土结构配筋图。泄水闸共选用了 14 个工程图样。

从图 16-28(a)纵剖视图中看出:泄水闸由 14 m 长的上游进水段,10 m 长的闸室段,下游段又分为水平长 24.2 m 的陡坡段,12.5 m 长的消力池段和 20 m 长的出水段共五部分组成。上游设计水位高程为 47.7 m,下游水位高程为 41 m,翼墙高为 6 m。

从平面图看出：进、出水段的翼墙顶面宽度为42.2 m，底板宽度为18.2 m，泄水闸有5孔，且对称布置。

从上、下游立面图看出：交通桥和工作桥面设置有栏杆，工作桥面高程为49.2 m，交通桥面和上游翼墙顶面高程为48.9 m，底板高程为42.9 m。下游出水段翼墙顶面高程为41.5 m，底板高程为35.5 m。

结合文字说明明确：尺寸单位为厘米，挡土墙墙身用50号水泥的浆砌石，底板为140号水泥的混凝土，翼墙为80号水泥的浆砌石。

图16-28(a)平面图采用了构造相同且均匀布置细部结构的简化画法、掀土、拆卸等表达方法；纵剖视图中采用了多层布置细部构造的简化画法和尺寸标注方法；立面图采用了合成画法。图16-28(b)中除配筋图外采用了剖切和合成画法。

(2) 深入阅读。

① 上游进水段。

进水段底板用0.7 m的夯实土和0.3 m的浆砌石铺成，近闸室2 m处设置沥青麻布止水。两边翼墙为扭曲面，侧平导线坡度为1∶1.5和1∶2，分两块用砌石修建，中间设有分缝。迎水面墙与半径为3 m的圆柱面相切，圆柱迎水面直立，背水面有坡，断面形状见图16-28(a)中 A-A 图。

② 闸室段。

闸室采用平底板，用混凝土浇筑而成，厚0.75 m，为增加底板的稳定性，底板上、下游端带有齿坎。闸室顶部布置了4.4 m宽的交通桥和3.6 m宽的工作桥、启闭机、检修闸门被拆卸。工作闸门为平面闸门，闸门前布置有胸墙，两侧边墩背水面有坡度，中墩迎水、尾水端是圆柱面，单孔宽3 m。

闸室的细部结构见图16-28(b)，在上、下游立面图中看出，闸墩上游段长5.4 m用浆砌石，下段4.6 m为混凝土。底板设有三条沉陷缝。

③ 陡坡段。

水流通过闸门时，过水断面较小，流速大，下游地面较低，为防止水流冲刷地基，在水平长24.2 m的1∶3陡坡段布置了两段底板护坦。为减小陡坡上的渗流压力，在第二段陡坡(水平长11 m)下设置反滤层。为消除压力差及避免发生真空现象破坏反滤层，设置三道D150非真空排水管。

陡坡段护坦第一段底板与边墙断面见 B-B。其中靠近闸室2 m长为水平底板，后接抛物线过渡到陡坡(见图16-28(b)中陡坡消力池纵断面图)，采用了数学表达式方式标注了抛物线。第二段反滤层由碎石、小石子和粗沙组成，各有20 cm厚。末端设置有13个钢筋混凝土分水墩。D150型排水管布置及护坦边墙断面见图16-28(a)中 C-C 图。

④ 消力池段。

在消力池护坦下设置有三个齿坎，一段反滤层，护坦中布置了排水孔，护坦面上布置了9个钢筋混凝土消力墩和一道混凝土消力槛。边墙大部分为平面体，一段为扭曲面。

设置消力墩、消力槛和陡坡尾端的钢筋混凝土分流墩联合组成消能系统。水流分多股出陡坡至消力池，撞击消力墩，产生翻滚，消除了大部分能量，再碰撞消力槛消能后进入出水段，立体形状见图16-29所示。

⑤ 出水段。

出水段底板分两层，第一层为浆砌石，第二层为碎石。翼墙采用两块扭曲面，由30 cm浆砌石和10 cm碎石修建。扭曲面使水流由18.2 m矩形断面过渡到上宽42.2 m的梯形断面，缓减了水流流速，保护下游的两岸和底板。

⑥ 其他。

陡坡、消力池和中墩结构的配筋情况如图16-28(b)所示。所缺少的细部结构应查找相关图纸。

(3) 归纳想象。经过对图纸的阅读与分析，应熟悉所用建筑材料和施工难点，可以归纳想象出安徽新民坝泄水闸的总体布置和空间结构形状。

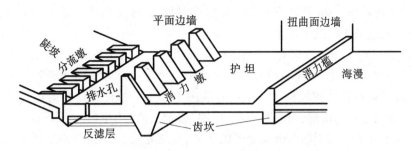

图 16-29　陡坡接消力池消能

16.4　水工图的计算机绘制

水工图的计算机绘制,是改变传统绘图介质的现代绘图方式。绘制工作要在阅读已有相关水利工程图的基础上进行。常需要阅读已有图纸、确定绘图图幅,设置绘图环境,结构对象分析和图样绘制四个过程。

16.4.1　绘图环境设置

1.确定图幅

根据对水工图阅读后确定的图幅大小,使用向导设置绘图区域。

2.图层设置

打开图层管理器,推荐设置图层的特性如下。

图层 0（粗实线）：颜色选缺省色, 线型选 Continuous, 线宽选 0.70;
图层 1 改为细实线：颜色选蓝色, 线型选 Continuous, 线宽选 0.13;
图层 2 改为虚线：颜色选绿色, 线型选 ISO02W100, 线宽选 0.20;
图层 3 改为点画线：颜色选橘黄色, 线型选 ISO04W100, 线宽选 0.13;
图层 4 改为双点画线：颜色选紫色, 线型选 ISO05W100, 线宽选 0.13;
图层 5 改为辅助线：颜色选灰色, 线型选 Continuous, 线宽选 0.13;
图层 6 改为文字：颜色选蓝色, 线型选 Continuous, 线宽选默认;
图层 7 改为尺寸：颜色选紫色, 线型选 Continuous, 线宽选默认。

3.样式设置

（1）文字样式。

点击"格式"菜单选"文字样式",可以建立汉字和西文的书写样式。

为书写汉字建立样式的设置内容与步骤是:字体名选用长仿宋,将宽度比例改为 0.67,再点击对话框中的"新建"按钮,分别建视图名称(高度值改为 3.5);图中汉字(高度值为 2.5);标题栏汉字(高度值按规定)。

为书写西文建立样式的字体名选用 gebitc.shx 字体,其宽度比例、视图名称和图中字符等与汉字样式设置值相同。

（2）标注样式。

尺寸标注设置有两步,首先确定样式名(线性、角度、半径和直径),然后设置尺寸属性。

如设置线性尺寸标注样式的操作过程是:点击"格式"菜单选"标注样式",点击"新建"按钮,在新样式名一栏中填写"线性",基于"ISO"标准,用于"线性"标注,点击"继续"按钮完成。

然后点击"修改"按钮,设置尺寸属性,将尺寸线的基线间距值改为 7;超出尺寸线值和起点偏移量值都改为 2;尺寸起止箭头改用倾斜线;箭头大小值改为 1.8;文字(尺寸数字)样式点击"新建"按钮,将主单位小数分隔符改用"句点";按计算图幅时的比例(即 m 值)确定比例因子。

16.4.2　结构对象分析

当按 6.2 节中介绍的方法确定好图样的绘图基点后,在绘制图线前,要认真做好工程结构分析,即 CAD

中的对象分析。从中确定哪些对象用绘图命令画出，哪些对象用编辑命令实现。

水工图中表达的结构对象复杂，往往有一些个体结构对象，需要进行单独处理。但是，只要认真做好结构对象的分析，可以极大地减少绘图工作量。

如图 16-30 所示，钢筋混凝土进水管等间距布置，管轴线的定位可用线段上"定数等分"命令实现。重复结构对象，如标高、自然土、回填土、浆砌石符号和平面图中六个进水口对象等可定义成块(用 wblock 命令存盘，其他文件可用)，在预定位置作图块插入。B、C 合成图中，上、下游进水口对象可先画一个，然后用带基点重复复制实现。平面图是对称图形，可先画一半，后用"镜像"命令产生另一半图形。

另外，预应力混凝土进水管与钢筋混凝土套管的尺寸，按规定应标注在非圆视图上，在 A-A 剖视图中因绘图比例小不易标注，在详图中标注箭头尚未定义，可用"多段线"命令实现。

16.4.3 图样绘制

图 16-30 的绘制，可先画出图形对称线和有尺寸定义的直线段、各图的进水管轴线、示坡线、曲面素线。再创建块对象集，作块定义和块插入；画预备带基点复制的对象集并带基点复制；作平面图形的镜像操作。最后作建筑材料符号的填充，标注各样式尺寸，书写文字说明，填写标题栏。

在绘制过程中，应注意以下几个问题。

(1) 在启动画图、标注尺寸、书写字符等命令前，应先将命令的相应图层置为当前。

(2) 注意使用"正交"、"捕捉"等辅助命令，有利于提高图线的相交、垂直等几何作图的准确性。

(3) 在进行块定义前，要先"新建 UCS"原点，定义后再"新建 UCS"世界，有利于块的插入。

(4) 画完后注意检查点画线、虚线与实线的相交情况，若未在线段上相交，则改变点画线或虚线特性中的比例。

(5) 标注尺寸后检查有没有图线穿过尺寸数字。若有，则打断图线。

(6) 注意修剪过长或延伸过短的图线等。

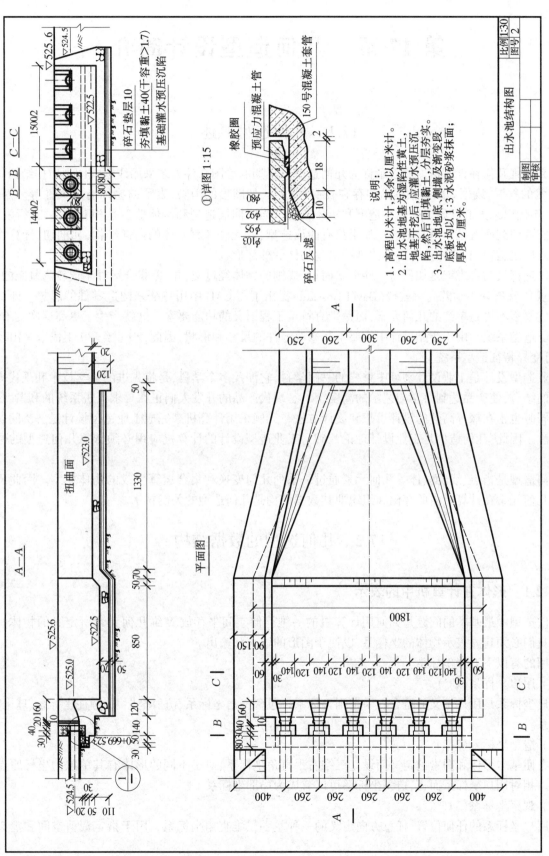

图16-30 出水池结构图

第 17 章　几何造型设计简介

17.1　几何造型概述

研究三维几何在计算机内的表示称为几何造型。早期的绘图软件大多采用线框式图形数据结构。随着 CAD 技术的发展，线框式图形数据结构存在自身的缺点，如图形的消隐、表示的物体有二义性等。因此，20世纪 70 年代以来人们开始研究曲面造型和实体造型。当时曲面造型和实体造型是相互独立，平行发展的。后来人们认识到两者是不可分离的。如果只有曲面造型，就无法考察实体的内部结构，如剖切、计算物体的重心等。反之，若只有实体造型将无法准确描述物体的外部形状。

实体造型最初考虑就是如何将一些形状简单、规则的物体经过交、并、差集合运算生成较为复杂的物体。1978 年美国麻省理工学院高萨教授(David Gossard)提出了在 CAD 中用特征来构造零件的思想。即机械零件的构成要素不再是单纯的几何元素，而是带有特定工程语义的功能要素。这就产生了更高层次的 CAD 系统即特征造型系统。由于产品设计中需要不断修改零件的尺寸和形状，因此，20 世纪 80 年代末又出现了参数化、可变异特征造型系统。

工业造型设计是工业设计领域中重要的一门学科，它涉及多个学科，是将先进的科学技术和现代审美观念有机的结合，使产品达到科学与艺术的高度统一。现代产品的开发人们正在寻求人机系统的和谐、统一与协调。同时也正在探寻高效的设计思想和设计方法。无疑采用计算机来完成工业造型设计是解决问题最有效的方法。因此，几何造型是工业设计理论基础。工业造型设计的计算机应用必须依靠几何造型的原理和方法。

几何造型是指点、线、面、体等几何元素通过一系列几何变换和集合运算生成的物体模型。因此研究这些基本几何元素在计算机内的存储和组织即其数据结构是几何造型的关键技术之一。

17.2　几何造型的数据结构

17.2.1　形体在计算机中的表示

几何造型中最基本的问题是如何用计算机的一维存储空间来存放 N 维几何元素所定义的物体。很显然首先我们必须建立表示物体的坐标系，以便于图形的输入和输出。

常用的有以下五种坐标系：

(1) 用户坐标系(UC)。

用户坐标系是用户定义的符合右手定则坐标系。包含直角坐标系、仿射坐标系、圆柱坐标系、球坐标系、极坐标系。

(2) 造型坐标系(MC)。

为方便基本形体和图素的定义而设立三维右手直角坐标系，对于不同的形体有其单独的坐标原点和长度单位。相对用户坐标系而言，造型坐标系可以看成为局部坐标系。

(3) 观察坐标系(VC)。

在用户坐标系的任何位置、任意方向定义的一种左手三维直角坐标系。用于指定裁剪空间和定义观察平面。

(4) 规格化的设备坐标系(NDC)。

为提高应用程序的可移植性而定义的一种三维左手直角坐标系。取值范围为[0,0,0]到[1,1,1]。

(5) 设备坐标系(DC)。

为在图形设备(如显示器)上指定窗口和视图区而定义的直角坐标系。目前 DC 采用三维左手直角坐标系。

几何造型所包含的基本几何元素为点、边、面、体。点在三维空间对应的表示为$\{x,y,z\}$。

若在齐次坐标系下则用 $n+1$ 维来表示 n 维点。边是两个邻面的交线,可以用两个点来表示。面是形体上一个有限、非零区域,由一个外环和多个内环构成。体是由多个面围成的空间,分正则体和非正则体。形体在计算机中常用线框、表面、实体三种模型来表示。

17.2.2 表示形体的数据结构

为了将形体存储到计算机,就必须用一定的数据结构来对形体进行描述。常用的数据结构有:三表结构和八叉树。

1. 三表结构

三表结构包含顶点表、棱边表、面表。如图 17-1 所示物体,由 16 个顶点、24 条边、10 个面组成。其中前后两个面各有一个内环,其三表结构如图 17-2 所示。

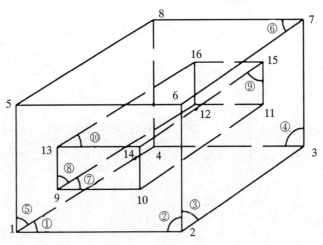

图 17-1 带空的长方体

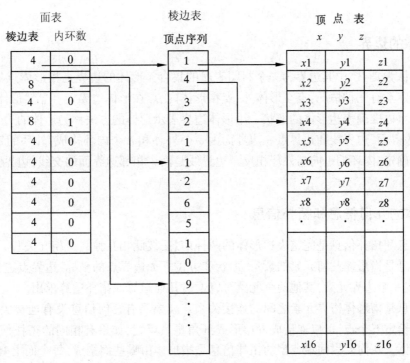

图 17-2 三表结构

2. 八叉树

形体的八叉树是一种层次数据结构,主要是为了提高集合运算的效率和可靠性。首先定义一个包含形体的立方体,立方体的三条边分别与 x,y,z 轴平行,边长为 2^n。若形体占满立方体,则形体可用立方体表示;否则,将立方体等分为八个小立方体。对于每个小立方体有三种情况:全部占满,用 F 标识;全部空,用 E 标识;部分占住,用 P 标识。标识为 P 的立方体依照同样的方式分割,直至小立方体的边长为单位长时分割终止。这样形体在计算机内就可以表示为一棵八叉树。具体形式如图 17-3 和图 17-4 所示。

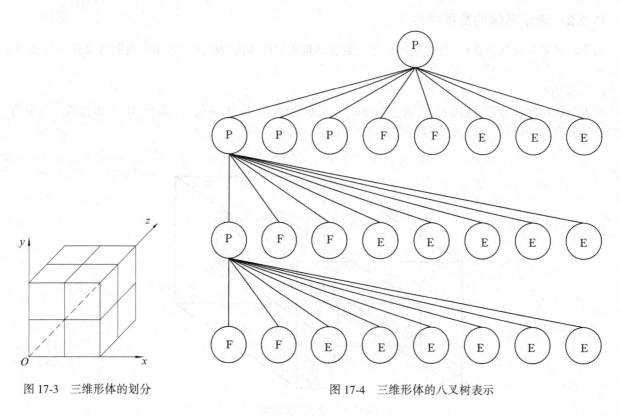

图 17-3 三维形体的划分

图 17-4 三维形体的八叉树表示

17.3 形体的几何信息和拓扑信息

17.3.1 形体的边界

一个形体可以认为是 R^3 中其边界为一个封闭表面的集合。形体的边界是指形体点集中所有边界点的集合。对于一个给定点有三种情况:点在形体外、点在形体内、点在形体边界上。显然形体外的点不用考虑。实际上形体的边界可以准确表达形体的形状。用形体边界表示形体的方法称为形体的边界表示法。形体的边界元素有三种:边界面、边界线和边界点。边界面由一个外环和 n 个内环构成,外环的走向根据其外法矢量方向用右手定则确定,内环的走向与外环相反。边界线是两个相邻边界面的交线,边界点是两条相邻边界线的交点。

17.3.2 形体的几何信息和拓扑信息

形体的几何信息和拓扑信息是完整表达形体的两种信息,彼此相互独立又相互关联。

形体的几何信息是指形体几何元素的数量、形状和方位。如边界点的坐标、边界点边界面的方程。在给定的坐标系下,确定一个边界元素,其他两个元素可以通过几何运算或拓扑运算求出。

形体的拓扑信息是指形体边界元素之间的连接关系。如果只有几何信息没有连接关系,将无法唯一确定物体的形状。如给定五个点,可以连接成五边形或五角星。反之,如果有相同的拓扑信息,几何信息不同也会产生不同的形体。几何元素间最典型的拓扑信息是指形体由哪些面构成,每个面上有多少个环,环有多少条边,边有多少个顶点等。点(V)、边(E)、面(F)是几何造型最基本的几何元素,一共有九种连接关系,如

图17-5所示。

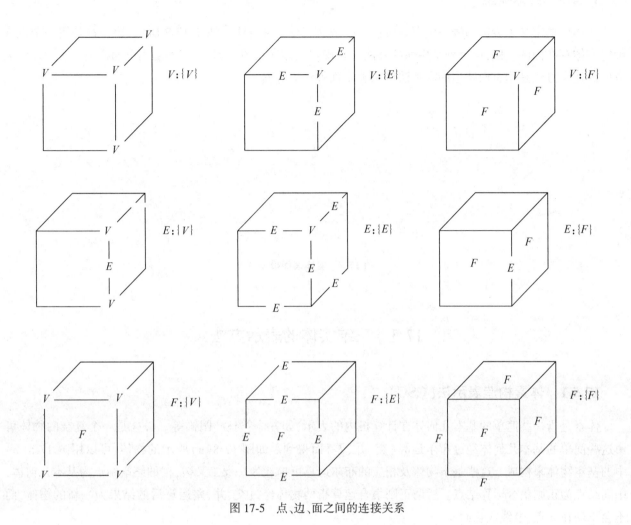

图 17-5 点、边、面之间的连接关系

17.4 几何造型的三种模式

在几何造型中,形体在计算机中的表示常用三种模型及线框模型、表面模型、实体模型。

17.4.1 线框模型

线框模型特点是结构简单、易于理解。线框模型对形体的定义是用顶点和棱边。如图 17-6 所示的长方体,其形状和位置由八个顶点($v1,v2,\cdots,v8$)和 12 条棱边($e1,e2,\cdots,e12$)确定。对平面体而言,是没有问题的,但对非平面体如球体,用线框模型来表示存在一定的问题。线框模型给出的不是连续的几何信息。同时线框模型只定义形体的顶点和棱边,表示的图形有二义性,不能对图形进行消隐、剖切等。

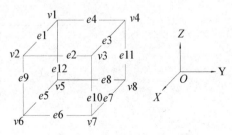

图 17-6 长方体的线框模型

17.4.2 表面模型

表面模型是用面的集合来定义形体。表面模型是在线框模型的基础上,定义了有关面即环的信息,可以解决形体的表面求交、线面的消隐、表面的面积计算等。缺点是没有面、体的拓扑关系,无法确定面的两侧是体内还是体外。

17.4.3 实体模型

实体模型定义了表面的哪一侧存在实体。一般有三种定义方法。如图 17-7 所示,第一种是用一个点来确定实体存在面的一侧;第二种是用面的外法矢来确定实体存在的一侧;第三种是用有向棱边来表示外法矢方向。通常方法是用有向棱边的右手法则来确定面外法矢方向。

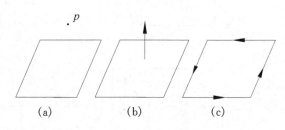

图 17-7 实体表面模型

17.5 三维实体的表示方法

17.5.1 体素构造表示法(CSG)

体素是指一些简单的基本几何体在计算机内的表示,如方体、圆柱、圆锥等。CSG 是一个复杂的物体可由这些简单的基本几何体经过布尔运算(交、并、差)而得到。如图 17-8(a)所示的物体,可以用图 17-8(b)中的基本物体来构成。这些基本物体及相应的布尔运算可描述为一棵二叉树,树的终端结点为基本几何体,中间结点为正则集合运算结点。所谓正则集合运算指两物体经过交、并、差运算后的结果为一新的物体,而不会出现孤立点、悬线或悬面。

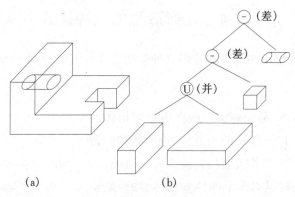

图 17-8 物体的 CSG 树表示

17.5.2 边界表示法

边界表示法是三维物体通过描述其边界的表示方法。物体的边界是指物体内部点与外部点的分界面。定义了物体的边界,物体就被唯一确定,如图 17-9 所示。

在边界表示法中,描述物体的信息包含几何信息和拓扑信息。前面已经阐述,几何信息主要是描述物体的大小、位置、形状等。拓扑信息是物体上所有顶点、棱边、表面之间的连接关系。在边界表示法中,翼边结构是一种典型的数据结构,在点、边、面中以边为中心来组织数据。如图17-9棱边e的数据结构中有两个指针分别指向e的两个端点$p1$和$p2$。若e为一直线段,则定义唯一。否则,棱边e的数据结构中还包含一个指向曲线信息的指针项。此外,e中还设置指向邻接面的两个环指针。由于翼边结构在边的构造与使用方面较为复杂,因此人们对其进行了改进,提出了半边数据结构。半边数据结构与翼边数据结构的主要区别是半边数据结构将一条边分成两条边表示,每条边只与一个邻界面相关。

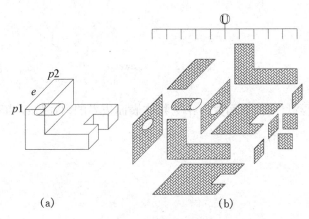

图17-9 物体的边界表示

在边界表示法中构造三维物体的操作常有:Sweep运算、欧拉运算、局部运算、集合运算等。

(1)Sweep运算。将一个二维图形转化为三维立体,常用的有平移、旋转、广义三种运算,如图17-10为平移式Sweep运算,图17-11为旋转式Sweep运算,图17-12为广义式Sweep运算。

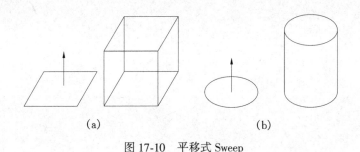

图17-10 平移式Sweep

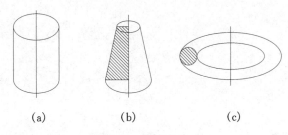

图17-11 旋转式Sweep

(2)欧拉运算。它是三维物体边界表示数据结构的生成操作。每一种运算所构建的拓扑元素和拓扑关系均要满足欧拉公式:

$$v-e+f-r=2(s-h)$$

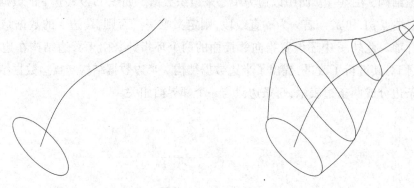

图 17-12 广义 Sweep

式中：v 为顶点数目；e 为棱边数目；f 为表面数目；r 为物体表面边界的内环数；s 为不相连接的物体个数；h 为物体上的通孔数目。